读客文化

40亿年
地球生命简史

[英] 尼克·莱恩 著 梅苃芷 译

LIFE ASCENDING
The Ten Great Inventions of Evolution

文汇出版社

图书在版编目（CIP）数据

40亿年地球生命简史 / （英）尼克·莱恩著 ；梅苃
芒译. -- 上海 : 文汇出版社，2022.7
ISBN 978-7-5496-3763-8

Ⅰ. ①4… Ⅱ. ①尼… ②梅… Ⅲ. ①生物－进化－普
及读物 Ⅳ. ①Q11-49

中国版本图书馆CIP数据核字（2022）第088282号

40亿年地球生命简史

作　　者 / ［英］尼克·莱恩
译　　者 / 梅苃芒

责任编辑 / 吴　华
特邀编辑 / 李晓兴
封面装帧 / 于　欣

出版发行 / 文匯出版社
上海市威海路 755 号
（邮政编码 200041）
经　　销 / 全国新华书店
印刷装订 / 河北中科印刷科技发展有限公司
版　　次 / 2022 年 7 月第 1 版
印　　次 / 2022 年 7 月第 1 次印刷
开　　本 / 880mm × 1230mm　1/32
字　　数 / 300 千字
印　　张 / 13

ISBN 978-7-5496-3763-8
定　　价 / 69.90 元

侵权必究
装订质量问题，请致电010-87681002（免费更换，邮寄到付）

谨以此书献给我的父亲与母亲

现在我也为人父了，我无比感激你们为我所做的一切

目　录

引　言

　　在宇宙无垠的黑幕衬托下，地球看起来是一个令人神迷的蓝绿色球体。虽然有史以来也不过仅有二十几人有幸从月球或更远的地方亲眼眺望地球、体验到那种悸动，但他们传送回来的那些缥缈美丽的影像，却深深刻印在一代又一代人的脑海中。再没什么可以与之比拟的了。庸碌的人们在地球上为了土地、石油和宗教信仰等琐事争吵不休，但这些争吵却在一种认知面前消失了，那就是这个飘荡在无尽虚空中、如同大理石般的星球，是我们共同的家园。不仅如此，我们还与生命演化出的种种美妙发明共享这个家园，而我们所拥有的一切都仰赖这些发明。

　　是这些生命把我们的行星从一个绕行着年轻恒星运转并饱受撞击的炙热石块，打造成今日宇宙中一座充满生机的灯塔。是生命本身，这些微小的光合细菌，净化了海洋与大气，让它们充满氧气，将我们的行星染成蓝色与绿色。受到这种充满潜力的新能源的驱动，生命爆发了。花儿绽放摇曳诱人，细密的珊瑚中隐藏着行动迅捷、金色发亮的鱼儿，当巨大的怪兽潜藏在漆黑的深海，树木却朝天上伸展，动物们忙乱着、疾驰着、观看着。而人类这个由宇宙分子组成的集合体，身在其中，被创造史中的无数奥秘所感动，感受着、思考着、赞叹着、疑惑着我们如何来到这里。

终于，有史以来第一次，我们有了一个答案。这并非确定不移的知识，也不是什么刻在石板上的真理，而是在人类不断探求最伟大的问题之后得到的成熟知识之果。这个问题，就是关于了解内在与外在生命的问题。150年前，达尔文出版了《物种起源》，我们才开始了解这个答案的概况。从那时开始，我们对过去的认知渐渐增长，不只用化石来填补空缺，而且能深入地研究物种的基因结构。而对后者的了解，更是巩固了这块知识之毯上的每针每线。也不过是最近几十年，我们才开始从抽象的知识和理论，发展到对生命图景有了鲜活细致的认知。这图景由我们最近才能解读的"生命秘语"所撰写，而它们也是开启生命秘境之门的钥匙，让我们窥见不止今时今日，还有最遥远的古老过往。

在我们眼前展开的故事，远比任何一个创世神话都更富戏剧性、更令人赞叹，也更复杂。不过和所有的神话一样，这也是个和"变形"有关的故事，而且是一种剧烈而壮观的变形。这些喷涌而出的创新，改变了整个地球的样貌，一次又一次地在过去的革命历史上，重新写下更复杂的新页。从太空中眺望地球，那宁静的美丽掩饰了这里真实的历史，它其实充满了竞争、创意与变化。讽刺的是，我们小规模的争吵，正反映了地球动荡的过往，也只有我们这些地球的掠夺者，才能够超越所有，见识到这一切的壮丽全景。

这行星上大部分的剧变，其实只是少数几个进化发明所催化出的结果。这些发明改变了世界，最终让我们的诞生成为可能。

这里要澄清的一点是，当我说"发明"一词时，并非指涉任何深思熟虑的创造者。《牛津英语大词典》对发明的定义是："一种有独创性的器具或产物，或处理事情的新手段新方法；是前所未见的、新起源的或新采用的。"进化没有远见，也不计划未来。这里并没有创造者，也没有所谓的智能设计（智能设计是近代某些基督徒对上帝的中性描述，认为宇宙万物是由某位智者设计，希望将神造世人的概念偷渡到科学中）。但是，自然选择却把万物的所有特性拿来做最严格的检验，让最适者胜出。这是一个天然的大实验室，让我们的大讲堂相形失色，在这里可以同时检视无数的细微差异，一代又一代。设计无所不在，到处都是盲目却巧妙的作品。进化论者私下讨论时常会提到"发明"一词，因为实在没有比这更好的词语可以体现大自然那难以置信的创造力。所有科学家，无论他们信仰什么，同任何好奇我们起源的人一道，大家都有一个共同的目标，就是领悟这一切背后的运作原理。

这本书讲的，就是进化中最伟大的发明。它讲到这些发明如何改变生命世界，讲到我们人类如何借着足以与自然匹敌的机智，来解读自己的过去。这是对生命非凡的发明，以及对我们自身的礼赞。这也是关于我们如何出现的长篇故事，从生命起源到我们自己的生与死，带我们细数这史诗之旅中经过的一座座里程碑。我们要跨越生命的长度与广度，从海底热泉中最初的生命起源到人类意识，从微小的细菌到巨大的恐龙。我们要跨越科学的界限，从地质学、化学到神经影像学，从量子物理学到行星科学。我们也要跨越人类的成就，从史上最有名的大科学家到今日虽默默无名，但有朝一日注定名扬四海的学者们。

我列了一张发明清单，当然这很主观，也可能存在另一种版本。不过我还是定了四个标准，将范围限制在少数几个、在生命史上真正称得上是有开创性的事件上。

第一个标准是这些发明必须让整个行星和生命世界发生变革。之前我已经提过光合作用，是它把地球变成现在我们熟知的富含氧气、充满能量的行星（没有氧气，动物不可能存在）。其他的改变虽然没有这么明显，但一样影响深远。有两项影响最广泛的发明：一个是运动，这让动物可以四处漫游搜寻食物；另一个是视觉，它改变了所有生命的行为模式。事实上，5.4亿年前眼睛的快速进化，在很大程度上促成了大量动物突然出现在化石记录里，也就是一般所称的寒武纪大爆发事件。我会在每章讨论这些发明对地球造成的深刻影响。

第二个标准是这些发明必须对现今的我们极其重要。最好的例子就是性与死。性曾被人称作是"绝对荒谬的存在"，当然这里不考虑《爱经》里那种改变人类内心的情境——从不安升华为极乐的效果。我们这里只探讨细胞之间的独特性生活。为什么这么多生物，甚至是植物，都沉溺于性呢？它们不是大可安安静静地自我复制就好了？关于这个谜题，我们已经很接近答案了。而如果性是绝对荒谬的存在，那么死亡就是"绝对荒谬的不存在"了。为什么我们会老死，一路上要遭受各种疾病的折磨？尽管热力学定律规定万物走向混乱与衰退，但是这个近来极其热门的话题，却并未受到热力学定律的支配，因为不是所有的生物都会衰老，而许多会衰老的生物也可以关掉开关停止衰老。我们将会看到进化一次又一次地把动物的生命延长了一个数量级。抗衰老药物将不再是神话。

第三个标准是，这些发明必须是自然选择直接造成的进化结果，而不是其他因素导致的，比如文化。我是一个生物化学家，对于语言与社会学并没什么创见。不过人类所有成就背后的推手，是我们的意识。很难想象任何一种共通的语言或社会，不是被一种共通的价值观所巩固，不是被一种共通的知觉或感觉，比如难以言喻的爱、快乐、悲伤、恐惧、寂寞、希望与信念等所强化。如果人的心灵是进化出来的，那我们必须解释脑中的神经信号如何产生非物质的灵魂以及强烈的主观感觉。对我来说，这只是生物性的问题，或许对此仍有争议，但我会在第九章尽量阐明。因此，意识可以算是进化最重要的发明之一，而语言和社会以及其他的文化产物则不在我的考虑范围内。

我的最后一个标准是这些发明必须具有某种标志性。早在达尔文以前，眼睛就被公认为是完美的，它或许是自然给出的标志性难题。从那时起，眼睛就被用各种方式反复研究。但过去十年，随着在基因方面的深入探索，我们又有了一个新的答案：眼睛有一个出人意料的始祖。而DNA的双螺旋结构应该算是信息时代的标志。此外复杂细胞（真核细胞）的起源也算是一种标志，不过这种标志性在科学家之间更为熟知，而一般人则不太了解。这座里程碑，其实是过去40年来进化学界最热门的争论之一，而且是解答复杂生命在宇宙中分布的关键。本书每一章都会讨论具有类似标志性的发明。刚开始写书时我曾跟一个朋友讨论这张清单，他建议我把"肠道"当作动物的标志性进化，而不是运动。

我并不确定这一想法是否合适。因为对我来说，至少肌肉的力量是有标志性的，只需想想飞翔的荣光即可。而肠子，如果没有结合运动的威力，那只能算海鞘，是一小段粘在岩石上摇摆的肠子而已，一点都不具标志性。

除了这些比较正式的条件以外，每项发明还必须引发我的想象。它们必须是一个极度好奇的人类，比如我，热切想要了解的东西。有些我以前已经写过，不过现在想用一种更全面的方式来讨论。其他的发明，比如DNA，则对所有的好奇者都有某种致命的吸引力。发掘那些埋藏在DNA深处的线索，是过去半个世纪以来最了不起的科学侦探故事之一，但不知为什么，这些故事在科学家中也鲜为人知。我只希望自己成功传达了一些追寻过程中的兴奋感。热血是另一个例子，这是一个充满争议的领域，至今科学家在很多问题上都没有共识，比如恐龙到底是积极的热血杀手，还是懒惰的巨大蜥蜴？或者热血鸟类到底是从近亲霸王龙直接进化出来的，还是跟恐龙一点关系也没有？何不让我自己查看所有的证据？

现在我们有了一张清单。我们从生命的起源开始，于人类自身的死亡以及对永生的展望结束，中途会经过许多巅峰：DNA、光合作用、复杂细胞、性、运动、视觉、热血以及意识。

不过在开始之前，我要对这篇引言的主旨说几句话，就是前面提过的让我们能洞察过去历史的"生命秘语"。一直到最近，只有基因和化石才是通往历史的两条大路。两者都有强大的威力让我们回到过去，不过也各有缺陷。150年以前达尔文就担心化石记录会出现断层问题，不过现在这已是陈腔滥调，因为很多缺失之处都可以由实验补足。真正的问题在于，化石常常要在极端的情况下才会被保存下来，所以不可能是反映历史的明镜。其实我们能从化石里面搜集到这么多信息才令人惊讶。同样，通过比对基因序列的细节，我们可以建立物种之间的系谱树，可以精确显示我们和其他生物的关系。但是基因变异分化到某个程度后，会让两物种之间显得毫无共性。因此在超越某一时间点后，利用基因序列来解读过去，历史会显得一片混乱。但是，现在已有许多更有力的工具可以超越基因和化石的极限，带我们回到更遥远的过去。这本书中有一部分就是在礼赞这些敏锐的方法。

让我举个例子，我非常喜欢这个例子，却没有合适的机会加入书中。它是关于某种蛋白质的（一种催化剂或酶，名为"柠檬酸合酶"），这种酶对生物来说非常重要，从细菌到人类体内，都可以找到它。科学家们曾比对了两种不同细菌体内的这种酶，一种细菌住在极热的热泉，另一种则住在极冷的南极洲。这种酶的基因序列，在两种细菌体内差异极大，它们已经分化得太远，以至于现在看起来两者明显不同。我们之所以知道这两种细菌是从同一个祖先分化出来的，是因为在比较温和的环境里找到了一系列的中间型细菌。然而，如果仅仅比对它们的基因序列，并不能给我们太多的共祖信息。这两种细菌会分化，当然是因为它们居住的环境相差太多，但是这也只是抽象的、理论性的推测，乏味且只有二维。

那么现在来看看这两种酶的三维分子结构。我们可以用高强度的X射线穿透蛋白质，然后用奇妙的晶体学来解读其结构。我们发现这两种蛋白质的结构几乎是重叠的，它们的每个褶皱与缝隙、每个凹陷与突出，在三维空间下都不分轩轾。没受过训练的人完全无法分别这两种蛋白质间的差异。换言之，尽管组成这两种蛋白质的每块积木都随着时间变迁被替换掉了，但是它们拼出的整体结构（同时结构决定功能）却被进化保存下来。这就像一座用石块砌成的大教堂，又用砖块重盖，完全保存了整座教堂的宏伟结构。这促进了另一个真相的揭露，哪一块石块被换掉了？为什么？热泉细菌的酶，构造非常坚固。其内部化学键像水泥一样将各石块砌在一起，因此尽管受热泉猛烈的高温能量冲击，仍可维持分子结构，就像一座可以抵挡无止境地震的大教堂。在冰中的酶则相反，这里的石块连接更松散，使其在酷寒的环境中仍可活动，就像一座用滚珠而不是石块盖成的大教堂。如果在6℃下比较两者的活性，南极细菌酶的催化速度比热泉细菌的高29倍，但是在100℃时，南极细菌的酶会完全瓦解。

浮现在眼前的影像是丰满三维的。基因的分化也变得有意义了，它们是为了保存酶的结构与功能，为了让同一种酶在两种截然不同的环境下工作。现在我们可以知道进化的过程中发生了什么，以及为什么，不再只是纸上谈兵，而是真实的洞见。

今日还有许多其他精巧的工具，可以同样真实地带我们洞察过往。比如说，比较基因组学让我们可以比对数百种生物的全部基因，一次就能比对数千个基因，而不仅仅是比对数个基因。这要归功于过去几年内各种基因序列陆续解码完成。而蛋白质组学则让我们可以看到任何时刻一个细胞里面正在工作的蛋白质，进而我们可以探索历经万世进化之后，哪一小群基因被保存下来，用来调节这些工作的蛋白质。计算生物学则帮助我们辨识出蛋白质中统一的形状、结构或模式，尽管编码它们的基因已然不同。对岩石和化石的同位素分析可以重现过去大气与气候的变化。成像技术则让我们看到人在思考时大脑内的神经活动，或者重建嵌在岩石里的微观化石的三维结构，而不需要冒险敲碎它们。还有其他技术，就不一一列举了。

上述这些技术其实没有一项是新的，真正新的地方在于它们的精密度、速度和实用性。就像人类基因组计划一样，计划的完成速度越来越快，数据累积到了让人目眩神迷的地步。这些新信息都不是用传统语言如群体遗传学或古生物学所书写，而是用分子，而自然的实际变化就发生在分子等级。新一代的进化学家正由这些新技术培养起来，他们可以实时记录进化的影响。他们现在所描绘的景象尺度从亚原子到行星，其细节与范围都令人叹为观止。这就是为什么我说，有史以来第一次，我们有了一个答案。虽然现今积累的大部分知识必定昨是今非，但这些知识都是最生动且有意义的。能够生在当代是幸福的，因为我们知道如此之多，而且还可以期待知道更多。

第一章　生命的起源
——来自旋转的地球

　　地球上的第一个生命，至今还在我们体内传承。诺贝尔奖得主杜维认为，从化学反应的本质来说，生命更应该在1万年内诞生，而不是100亿年。虽然时间不确定，不过从化学角度来看，随着38亿年前的地球自转，生命不可避免地出现了。

彼时日夜不断地交替，地球上的白昼最多不过五六个小时。地球绕着地轴发疯似地旋转。而月亮距离地球也比现在近得多，所以看起来异常巨大、沉重且具威胁性地挂在天上。因为空气中充满了尘与雾，其他的星星极少闪耀，倒是不断快速划破大气的陨石，让夜晚的天空绚丽非凡。偶尔透过晦暗红雾看见的太阳，也显得微弱不已，远不是今日这耀眼的样子。人类无法在这种环境下生存。虽然我们的眼睛不会像在火星上那样膨胀破裂，但会发现大气中无丝毫氧气可供呼吸。我们也许会绝望地挣扎上一分钟，然后窒息而亡。

　　称这个星球为"地球"其实根本名不副实，"海球"还差不多。就算是现在，海洋也占据着这个行星三分之二的面积，这一点从太空中看会很明显。而那时的地球更是一片汪洋，仅有少数火山岛从狂暴的巨浪间露出。因为受到那轮阴森巨月的牵引，海潮汹涌无比，可达几十米高。小行星和彗星的撞击已经比以前少很多了，曾经最强烈的一次撞击甚至把地球撞出一块，形成了月球。不过就算后来撞击已平静不少，海洋却仍然滚沸翻腾。海底也是一样，不断冒出气泡。此时地壳布满了裂缝，岩浆从下面涌出堆积成团，众多火山让整个世界如炼狱一般。这是一个永不平衡、无止境躁动的世界，是一个发烧的婴儿星球。

38亿年前，或许就是受到这个躁动不安的行星所激发，生命出现了。我们会知道这些，是因为有极少数岩石碎片历经万古，从不间断的变动中幸存下来。这些石头里残存着极少量的碳元素，从它们的原子成分来看应当是生命的痕迹无误。或许对于如此重大的历史事件来说，这样的证据过于薄弱，所以在学界也没有对此达成共识。但是如果我们再抽丝剥茧深入时间之中去，那34亿年前的生命迹象是毋庸置疑的。那时地球被细菌占满，这些细菌留下的除了碳元素痕迹以外，还有许多不同形态的微体化石，以及1米高的叠层石，这些曾经都是细菌生活的圣殿。往后的25亿年间，地球继续被细菌支配，直到第一个真正的复杂生物出现在化石记录中。不过有些人认为至今细菌仍然主宰着地球，因为动物和植物的生物量根本无法与细菌匹敌。

早期地球如何将生命的呼吸注入一堆无机物中？我们是唯一的吗？是极为罕见的吗？还是只不过是宇宙中尤数孕育生命的场所之一？从人择原理的角度来看，这个问题一点也不重要。人择原理认为，如果宇宙中出现生命的概率是千万亿分之一，那在这千万亿行星中出现生命的概率就接近1。既然我们已经出现在地球上，那么很明显，我们所居住的行星必然就是那千万亿分之一颗。无论生命多么罕见，在这无垠的宇宙中生命总会出现在一颗行星上，而我们必定住在这一颗上面。

如果你和我一样，对于这种过度耍滑头的统计结果不满意的话，那再听听另一个同样令人不满的解释，是两位大科学家提出的：英国天文学家弗雷德·霍伊尔（Fred Hoyle），以及获得诺贝尔生理医学奖的弗朗西斯·克里克（Francis Crick）。他们主张生命在别处形成，然后要么偶然，要么由某种类神的外星高等智慧"感染"到地球上的。这并非不可能，谁敢说这绝不可能呢？然而大部分的科学家恐怕都会对这个解释退避三舍。他们有理由规避，因为这等于宣告科学无法回答这个问题，而且连试一下的机会也没有。通常认为需要去宇宙的其他地方寻找救赎的原因是，地球上没有足够的时间让生命进化出复杂的形态。

但谁说时间一定不够？同样卓越的诺贝尔奖得主克里斯蒂安·德·杜维（Hristian de Duve），就提出了另一个更惊人的观点，他说依照化学原则，生命的形成应该非常迅速。他认为从本质上来说，化学反应必须迅速发生，否则就根本不会发生。如果某种反应要花上千年的时间才会完成，那所有的反应物在这段时间之内，大概早就消失殆尽或者降解掉了，除非还有其他更快的反应不断补充这些反应物。生命的起源必定是某种化学反应，所以同理，生命的基本反应肯定是自发而迅速的，否则就不会发生。对杜维来讲，生命更应该在1万年内诞生，而不是100亿年。

我们永远无法知道生命如何出现在地球上。就算我们真的在试管里让细菌或一只虫子从一团旋转的化学物质中析出，我们还是不知道生命当初是否就这样出现在地球上。充其量也只能说有这种可能，比我们曾经的设想更可能一些。但是科学找的不是例外，而是规律。让生命在地球上出现的规律，应该放诸宇宙而皆准。对于生命起源的探索，并不是想要重现公元前38.51亿年星期四早上六点半发生了什么事，而是想要知道在宇宙中任何生命起源的一般规律。特别在地球上是如何发生的，毕竟这里是目前唯一已知有生命的地方。虽然我们可以肯定将要看到的故事不是所有细节都正确，但我认为大体上是可信的。我想要呈现的是，生命的起源并不像人们有时认为的那样神秘难解，相反，随着地球转动，生命的出现几乎不可避免。

　　科学当然不只是规律，还包括用来阐明这些规律的实验。我们的故事从1953年揭开序幕。这是历史上重要的一年，英国女王伊丽莎白二世加冕、人类首度登上珠穆朗玛峰、斯大林之死、DNA结构的发现，以及同样重要的一件事，那就是米勒–尤里实验，它象征着一系列生命起源研究的开端。斯坦利·米勒（Stanley Miller）那时候还是诺贝尔化学奖得主哈罗德·尤里（Harold Urey）实验室里面一名固执的博士生。他于2007年过世——也许还带着极度的不甘——直到临终前还在为捍卫自己半世纪前提出的观点而奋战。不过不论米勒那独特的观点后来命运如何，他真正留给后人的遗产，应该是通过那些非凡的实验开启的对生命起源领域的探索，现今这些实验的结果依然让人啧啧称奇。

　　当年米勒在一个大烧瓶里装满水和混合气体——他选择了氨气、甲烷和氢气，用来模拟地球大气的原始组成。这是因为当时的人们认为这些气体是木星的大气组成成分（来自光谱分析），所以米勒认为年轻的地球很可能也充斥着同样的大气。接着米勒在这瓶混合物中用电火花来模拟闪电，然后静置几天、几个礼拜或数月后，把样品拿出来分析，看看他到底煮出了些什么。实验结果出乎意料，远远超过他的想象。

　　米勒所煮的是一锅原始汤，一锅近乎谜般的有机分子，其中还包括一些蛋白质的基本组分，也就是氨基酸，这或许就是当时最能代表生命的分子了，因为那时DNA还默默无名。更惊人的是，米勒煮出的氨基酸正好就是生命使用的那几种，而不是大量可能生成的组合中随机抽取的。换句话说，米勒仅仅电击了很简单的混合气体，构筑生命所需的最基本成分就这么凝结而出，好像它们早就等待已久随时准备登场。霎时，生命的起源看起来变得非常简单。这一结果必定符合当时的某些潮流，因为它登上了《时代》周刊的封面，让这项科学实验引起了空前的轰动。

不过随着时间的流逝，原始汤假说渐渐失去支持。因为分析远古岩石后发现，至少在小行星大轰炸把月亮轰出去之后，地球上从来没有充满过氨气、甲烷和氢气。此时原始汤假说的人气跌到谷底。远古那次大轰炸粉碎了地球最初的大气，把它们整个儿扫到外太空去了。如果用更接近实情的大气组成来做实验，结果则令人失望。对二氧化碳和氮气的混合气体，外加极微量的甲烷和其他气体电击一阵子之后，只会得到很少的有机分子，而且几乎没有氨基酸。现在原始汤除了单纯的新奇之外再无意义，尽管它依然能够证明有机分子可以在实验室里简单地制造出来。

不过随后科学家又在太空中找到大量的有机分子，这一发现拯救了原始汤假说。有机分子多半存在于彗星和陨石上，有些几乎就是混杂了大量有机分子的脏冰块，而包含的氨基酸种类和电击气体产生的非常相近。在惊讶之余，人们开始觉得生命分子似乎有某种特别的偏爱——在所有可能存在的有机分子库中独宠那么一小群。至此，小行星大轰炸有了另外一个面貌，它不全然是毁灭性的，这些撞击变成所有水和有机分子的源头，而这些水和有机分子是生命所必需的。此时的原始汤并非来自地球，而是来自外太空。虽然大部分的有机分子会在撞击的过程中耗损掉，不过计算结果显示，仍有足够的分子可以留下来成为汤的原料。

该假设虽然不像弗雷德·霍伊尔所提倡外太空播种那样极端，不过它确实把生命起源（或至少原始汤）和宇宙联系在一起。地球生命不再只是一个例外，而是统治整个宇宙的定律之一，就像引力一样无可避免。天文学家当然很欢迎这个理论，至今依然如此，除了因为这点子实在不错以外，还因为这让他们的工作有了保障。

分子遗传学让这锅汤更为美味，主要是因为有观点认为生命的本质是"复制子"，这些复制子由DNA和核糖核酸（RNA）构成，特别是其中包含的基因片段，它们可以一代又一代精确地自我复制（在下一章会讲得更详细）。事情就变成，自然选择少了"复制子"这类东西绝对行不通，而生命由简而繁也只有通过自然选择才行。因此对许多分子生物学家来说，生命的起源就等同于复制的起源。而原始汤符合他们的需求，因为汤里面有各式各样的成分，足以让彼此竞争的复制子成长进化。这些复制子可以在足够浓稠的汤里各取所需，形成越来越长、越来越复杂的聚合物，最终学会操纵更多分子形成精巧的构造，比如合成蛋白质或建成细胞。从这个观点来看，这锅汤就像漂满英文字母的海洋，正在拼凑出许多单词，现在只等着自然选择将它们钓上来，去撰写漂亮的散文。

但是，原始汤是有毒的。它有毒并不是说该假说必然错误，事实上，远古时期有可能真的有原始汤，只不过稀稀落落的，远不像当初想的那般浓稠。它有毒是因为它让科学家在寻找生命真相的时候，走了几十年的冤枉路。如果我们把一大罐杀菌罐头的汤（或者花生酱也行）放上几百万年，生命会跑出来吗？当然不会。为什么？因为这些成分只会渐渐分解，什么都不会发生。就算你持续通电也不会改善情况，那些成分只会分解得更快。偶然像闪电那样的强大放电，也许会让某些分子凝结成团，不过更有可能劈碎它们。我很怀疑复杂的生命复制子能从这锅汤中出现，就像那首写阿肯色州的旅者的歌中所唱："你无法从这里走到那里。"因为这不符合热力学定律，同样地，对一具尸体持续通电也无法让它复活。

对任何一本伪装畅销的书来说，热力学都应是极力避免使用的词语之一。但是如果真正理解其本质的话，它的魅力无穷，因为这是关于"欲望"的科学。原子和分子的存在是由"吸引"、"排斥"、"想要"以及"释放"所支配的，它们是如此重要，以至于在写化学书籍时几乎不可避免地用些情色拟人法：分子"想要"失去或得到电子、异性电荷相互吸引、同性相互排斥、分子想要与性质相似的分子共存。当化学物质的每个分子伙伴都想要配对的时候，化学反应就会发生，或者它们也会不情愿地被强大的外力按在一起发生反应。当然也有某些分子其实想要进行反应，却无法克服本身的羞赧。轻柔的调情也许会引发强烈的欲望，然后释放出极大的能量。不过，或许我该在这里打住了。

我想说的是，热力学定律让这个世界转动。两个分子如果不想进行反应的话，那就很难引起反应。如果它们想反应的话，反应就会进行，就算要花点时间去克服彼此的羞赧。我们的生命由这种"想要"所驱动。在食物中的分子其实真的很想跟氧气反应，不过幸好反应不会自发进行（这些分子其实非常害羞），否则我们现在就在火焰中燃烧了。但是让我们存活下来的生命之火，也就是分子间缓慢的"燃烧反应"——食物中的氢原子跑出来跟氧原子结合，释放出让我们存活的能量，这其实跟真的燃烧是同一种反应。[①] 从本质上来讲，所有的生命都由类似的"基础反应"所维持，这些反应自己"想要"发生，然后释放出能量去驱动其他的副反应，整个过程就形成了新陈代谢。所有的反应、所有的生命归结起来都是如此，是出于两个不平衡的分子并列在一起时，彼此趋向完全平衡的本能。比如氢和氧，两个相反的个体各取所需，结合成一个分子并释放出能量，然后除了一小摊热水，什么也没有剩下。

而这就是原始汤的问题所在。从热力学观点来看，它是死路一条。在汤里面并没有哪个分子真的想要发生反应，至少不是像氢和氧那样想要发生。因为在这汤里面并没有什么不平衡，并没有什么驱力把生命不断往上推，推过陡峭的活化能（指分子从常态转变为容易发生化学反应的活跃状态所需要的能量）高峰之后，形成一个复杂的聚合物，比如蛋白质、脂类或多糖类，特别是像RNA或DNA之类的分子。有些人猜测第一个生命分子是RNA这类复制子，它比任何热力学驱动力出现得都要早。这样的想法

---

① 这种"燃烧反应"都是氧化还原反应，比如氧和氢反应，因为氧比氢更想要电子，所以电子由供给者（氢原子）传递给接受者（氧原子）。反应会生成水，这是一个热力学上稳定的终产物。所有的氧化还原反应，都是由供给者把电子传递给接受者。而值得一提的是，所有生命的生存，都仰赖各种电子传递过程所释放出来的能量，从细菌到人类都是如此。如同匈牙利的诺贝尔奖得主阿尔伯特·森特·哲尔吉（Albert Szent György，因维生素C的发现和分离而获奖）所说，生命不过就是一个电子不断地在寻找栖身之所的过程。

用地质学家迈克·罗素（Mike Russell）的话来说，就像"把汽车的发动机拿掉之后，还希望能通过电脑驾驶它"般荒谬。但是生命如果不从原始汤中诞生，又能从哪里来呢？

　　科学家第一次找到线索是在20世纪70年代初，那时他们注意到沿着太平洋底的加拉帕戈斯裂谷，有热水形成的羽流现象（一种液体在另一种液体中运动，流体柱扩大形成羽毛状外观）。该海底裂谷离加拉帕戈斯群岛不远，当年群岛上富裕的资源给了达尔文灵感，如今也恰好提供了生命起源的线索。

　　不过随后几年并没有太大的进展，一直到1977年，也就是在航天员尼尔·阿姆斯特朗（Neil Armstrong）登陆月球的8年之后，美国深海潜艇阿尔文号才下降到裂谷里去探查。有热水羽流的地方应该就有热泉，而他们确实找到了。有热泉并不意外，但是在这漆黑的裂缝深处，生命的蓬勃生机着实令人震惊。这里有巨大的管虫，有些达2米多长，还有许多如餐盘大小的蛤蜊与贻贝。巨大生物或许在深海里并不稀奇（想想深海里的巨大乌贼），但其数量之多却让人瞠目结舌。裂谷中的族群密度简直可以与热带雨林或珊瑚礁匹敌，唯一的差别是，裂谷由热泉滋养，而雨林和珊瑚由太阳滋养。

　　其中最引人注目的，或许是后来被称为"黑烟囱"的海底热泉（见图1.1）。现今世界各地已知的海底热泉一共有200多处，沿着太平洋、大西洋与印度洋中脊分布。跟它们比较起来，加拉帕戈斯裂谷的热泉显得平平无奇。这些弯弯曲曲的烟囱，有些高如摩天大楼，顶端喷发的黑烟冲入上方的海洋。当然这不是真的黑烟，它们只是炽热的金属硫化物，由下方的岩浆向上冲入深海。

它们酸得跟醋一样，并在喷入海底遇冷沉淀之前，在高压下能达到400℃高温。黑烟囱由喷发出的黑烟雾沉淀堆积而成，所以由含硫矿物，比如黄铁矿（其外形很像黄金，俗称愚人金）组成，广泛分布在各地区。有些烟囱生长迅速，以每天30厘米的速度生长，在倒塌之前可以一直长到60米左右。

图1.1　左图是火山活动所造成的"黑烟囱"，正喷出350℃的热液。此烟囱位于太平洋东北方的胡安·德富卡海岭，图中比例尺（A）代表1米。

这个怪异而独立的世界像极了怪诞画家耶罗尼米斯·博斯（Hieronymus Bosch）眼中的地狱，四处充斥着硫黄，而污浊恶臭的硫化氢蒸气则从各处的烟囱中袅袅冒出。也只有在博斯头脑混乱的时候，才会想出那些既没有嘴巴也没有肛门的巨大管虫，以及在烟囱下成群结队、像蝗虫大军一样怪异的无眼虾。在这里的生命不光忍受着地狱般的生活，而且无法离开这里而活，它们根本是依靠这环境而兴盛。但是，这是如何办到的？

答案就在"不平衡"这三个字。当冰冷的海水渗入黑烟囱下面的岩浆时，它们会被加热，同时混入矿物和气体，其中大部分是硫化氢。海底的硫细菌可以从这堆混合物中提取出氢，然后把它与二氧化碳结合在一起生成有机分子。这个反应就是所有热泉生命的基础，它让细菌可以不依赖太阳而繁殖。但是硫细菌需要氧气参与反应来产生能量，以便把二氧化碳转换成有机物。硫化氢与氧反应产生的能量为整个热泉世界的生命所用，就和我们依靠氢与氧反应产生的能量来维持生命是一样的。这些反应的产物都是水，不同之处在于硫化氢反应之后还会产生硫黄，如同《圣经》中提到的硫黄之火，而硫细菌也因此得名。

需要指出的是，热泉的细菌除了利用热泉冒出来的硫化氢以外，并没有直接使用热泉的热能或任何其他能量。[①] 而硫化氢本身所含的能量并不多，细菌主要依靠的是它和氧气反应时产生的能量。而这个反应需要在海底热泉和深海的交界处进行，也就是说，必须依赖两个世界交界处的动态不平衡。只有同时被两个世界吸引而住在热泉旁边的细菌，才能进行这种化学反应。而热泉旁的动物，比如虾类，只是啃食这一片细菌草原而活，或者有些动物让细菌在体内生长，宛如经营一座体内牧场。这就是为什么像巨型管虫这种动物并不需要消化道，因为营养可以直接由体内的细菌牧场供应，没什么需要消化的。不过要给细菌提供氧和硫化氢这两种原料，对宿主来说也不容易，因为这等于要同时在体

---

① 这么说其实不全对。热泉其实会放出一些微光（请见第七章），尽管这些光对我们的肉眼来说太过微弱，但足以驱动某些细菌进行光合作用。不过这些细菌与这里丰富生态系统的关系不是很大，无法与硫细菌相比。附带一提，在某些冰冷的海底渗漏区，也发现了与热泉区同样兴盛的动物群，这也证明了热泉生态系统并不依赖热泉的光与热。

内维持两种小世界。管虫体内许多复杂难解的构造就是为了满足细菌的这些高要求。

科学家很快就注意到，海底热泉这个极为特殊的环境可能跟生命起源有关。最早提出这种主张的人是美国华盛顿大学西雅图分校的海洋学家约翰·鲍罗什（John Baross）。海底热泉确实帮原始汤假说解决了很多麻烦，其中最重要的当属前面提过的热力学问题，因为在这个黑烟囱的世界里，没有什么东西是平衡的。然而要注意的是，现代海洋与热泉的交界环境和早期地球的交界环境必定不同。首先早期地球就没有氧气，至多也只有微量氧气，所以早期细菌不可能和现代细菌一样，利用硫化氢与氧反应供能，这是现代版的呼吸作用。细胞的呼吸作用本来就是个复杂的过程，它需要一些时间来进化，早期的生物不可能利用这种呼吸作用供能。德国一位突破传统的化学家兼专利律师冈特·瓦赫特肖瑟（Günter Wächtershävse）就主张，最古老的供能反应是硫化氢与铁反应生成黄铁矿。这是自发性反应，会释出一点可被利用的能量，至少从理论上来说这些能量可为生命供能。

瓦赫特肖瑟提出了一个不同以往的生命起源化学反应系统。但是生成黄铁矿释放出来的能量太低，并不足以把二氧化碳转换成有机物，所以他又提出将一氧化碳作为中间产物，它的活性比较高，更容易发生反应，而且在酸性热泉环境中也可以找到一氧化碳。瓦赫特肖瑟还认为各种不同形式的硫铁矿物可以引发许多缓慢的有机化学反应，这类矿物似乎有特殊的催化能力。他的团队也在实验室里证实这些反应确实可以发生，而不只是理论上可行。这一精心完成的作品颠覆了数十年来传统的生命起源假说，现在生命可能从地狱般的环境中，由最不可能的物质（硫化氢、一氧化碳和黄铁矿，两种是毒气，另一种是愚人金）产生。有位科学家在第一次读瓦赫特肖瑟的论文时评论道，感觉好像一篇21世纪末的论文，经由时光隧道掉到他眼前一般。

瓦赫特肖瑟是对的吗？随着他的观点提出，批评也蜂拥而至。原因很多，一部分是由于这个真正的革命家，正企图推翻长久以来被大家看重的生命起源假说；一部分是因为他傲慢的态度激怒了科学界的同僚；不过还有一部分是因为他所勾勒出的蓝图确实有可疑之处。其中最棘手的缺陷，跟原始汤一样，就是"浓度问题"。理论中的有机分子，都溶解在大量的海水里，所以几乎不可能发生偶遇，然后形成如DNA或RNA之类的大型聚合物。没有什么东西把这些分子原料包起来，增加它们相遇的机会。瓦赫特肖瑟认为所有必需的反应，都可以在矿物表面（比如黄铁矿）发生。不过问题还是没有解决，因为化学反应的终产物如果无法从催化剂表面释放出来，这个反应就不能持续。所有的产物要不是被粘死在催化剂表面，就是在稀薄的液体里消失不见。①

现在任职于美国宇航局喷气推进实验室的迈克尔·罗素，在20世纪80年代中期，为这些问题提供了一个可能的解答。罗素给人的印象，宛如一位吟唱科学预言的诗人，倾心于"地质诗篇"

---

① 其他的问题还包括温度，因为热泉环境的温度过高，有机分子恐怕难以生存；或者酸度，大部分黑烟囱所在地的酸度都不适合瓦赫特肖瑟提到的反应，而他本人在实验室里做的合成反应，也都是在碱性环境下模拟的。另外早期地球上硫的浓度可能远高于现代有机化学所需。当然这些问题都还在争论中，未有定论，因此我也就此打住。

带来的魔法，他对生命起源的看法都是根植于热力学与地质化学的，对于许多化学家来说十分难懂。几十年来，罗素的想法渐渐吸引了一群跟随者，因为许多人看出，他的远见确实可以为生命起源难题提供独特而可行的解答。

罗素和瓦赫特肖瑟都认为海底热泉是生命起源的中心，但是除此之外两人的观点可以说是天差地别。一人主张火山作用，一人相反；一人倾向酸，一人偏爱碱。这两个理论常常被人搞混，可是它们的差别有如云泥。下面让我来解释给你听。

黑烟囱所在的大洋中脊，是现在已知的新海底诞生扩张之地。地底岩浆从这些火山活动的中心地慢慢冒出，将周围的板块渐渐推开，移动的速度大概跟脚指甲的生长速度差不多。这些慢慢移动的板块终究会在远处相撞，其中一块被迫插入另一块底下，在上面的一块则激烈地震动隆起。喜马拉雅山、安第斯山和阿尔卑斯山，都是这种板块碰撞后产生的隆起。因为地幔就在地壳下面，所以新生成的地壳在海底慢慢移动时会暴露出地幔，形成新的岩石。这种岩石会造成跟前面提到的黑烟囱完全不同的第二种热泉，罗素所谈论的正是这种热泉。

第二种海底热泉并没有火山作用或岩浆参与其中，而是由海水和新露出的岩石作用产生。海水不只会渗透，还会跟新生岩石发生实实在在的反应，嵌入其中并改变岩石结构，形成如蛇纹石这类含水的矿物（蛇纹石之名来自岩石上犹如蛇鳞片般的绿色斑点）。海水渗透会让岩石膨胀，进而崩解成小块，而碎裂成小块的岩石则更利于海水渗透，然后再崩解，如此周而复始。这种反应的规模十分惊人，通过这种方式渗入岩石中的海水体积，可能与海水本身的体积相等。随着海底板块移动，这些含水的岩石最终会有部分被压入地底重新回到地幔，然后被加热。此时岩石会从地球深处把水释放出来。这样一来，夹杂着海水的地幔驱动了地幔对流，进而迫使大洋中脊和火山等处的岩浆向上升至地壳表面。我们行星上剧烈的火山运动，就是被海水持续不断地注入地幔而产生的循环所驱动，是它让我们的世界保持不平衡。这是我们地球的转折点。[①]

海水与地幔里岩石发生的反应，不只造成地球上持续不断的火山运动，同时还会释放出热能，并且同时产生大量气体，比如氢气。事实上，这一反应改变了溶解在海水里面的所有成分，给它们全部加上一些电子（用化学术语来说，这些成分被"还原"了），就好像一面哈哈镜一般，完全改变了站在它面前的物体形象，然后反射出扭曲的影像。因为海水的主要成分是"水"，所以排放最多的气体自然就是氢气，同时还有少量其他气体，不禁让人想起米勒当初煮原始汤时使用的那些气体——很适合用来合成复杂分子（蛋白质、DNA等）的前身——被还原以后，二氧化碳被转换成甲烷，氮气被转换成氨气，而硫酸盐则转换成硫化氢，材料都全了。

热能和气体要从地幔上升至地壳表面，需要找通路冒出来，

---

① 这又造成了一个有趣的问题，那就是不断的循环会冷却地球。当地幔渐渐冷却，海水就会嵌在岩石里面成为结构的一部分，无法再继续被加热，从而无法经由火山作用回到地球表面。行星有可能这样耗竭自己的海洋，慢慢冷却下来，这很可能是火星上海洋消失的原因之一。

于是形成了第二种热泉系统。不管从哪个角度来看，这跟第一种黑烟囱都不一样。第二种热泉冒出的是强碱，黑烟囱冒出的是强酸。第二种热泉或温或热，但不管怎样温度都远低于黑烟囱的超高温，而它们所处的位置一般都离大洋中脊这个海床摇篮有一段距离。另外黑烟囱通常只有一个孔口，而第二种热泉则常常形成非常复杂的结构，雕饰着许多小气泡或小空腔，这是温暖的碱性液体冒出来后，遇到上方冰冷的海水沉淀所形成的构造。我猜很少有人听过第二种海底热泉的原因，是由于它的名称"蛇纹石化"（因蛇纹石这种矿物而得名）不讨喜。所以就让我们叫它"碱性热泉"吧，虽然听起来软绵绵的，不如"黑烟囱"那样孔武有力。不过稍后我们会看到，"碱性"这个词有什么意义。

很有趣的是，不久以前，碱性热泉还只存在于理论预测中，只有极少数化石遗迹中表明曾经出现过这种热泉。其中最有名的当属在爱尔兰泰纳夫发现的一块3.5亿年前的岩石化石。这块化石促使罗素在20世纪80年代开始认真思考生命起源的问题。他在电子显微镜下面，细细观察这个充满气泡孔洞的热泉岩石切片时，注意到有些空腔的大小跟有机细胞的尺寸差不多，直径约0.1毫米或更小一点，它们彼此连接形成迷宫一样的网络。他推测当碱性热泉冒出，并混入上方酸性海水时，就会形成这种"矿物细胞"，而很快他在实验室里通过混合酸碱物质也造出了类似的多孔岩石构造。1988年他刊登在《自然》上的一篇论文里指出，碱性热泉所形成的多孔岩石构造是孕育生命的理想场所。这些结构里面的小空腔，可以很自然地聚集有机分子，而富含硫铁矿物的空腔壁（比如四方硫铁矿）有很强的催化能力，足以支持瓦赫特肖瑟提出的反应条件。在另一篇1994年发表的论文里，罗素与同事写道：

> 这些渐渐堆积起来的硫化铁小空腔中，充满了碱性物质与高还原态的热泉溶液，而生命会在这里诞生。40亿年前在大约离海底扩张中心有些距离的地方，受某个海底硫化物温热的泉液作用，这些小空腔膨胀成形。

这些文字真是充满远见，因为在当时尚未发现活动的海底碱性热泉。接着在世纪交替之际，科学家派出的潜水艇亚特兰蒂斯号，就在离大西洋中脊15千米远的地方，无意间发现了这种热泉，巧合的是，热泉所在地碰巧也叫作亚特兰蒂斯山。这个热泉理所当然地根据传说中消失的亚特兰蒂斯城，被命名为"失落之城"。此处精美的白色柱状与手指状的碳酸盐柱群，在漆黑的深海里向上伸展的景象，也与命名十分契合。这个热泉区完全不像过去发现的热泉，尽管有些柱子高度可与黑烟囱比拟，比如说最高的一座被称为海神波塞冬，高达60米。但是不同于黑烟囱粗糙的结构，这些手指般的白柱像华丽雕饰的哥特式建筑，用英国作家约翰·尤利乌斯·诺维奇（John Julius Norwish）的话来说：充满空洞无意义的图案。这里冒出的热泉是无色的，所以真的给人一种错觉，似乎整个城市被瞬间抛弃，只剩那些难解的哥特式华丽建筑被完整保存下来。这里没有地狱黑洞般的黑烟囱，只有精巧的白色不冒烟的柱子，像手指般的石化结构向上伸往天堂（见图1.2）。

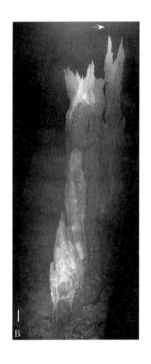

图1.2 失落之城里面，坐落于蛇纹石的岩床上高达30米的碱性热泉烟囱——自然塔。亮白色的区域显示活跃冒出热泉的地方。图中比例尺（B）代表1米。

　　这里冒出的烟雾或许透明不可见，但是它们确确实实在喷发，而且足以支持整个城市的生命。这些白色烟囱虽然不是硫铁矿物构成的（铁基本上很难溶解在富含氧气的现代海洋里，罗素所预测的结构存在于早期地球），不过结构仍然是多孔状，如充满细小房间的迷宫，墙壁上布满羽状文石（见图1.3）。较老的结构塌陷后静静地躺在一旁，已经不再充满热泉液，而是填满了方解石，因此质地更坚硬。而正在活动的热泉是真的活着，如蜂巢一样，空腔里充满了活跃的细菌，它们充分利用了环境中的化学不平衡。这里也有很多动物，其多样性足以跟黑烟囱相媲美，但是体积却小得多。这可能是因为生态系统差异造成的。黑烟囱热泉中的硫细菌适应了住在宿主体内的生活方式，而在"失落之城"里的细菌（严格来说，都是古细菌），则没有形成这种共生关系。[1] 因为缺少了类似的内在"牧场"，热泉动物的生长效率就比较低。

"失落之城"里的生命系统，是构筑在氢气与二氧化碳的反应上的。地球上几乎所有的生命系统都是如此，不过失落之城和其他系统最大的不同，在于失落之城里二氧化碳直接与氢作用，而其他地方都须间接获取氢原子。所以从地底汩汩冒出的氢气，是我们行星上罕见的恩赐。生命常常需要在其他隐晦的地方寻找氢原子，它们往往与其他原子紧紧地结合在一起，比如在水分子或硫化氢分子中。要把氢原子从这些分子里面拔出来，接到二氧化碳上去，需要消耗能量。这些能量往往要通过光合作用从太阳光中撷取，或者如热泉的细菌一般利用化学不平衡产生。只有氢气本身可以不耗能，自发地供应氢原子，虽然反应很慢很慢。从热力学的观点来看，这就像埃弗雷特·绍克（Everett Shock）那句令人难忘的名言：这个反应等于别人请你吃饭还要给你付钱。就是说，这一反应可以产生有机分子，同时还产生很多能量，理论上，这些能量可以再去驱动其他有机化学反应。

----

[1] 简单的原核生物可以被分成两大域——古菌域和细菌域。在失落之城里的居民主要属于古菌域，它们通过制造甲烷来获得能量。古细菌使用的生化反应，和复杂的真核细胞差异极大。现今已知的病原菌或寄生虫，全部都属于细菌域，没有古菌域。细菌域的细菌跟宿主细胞所使用的生化机制更相似。古细菌可能和其他细菌都不同。唯一已知的例外，是一个古细菌与细菌的共生结构，而这个共生结构很可能在20亿年前进化成真核细胞（请见第四章）。

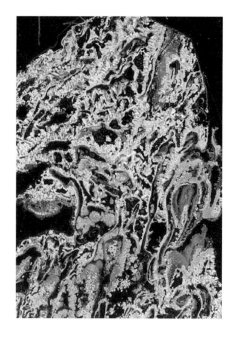

图1.3 碱性热泉的显微结构,图中显示出众多复杂空腔彼此相连的样子,非常适合作为生命起源的摇篮。图中切面宽约1厘米,厚约30微米。

至此,罗素的碱性热泉符合孕育生命的各种条件。这类热泉是更新地球表面板块系统不可或缺的一部分,它推动地球上永不止歇的火山活动。它与海洋总是处于不平衡状态,持续地冒出氢气,氢气再和二氧化碳反应产生有机分子。它会形成如迷宫般的多孔状结构,可以保存并浓缩新生成的有机分子,让它们有机会形成类似RNA的大聚合物(或非常相近的分子,我们在下一章会看到)。热泉系统的寿命很长,至今失落之城已经喷发了4万年,比大部分黑烟囱热泉的寿命多出两个数量级。它们在早期地球上可能更普遍,因为那时正在冷却的地幔与海水接触更直接。而且那时海洋中还溶有大量的铁,所以热泉所形成的微型孔洞,会因为含有硫铁矿物而极具催化性,成分应该很像在爱尔兰泰纳夫发现的热泉化石。它们可能像个天然的反应器，让存在热和电化学梯度差的液体，不断地流过具催化能力的小空腔，从而持续反应。

这些听起来非常完美，不过单单一个反应器，再有用也不是生命。你也许会问，生命真的就是在这样的反应器里面，由简而繁慢慢发展，最终变成我们四周无所不在、惊人奇妙、创意满满的样子？答案当然是：不知道。不过生命的基本属性倒是提供了一些线索，特别是地球上所有生命至今都共同使用的那些最基础的核心代谢反应。这些核心代谢反应，就像生物内在的活化石，保留了古老过往的回音，与远古碱性热泉中诞生的生命旋律，彼此应和。

有两种方法可以寻找生命的起源："由下往上"或"由上往下"。到目前为止，本章讨论的都是"由下往上"，我们从地质化学环境和热力学的角度来考虑，早期地球可能是什么样的。我们找到了海底热泉，它们汩汩冒出氢气，输送到充满二氧化碳的海洋中，这里极有可能是生命的源头。天然的电化学反应器，确实可以同时产生有机分子和能量，然而我们还没有认真思考过，哪些反应会发生，以及这些反应如何导出我们所知的生命。

真正能带我们找到生命起源的，是现在已知的生命形式，换句话说，要采取"由上往下"的策略去寻找。我们可以将现今所有已知生命根据特征分门别类，然后从中找到一个理论上可能的"最近一般共同祖先"，她有个可爱的名字叫"露卡"（LUCA，Last Universal Common Ancestor）。现在举几个例子来看看，因为只有少数种类的细菌可以进行光合作用，所以我们推测露卡可能也不会进行光合作用。如果她会，那等于说她大部分的子孙都放弃了这一宝贵的技能，尽管也有可能，但老实说这太不合理。再来看看所有生命共同的特征：所有的生命都由细胞组成（除了病毒，病毒只能活在细胞里）；所有生命都有DNA承载的基因；所有的基因在编码蛋白质时，都使用同一套密码系统来编码氨基酸。此外所有的生命都使用同一套"能量货币"，叫作三磷酸腺苷，简称ATP，它像10英镑的纸币，可以用来支付所有细胞干活的薪酬（后面会详细讨论）。据此，我们可以合理地推测，所有生命都从他们共同的祖先露卡那里，继承了这些特征。

现在所有的生命，还共享一系列基础代谢反应，这一系列反应的中心是一个循环反应，那就是著名的克氏循环（或称三羧酸循环），由德国的诺贝尔生理医学奖得主汉斯·克雷布斯爵士（Sir Hans Krebs）发现，在20世纪30年代逃离纳粹德国后，他在英国谢菲尔德大学首次阐明了这个反应。克氏循环在生物化学里极为神圣，但是对一代又一代的学生来讲，却是所有老掉牙的故事中最糟糕的那个，死记硬背只为应付考试，考完之后就一忘皆光。

不过克氏循环还是有象征性意义的。在生物化学系杂乱的办公室里，桌上堆满一摞摞经年累月未清理的书籍与论文，多到堆在地上或装满箱子，但你一定会看到墙上钉着一张褪色翻烂了的生化代谢反应图表。当你在等待教授回来的时候，会怀着忐忑又迷恋的心情研究这张图表。图表复杂得惊人，活像疯子画的地下管线图。图上有许多小箭头指往各个方向，有些又绕回来，彼此交错。虽然图褪色了，不过你还是可以看出，很多箭头用颜色来区分它们的代谢路径，比如说蛋白质是红色的，脂质是绿色的。

往图表最下方看，你会感觉这里似乎是一切混乱箭头的中心，这里有一个圆圈，或许是整张图上唯一的圆圈，唯一有秩序的地方。这个圈，就是克氏循环。随着你慢慢研究这张图表，你会发现似乎所有的箭头都从克氏循环发散出去，像自行车轮子的辐条一般。这里是一切的中心，是所有细胞最基础的代谢反应。

现在克氏循环没有那么老掉牙了，因为最近的医学研究显示，克氏循环不只是生物化学的中心，也是细胞生理学的中心。当这个循环的速度改变时，它会影响细胞的一切，从衰老、癌症到细胞动力。不过另一个更让人惊讶的发现是，克氏循环是可逆的。通常克氏循环消耗从食物中得到的有机分子，然后释放出氢（最终和呼吸作用中的氧气反应）和二氧化碳。也就是说，克氏循环不只提供代谢反应的前体，它还附带提供生产ATP所需的氢。然而当循环逆向进行时，它会吸入二氧化碳和氢来形成新的有机分子——构建生命所需的材料。而此时它也从ATP的生产者变成消耗者。当我们提供ATP、二氧化碳和氢气时，这个循环会如同变魔术般产出生命建材。

逆向的克氏循环并不常见，即使在细菌界也很少见，但是对海底热泉区的细菌来说就比较常见。它虽然原始，却是把氢和二氧化碳变成生命建材的极为重要的方式。前耶鲁大学的生物化学先驱哈罗德·莫罗维茨（Harold Norowitz，现在任教于美国弗吉尼亚州费尔法克斯郡克拉斯诺高级研究所），曾经花了好几年的时间，梳理逆向克氏循环的特质。简单来说，他的研究结果就是，只要各种成分浓度足够，这个循环就会自己动起来。这其实是最基本的化学原理，只要化学反应的中间产物浓度足够，它自然会进行下一步。在所有可能的有机分子里面，组成克氏循环的那些是最稳定的，因此也最有可能率先合成。换句话说，基因并没有"发明"克氏循环，克氏循环只是化学概率和热力学的产物。基因后来才出现，它仅仅是在指挥一段已经存在的旋律，就好像乐团指挥只是负责诠释乐曲，如节奏、细节等部分，但乐曲本身跟指挥无关。这个乐章早就写好，这是大地的乐章。

一旦克氏循环启动，同时又有足够的能量，那么逆反应必然发生，进而合成更复杂的前体，比如氨基酸或核酸。地球上有多少生命的核心代谢反应是自发进行的，又有多少是在基因和蛋白质出现后才产生的，这是一个非常有趣的问题，但是已远远超过本书的讨论范围。不过这里我想提一点，那就是绝大多数企图人工合成生命建材的实验，都有点太过"纯粹主义"了。他们常常从简单但是跟生命化学完全无关的分子开始，比如氰化物，而事实上，我们知道氰化物不只无关，甚至还有害。然后他们开始摆弄各种实验参数，比如压力、温度、放电等这些完全无关"生物"的因素，看看能不能合成生命建材。可是为什么不直接从克氏循环相关的分子，外加一些ATP开始，然后在理想的环境下，比如罗素所提出的天然电化学反应器中尝试呢？在办公室里的那张图表上，有多少反应会自发进行，然后产生符合热力学原则的分子，最后逐渐填满整张图表？应该会生成很多分子吧？甚至可能会合成小型蛋白质（严格来说是多肽）或RNA等级的分子，接着自然选择就会开始接手处理——而我并不是唯一一个这样想的人。

上面所谈的东西，都还需要实验去证明，而大部分实验都还没做。不过要想让这一切成为现实，都需要稳定供应神奇的分子——ATP。谈到此，你可能会觉得我们的进度有点太快了，还没学会走就想跑。要上哪里去找ATP分子？关于这个问题，我觉得比尔·马丁（Bill Martin）的答案最有说服力。马丁是一位极聪明且以敢言著称的美国生物化学家，现在任德国杜塞尔多夫大学的植物学教授。在一切和生物起源有关的问题上，马丁总是持续不断地提出各种打破常规的观点，虽然不是全对，但总让人振奋，并且提供了看待生物学的新角度。几年前，马丁和罗素开始合作，从地质化学探讨到生物学。由此，他们的想象和洞察力开始飞驰。让我们跟着他们一起去看看。

马丁和罗素先从最基本的问题开始：碳原子如何进入有机世界？他们注意到，现在我们知道细菌和植物会通过五种代谢途径，将氢原子和二氧化碳结合生成有机分子，从而把碳带入生命世界，其中一种就是前述的逆向克氏循环。这五种反应中的四种要消耗ATP（和克氏循环一样），所以只有输入能量才能发生。而剩下的第五种，不但可以让氢原子直接和二氧化碳分子结合产生有机分子，同时还会产生能量。现今已知有两群古老的生物可以通过一系列大同小异的步骤实现第五种反应。其中一群生物我们已经介绍过了，就是在失落之城里十分兴旺的古细菌。

如果马丁与罗素是对的，那40亿年前生命拂晓之时，这些古细菌的远祖，就在碱性热泉中进行氢气和二氧化碳的反应。不过氢气和二氧化碳结合的反应，并不像听起来那样简单，因为这两个分子都不会自发性地结合，它们算是"害羞"的分子，需要催化剂的鼓励才能让它们共舞，同时也需要灌注一点能量来启动反应。只有当这两个条件都满足时，两个分子才会结合然后放出更大的能量。催化剂的成分很简单，现今这一反应的催化酶，核心是一个含铁、镍和硫原子的原子簇，其结构跟热泉区发现的矿物很像。该线索表明古细菌可能只是利用了现成的催化剂，同时也暗示这条代谢通路已经出现很久了，它不需要靠进化产生的复杂蛋白质帮助就能反应。如同马丁与罗素指出的，这个反应已有"坚石"的基础。

而要推动该反应所需的初始能源，最终还是要靠热泉提供。有个预料之外的产物揭示了热泉这个幕后黑手。这个热泉产物就是乙酰硫酯，一种活化的醋。[1] 热泉会生成乙酰硫酯，是由于二氧化碳本身是个稳定的分子，不容易和氢反应，但是二氧化碳容易和碳或硫化物形成的自由基反应（自由基的活性较高），而热泉正好有很多这种自由基。所以，热泉产出了活性很高的自由基，然后促使二氧化碳和冒出来的氢反应，最终合成了乙酰硫酯。

乙酰硫酯之所以重要，是因为它代表了古老代谢反应里的一个岔路口，而且至今仍可以在生物体内看到。当乙酰硫酯和二氧化碳反应时，我们就站在岔路的一端进入复杂有机分子世界。该反应是自发的，除了释出能量，还会产生三碳分子，叫作丙酮酸。看到丙酮酸这个名字，生物化学家的眼睛都会为之一亮，因为这可是进入克氏循环的起点。换言之，只需要几个符合热力学

---

[1] 醋的化学名称是乙酸（醋酸），这是乙酰硫酯"乙"这个字根的来源。在乙酰硫酯里面，含两个碳的乙酰基会连在一个具活性的硫基上面。20多年前德·杜维就认为，乙酰硫酯在早期生命进化史中具有重要的地位。现在他的观点终于经由实验得到科学界的正视。

规律的简单化学反应，被带有矿物核心的酶催化（它们都带着"坚石"的基础），就可以带我们直接进入克氏循环这个生命的代谢中心，不费吹灰之力。一旦我们进入了克氏循环，就只需要稳定供应ATP来推动循环去生产生命所需的材料了。

能量的来源正在岔路的另一端，这回让乙酰硫酯与磷酸盐反应。好吧，严格来说反应并不会产生ATP这个能量分子，而是一种形式比较简单的分子，叫作乙酰磷酸。但是它的用途和ATP差不多，而且至今仍有某些细菌可以同时使用乙酰磷酸和ATP作为能量来源。乙酰磷酸和ATP所做的事情一模一样，它们都是把活化的磷酸基团传给另一个分子，有点像帮其他分子贴上能量标签来活化它们。整个过程类似小孩子玩的游戏，其中一个孩子当"鬼"去抓人，而被"鬼"抓到的小孩则会变成"鬼"。游戏中当鬼的小孩持有的反应"活性"，可以传给第二个小孩。磷酸基团传递差不多也是这样。原本稳定的分子会因为接受磷酸基团而活化。ATP就是如此逆向推动克氏循环的，而乙酰磷酸也可以做到。当乙酰磷酸把具有活性的磷酸基团传给下一个分子后，剩下的产物就是醋，这也是现在大部分细菌的产物。下回如果你开了一瓶酒没喝完，然后放久变酸了（变成醋），可以想一想这是许多细菌在里面勤奋工作，然后代谢出和生命一样古老的废料。这样一想，这个废料甚至比一瓶上好的酒还要珍贵。

总的来说，碱性热泉可以持续生产乙酰硫酯，乙酰硫酯可以供应合成复杂有机分子所需的原料，以及合成它们所需的能量，而这种能量的形式与今天细胞使用的基本相同。在前面提到的热泉区烟囱里的矿物细胞，可以一次性满足众多条件。它可以让反应物集中在一起，有利于反应进行。它也提供可以加速反应的催化剂，而此阶段反应并不需要复杂的蛋白质参与。同时，不断冒出的氢气与其他气体，进入烟囱迷宫之后可以源源不绝地提供各种反应原料，也确保各原料彻底混合。如此看来，这烟囱真的是一个生命之泉，不过还遗漏了一个至关重要的小细节。

小细节就是引起氢气和二氧化碳反应所需的起始能量。我前面说过，这在热泉区并不是问题，因为这里的环境可以提供活性大的自由基分子来开启反应。但是对于不住在热泉区需要自食其力的生命来说，就是个大问题了。没有自由基，它们就要消耗ATP来开启反应，就好像要自掏腰包买酒来化解初次约会的尴尬。这有什么不对的吗？问题在于划不划算。因为即使氢和二氧化碳反应可以放出足够的能量，产生一个ATP分子，但如果你花一个ATP分子只得到另一个ATP分子，那可是一点赚头也没有。如果没有赚头的话就没有多余的能量，就无法逆推克氏循环，也就不会有复杂的有机分子。因此生命也许可以从碱性热泉诞生，但是可能要永远留在热泉旁，无法切断由热泉母亲提供能量的热力学脐带。

但是很明显，生命并没有留在热泉旁。然而前面的计算结果又是如此精确，那么我们是如何离开热泉区的呢？马丁与罗素对这个问题的解答令人拍案叫绝，他们完美地解释了为何现在大部分生物都用一套奇特的呼吸代谢反应来产生能量，而这套反应可能是生物学中最令人困惑、最不直观的机制了。

在小说《银河系搭车客指南》里面有一段情节：笨到无药可救的现代人类祖先，不幸坠落在一颗叫作地球的行星上，然后赶走了土著猿人。他们组织议会，重新发明轮子之类的工具，并且指定树叶为法定货币，结果每个人都变成亿万富翁。然后他们必须面对严重的通货膨胀，物价狂飙到需要花三片落叶林的树叶才够买一小船花生。为了解决问题，我们的祖先展开了激烈的通货紧缩政策，他们直接烧掉了所有森林。听起来是不是恐怖得跟真的一样？

我认为在这个戏谑的故事背后，藏有一个很严肃的问题，那就是货币的意义，货币并没有一个绝对的价值。一粒花生可以贵如一条金条，贱如一枚便士，或者抵得上三片森林，这一切都取决于它们彼此间的相对价值、稀有程度等因素。同样的10英镑也可以等同于任何东西。然而在化学世界里面可不是这样。前面我用10英镑来比拟ATP是有原因的。假如一个ATP分子里化学键的能量总合就是10英镑，那等于你一次要付10英镑来得到一个ATP，或用掉一个ATP来得到一张10英镑钞票，分毫不差。跟人类的货币不一样，它的价值不是相对的，而这正是要离开热泉自力更生的细菌所要面临的严重问题。和10英镑不同的是，ATP并没有那么通行无阻，它的价值十分固定，而且也没有零钱这种东西。如果你想点一杯饮料来化解初次约会的尴尬，那你必须付出整张10英镑钞票，就算这杯饮料只值2英镑，老板也不会找零，因为这世上没有"1/5个ATP分子"。同样，当你获得氢和二氧化碳反应所产生的能量，你也只能以10英镑为单位来储蓄。举例来说，如果这个反应产生18英镑，但这不够买两个ATP分子，所以你只能换到一个分子，而损失8英镑。我们在国外旅行时，也会在外币兑换处遇到同样恼人的问题，这些兑换处只收大钞，不收零钱。

所以总结来说，不论是只需花2英镑来约会，或者赚到18英镑，一旦我们被迫使用统一的10英镑钞票，那就一定要花10英镑来赚10英镑。没有细菌可以无视这个问题，因为它们无法只利用ATP以及氢与二氧化碳的反应来生存。然而细菌毕竟存活下来了，因为它们找到了一个非常天才的办法，把10英镑钞票换成零钱。该方法有个了不起的名字叫作"化学渗透说"，由1978年诺贝尔生理医学奖得主、古怪的英国生物化学家彼得·米切尔（Peter Mitchell）提出。米切尔的化学渗透说得到诺贝尔奖后，结束了学界数十年的激烈争辩。在人类正遥望下一个世纪之交时，我们终于了解到米切尔的研究可能是20世纪最重要的发现之一。[1] 但是那些长期赞成化学渗透作用的少数研究人员，也很难解释为何如此怪异的机制，会普遍存在于各种生命系统中，就像放之四海而皆准的基因密码、克氏循环与ATP一般，化学渗透也被所有生命系统共享，并且可以追溯到生命的共祖露卡身上。马丁与罗素现在就帮你解答。

简单来说，化学渗透指的是质子穿过膜的运动（因为跟水分子穿过膜的运动类似，所以就借用了"渗透"这个词）。呼吸作用其实就是在执行化学渗透。我们把食物分子中的电子取出，通过一系列传递链，最后将电子传给氧气。在电子传递的过程中，每个步骤都会放出一点能量，并被用来把质子打到膜外。所以整个过程最终的结果是，膜的一侧堆积了一堆质子，形成了质子的浓度梯度。膜在这里的角色有点像水力发电厂的水坝，当水流从

---

[1] 关于这诡异又无比重要的化学渗透说，如果你想知道更多，我建议你去看我的另一本书：《能量、性、死亡：线粒体与生命的意义》。

高处流下来时会推动涡轮运动发电，而质子流过细胞薄膜时，也会推动蛋白质涡轮来生产ATP。这个复杂的机制超乎想象，原本只是让两个分子结合在一起的简单反应，却需要怪异的质子梯度参与其中。

化学家通常习惯处理整数，因为一个分子不可能跟另外半个分子反应。而化学渗透说最让人困惑的地方或许就在于，这里充满了小数。电子传递链要传递多少电子，才够合成一个ATP分子？大约在8到9个之间。那需要打出多少质子？现今最准确的计算是4.33个。这些数字看起来一点意义也没有，直到我们认识到离子浓度梯度参与其中。因为一个梯度由无数个小梯度组成，所以它并不存在整数。而化学渗透最有利的地方在于，单一反应可以不断地重复发生，直到累积起产生一个完整的ATP分子的能量。如果每次反应产生的能量是整个ATP分子所需的0.01，那只需重复100次，就能慢慢累积足够的质子梯度去制造一个完整的分子。有了这个技巧，细胞突然可以存钱了，它有个装满零钱的小口袋了。

讲了这么多，化学渗透真正的意义何在？让我们回到之前的氢与二氧化碳的反应。现在细菌还是需要用掉一个ATP来启动这个反应，但它们每次可以生产多于一个ATP的能量，既然多出来的能量可以被存起来，多出几次之后它们就可以生产第二个ATP了。虽然并不宽裕，却是很踏实的生活。更重要的一点是，化学渗透让不可能兴起的生命变成有可能的。如果马丁与罗素是对的，如果最早的生命确实根据前述反应兴起，那么要离开海底热泉唯一的方法，就是化学渗透。现在唯一已知依赖氢与二氧化碳生化反应而生存的生命，完全依赖化学渗透而活，缺它不可。而我们也知道现在地球上几乎所有的生命都带有同一套古怪的化学渗透机制，尽管不一定缺它不可。为什么会这样？我认为就是因为大家都是从同一个生命共祖那里继承了这套机制，而生命共祖依赖这一机制而活。

马丁与罗素的观点还有一个最强有力的证明，那就是他们使用了质子（也即氢离子）。为什么不用其他带电离子，比如钠离子、钾离子或钙离子呢？我们的神经系统就使用它们呀，自然界没有理由独钟情于质子，而忽略其他带电离子。并没有什么理由必须使用质子，而且也有细菌利用钠离子梯度来工作，虽然属于特例。我认为最主要的原因是罗素那些热泉的特质。还记得那些热泉会持续地冒出碱性液体，冲入溶解了大量二氧化碳的酸性海洋吗？酸是由质子来定义的，所谓酸就是含有大量质子，而碱则缺少质子。所以当冒出的碱性液体进入酸性海洋中时，很自然地产生了一个天然质子梯度。换句话说，罗素提到的热泉矿物细胞，利用天然的质子梯度自动执行化学渗透。罗素在好几年以前就发现了这一现象，但是指出细胞必须依赖化学渗透才能离开热泉，则是他和马丁合作的成果，因为是马丁带来了微生物能量的观点。现在这些小的电化学反应堆，不只可以生产有机分子和ATP，甚至还有了逃脱计划，可以逃离普遍存在的10英镑难题。

当然，质子的梯度再好用，也要生命能够利用它才行，之后还要学会自己制造梯度。虽然利用天然的梯度要比自己制造梯度来得容易，但是哪种都不简单。毫无疑问，通过自然选择才能进化出这些机制。现在细胞需要大量由基因编码的蛋白质来执行化学渗透，如此复杂的系统一定要靠蛋白质和基因参与才有可能进化。所以这是一个环环相扣的问题。生命要先学会制造并使用化学梯度才可能离开热泉，而要制造自己的化学梯度又一定要有DNA和基因参与。看起来生命在这个矿物培育所里已经进化出非凡的复杂度了。

我们慢慢地为露卡这个地球上的生命之祖画出一张独特的肖像。如果马丁与罗素是对的（我认为他们是对的），那露卡应该不是一个自由生活的细胞，而是由矿物细胞组成的岩石迷宫：它靠着铁、镍和硫所组成的催化剂墙壁，以及天然的质子梯度而生存。地球上第一个生命是一个多孔的石头，在里面一边合成复杂的分子，一边产生能量，以准备生产DNA和蛋白质。也就是说，关于生命诞生的故事，本章只讲了一半。下一章我们将会继续另一半的故事：所有生命分子中最具标志性的物质，也是基因的载体——DNA。

第二章　DNA
——生命密码

DNA的双螺旋结构代表了一个时代的科学，更神奇的是所有生命都使用相同的DNA编码，似乎表明在地球上，生命只诞生了一次。对于DNA结构的发现者克里克来说，这暗示了外星生物的一次播种，我们有更好的答案吗？

在剑桥的老鹰酒吧外墙上有一块蓝色的牌子，是2003年挂上去的，用以纪念50年前发生在酒吧里的一段不寻常的谈话。1953年2月28日，两位酒吧常客詹姆斯·沃森（James Watson）和弗朗西斯·克里克，在午餐时间冲进吧里，宣布他们发现了生命的奥秘。虽然严肃紧张的美国人加上一位滔滔不绝的英国人，再时不时配上他们恼人的笑声，看起来活似一对喜剧演员，但是这一次他们可是认真的，而且他们是对的，或者应该说对了一半。如果说生命真的有什么奥秘的话，那一定是DNA。不过尽管沃森与克里克再聪明，当时也只知道一半答案。

其实在当天早上沃森与克里克已经知道DNA是双螺旋结构。他们的灵感来自他们的天赋，混合了模型结构、化学推论，以及一些"偷来"的X射线衍射照片。面对他们当时的结论，沃森说："太美了，这必须是对的。"整个午餐时间里，他们越讨论就越有信心。他们的研究结果发表在4月25日的《自然》上，是一篇只占一页篇幅的简短论文，有点像登在地方小报上的出生公告。论文谦逊的语气极不寻常（沃森有句对克里克的评价广为人知，说他从未见过克里克谦虚的样子，然而沃森本人也没好到哪儿去），并在结尾十分委婉地写道：我们也注意到了，我们假设的这种特定配对方式，暗示了这种遗传物质可能的复制方式。

DNA是基因的物质基础，当然也就是遗传物质。它帮地球上所有的生物编码，从人类到变形虫，从蘑菇到细菌，只有少数病毒例外。它的双螺旋结构已经成为科学的标志，两条螺旋链彼此缠绕，一圈又一圈，直到天荒地老。沃森与克里克展示了两条螺旋链分子层级的配对方式。如果把这两条螺旋链分开，其中任何一条都可以作为模板，去合成另外一条，于是原来的一条双螺旋链就变成了两条双螺旋。微生物每次增殖时要把自己的DNA传给下一代，那它只需解开自己的双螺旋链，做出两条一模一样的双螺旋链即可。

虽然复制DNA的具体分子机制十分让人头痛，但在原理上却非常完美、惊艳而且简单。遗传密码就是一系列的字母（术语叫作碱基）。DNA总共只有四个字母，分别是A（腺嘌呤）、T（胸腺嘧啶）、G（鸟嘌呤）以及C（胞嘧啶），不过你不必管这些化学名称。真正的重点是，A只能和T配对，而G只能和C配对（见图2.1）。这种配对方式是由分子形状以及成键结构决定的。如果把一条双螺旋解开，让这些碱基露在外面。这时每一个露出的A只可以配T，而每一个露出的G只可以配C，以此类推。碱基对不只是彼此互补，它们是真的想要彼此结合。对于T来说，只有和A配对的时候，它的化学生命才有意义。如果你把这两个分子放在一起，它们的化学键会唱出完美的和弦。这就是化学，如假包换的"基本吸引力"。因此DNA不只是被动复制的模板，每一条螺旋会主动放出磁力，吸引可以与自己配对的另一半。所以把一条双螺旋拉开，它们会很快重新结合，单螺旋链会急切地寻找可以与自己配对的另一半。

一条DNA长链看起来无穷无尽。以人的基因组为例，里面有将近30亿个字母，术语记为3Gb。等于说单个细胞核里就含有30亿个字母，打印出来的话，一个人的基因组可以填满200册书，每一册都和电话簿一样厚。不过人类的基因组绝对不是世上最大的，你或许会很惊讶，世界纪录保持者是一只小小的变形虫——无恒变形虫，它巨大的基因组包含了670Gb，大约是人类基因组的220倍。但是这些基因组里面似乎大部分都是"垃圾"，并不负责制造任何东西。

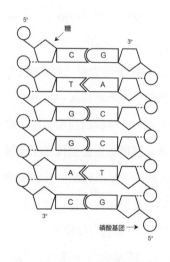

图2.1 DNA的碱基配对。这些不同字母的几何图案代表的意义是：A只能和T配对，而G只能和C配对。

每次细胞分裂的时候，它就会复制所有的DNA，整个过程耗费好几个小时。人体是由15万亿细胞组成的怪物，每个细胞都带有相同的DNA模板（其实应该说有两份）。从一个受精卵发育成人，这套双螺旋长链要被解开，当作模板至少复制15万亿次（真正的次数当然远多于此，因为还要加上细胞死亡、替换等因素）。细胞复制的精确度堪称奇迹，它要把这些DNA长链从头按顺序写起，每写10亿个字母才出一次错。用人类抄书来做比较的话，那就等于要把整本《圣经》抄280次才错一个字母。而人类抄写的精确度远低于此。现在已知被保存下来的手抄本《新约全书》约2.4万本，没有任何两本是完全相同的。

然而在每条DNA里，还是会夹杂一些错误，这是因为基因组实在是太大了。一个字母被抄写错误的情况，叫作点突变。每次人类细胞分裂时，整套染色体里面大概会有3个点突变。细胞分裂的次数越多，错误累积越多，最终就可能引发癌症这类疾病。突变也可能传给下一代。对女性来说，如果一个受精卵将发育成女性，那之后大约要经过至少30次细胞分裂才会形成一个新的卵细胞，每次分裂都会累积一些错误。男性更糟，因为细胞至少要经过100次分裂才可以产生精子，而每次分裂大自然都会无情地加入一些突变。由于男性终生都可以制造精子，所以随着男性年龄的增加，精子经过一轮又一轮的细胞分裂，情况只会越来越糟。正如遗传学家詹姆斯·克罗（James Crow）所说：老男人的精子是威胁整个族群健康的最大突变灾难。不过就算是一般年轻夫妻所生的小孩，也比他们父母多大约200处突变，但其中只有少数可以造成直接损害。[①]

尽管细胞复制DNA的准确度极高，还是会发生改变。每一代的基因都和上一代不同，不仅仅因为我们的基因混合了父母双方的，而且因为我们都携带了新的突变。大部分的突变都是前面

---

① 你也许会怀疑，如果有这么多的突变，为什么到现在我们还没被突变给毁了？这个问题同样困扰着许多生物学家。不过答案就在一个字：性。关于这点我会在第五章详述。

提到的点突变，只有几个字母被替换掉了。不过少数突变十分剧烈，有时候染色体复制好了另一份却没有分开；有时候整段DNA序列缺失不见；有时候病毒感染会插入许多新的片段；有时候部分染色体会整段颠倒，里面的DNA序列也颠倒了。各式各样的突变都可能发生，不过最严重的突变往往会让个体无法生存。如果能看到染色体的话，会发现它们像骚动的蛇窝一般，带着条纹的染色体不断结合再分开，无休无止。自然选择会把绝大多数的突变怪物都剔除掉，因此起着稳固的作用。也就是说，DNA长链会扭曲变形，而自然选择则将它们重新整理归位，把所有好的变异都留下来，抛弃严重的错误或改变。而比较轻微的突变，则有可能导致日后的疾病。

当报纸杂志上出现和基因有关的文章时，大概都不是在谈DNA字母突变的问题，而是DNA独特的排序。比如DNA指纹，它可以用来鉴定亲缘，弹劾有性丑闻的总统，也可以在刑案发生几十年后揪出嫌疑犯。这是由于每个个体之间DNA序列都存在差异。DNA序列如此不同，我们每个人都有一套独一无二的DNA指纹。受到这些细微差异的影响，我们每个人对于各种疾病的耐受力也不同。平均来说，人类基因大概每千字出现一个差异，人类基因组整体共有约600万～1000万个"单字母"差异，称为"单核苷酸多态性"，简称SNPs。SNPs就是说我们每个人所拥有的基因版本，或多或少都略有不同。虽然大部分的SNPs都无关紧要，不过根据统计分析，有一些变异与某些疾病，比如糖尿病或阿尔茨海默病有关联，然而它们对疾病的影响究竟如何，目前所知甚少。

虽然每个人的DNA版本略有不同，我们仍然可以说存在一个"人类基因组"，毕竟每1000个字母里除了那一个有可能不同以外，剩下的999个都一样。不同物种的基因组构成，由时间和自然选择两个因素造成。在进化这一伟大的计划之中，人猿变成人并没有过去太久，老实说，动物学家会说我们其实还是人猿。假设我们的祖先和黑猩猩大约在600万年前分家，然后以每代产生200个突变的速度累积差异，那到现在为止我们最多也只能改变整个基因组的1%。由于黑猩猩也以同样的速度突变，那么理论上我们和黑猩猩应该有2%的差异，不过实际的差异要小一些。比对黑猩猩和人的DNA序列的结果显示，我们和黑猩猩有98.6%的相似度。[①] 这是因为自然选择会踩刹车，剔除有害突变。如果自然选择会剔除突变，那么被保留下来的DNA序列，当然会比无监督情况下的突变结果更相似一些。如前所述，自然选择会让扭曲变形的序列重新归位。

如果我们看得更久远一点，就会看到时间和自然选择这两个条件如何共同作用，织出令人赞叹的精致生命之毯。从解读出的DNA序列可以看到，地球上所有的生命都彼此相关。通过比对序列，我们可以用计算机去统计人类与任何一种生物的亲疏，从猴子比到有袋类动物，也可以和爬行类、两栖类比，或者和鱼类、昆虫、甲壳类、蠕虫、植物、原生动物、细菌比，随便你挑。所

---

① 这个数据是指DNA序列的相似性。在黑猩猩和人类分家之后，还发生了其他较大的基因改变，比如染色体融合或缺失，导致两者全部基因组的相似性大概是95%。相较之下，人和人的基因差异非常微小——大家的基因有99.9%都一样。这种有限的差异代表我们的族群经历过人口的"瓶颈效应"，也就是说，大约在15万年以前，非洲的某一个小族群，通过一波又一波的迁徙，形成现在全世界所有的人类。

有的序列都由相同字母组成，所以是可比较的。因为受到相同自然的选择，我们甚至会共用许多一模一样的序列片段，而除此以外的序列则会变异到难以辨认的地步。如果试着解读一段兔子的DNA序列，你会发现在这段无穷无尽的碱基序列中，有些和人类一样，有些不一样，彼此交错，好像万花筒一样。再看看蓟花也一样，有一些片段和我们完全一样或者很类似，但是不一样的片段比兔子和我们之间的更多。这恰好反映出我们和蓟花从共祖分家后历经了更久的时间，最终导致我们走上完全不同的道路。尽管如此，我们最基本的生物化学反应还是一样的，细胞仍然使用类似的机制在运作，而这些机制正是由相似的DNA序列决定的。

基于这种生物化学的共同性，我们期望找到一段和最古老的生命（比如细菌）共享的序列，我们也确实找到了。不过相似的程度会有点混乱，因为它并不是人们想象的100%～0%，而是100%～25%，这是因为组成DNA序列的只有四个字母。如果其中一个字母被随机替换，那总有25%的机会换回原来的字母。所以如果你在实验室里随意合成一段序列，将这段序列和任意一段人类DNA序列相比，一定会有25%的相似度。"我们和香蕉的基因组序列有50%相似，所以我们是半个香蕉"的观点是误导视听。不然随意合成的一段DNA序列，都将是1/4个人类。因此，除非我们知道这些字母代表的意义，否则还是等于一无所知。

这也是为什么，我之前说沃森与克里克在1953年的那个早上，只解开了生命奥秘之谜的一半。他们解开了DNA的结构，也发现了双螺旋的每一条都可能是复制另一半的模板，因此可以当作生物的遗传密码传给下一代。然而在他们那篇著名的论文里并没提到密码代表的意义，还有待此后10年间无数杰出的研究者去发现。或许解开生命密码并不像发现双螺旋结构那般，具有崇高的象征地位，但是它的重要性可能大于双螺旋本身，因为后者根本不在乎塞在序列里面的东西是什么。克里克对密码的破解也有贡献。从本章的内容来看，对我们来说更重要的是解开这串密码（这曾是现代分子生物学里最令人失望的解谜），这将会让我们更透彻地了解在40亿年前DNA是如何进化出来的。

现在我们如此熟悉DNA，所以你可能很难想象，1953年我们对这个分子生物学的基础了解的有多么少。当年沃森与克里克原论文上的DNA图像，那幅结构如两条阶梯互相旋转缠绕的图像，是由克里克的艺术家妻子欧迪勒（Odile）绘制的，半个世纪来不断被重复使用，从未改动（图2.2）。20世纪60年代，沃森所写的《双螺旋》描绘了现代科学的面貌，这本书的影响力如此之大，以致让生命都艺术了起来。我还在读书时就因看了这本书，整天梦想着获得诺贝尔奖和能名留青史的贡献。在那时，我对于科学的印象几乎全部来自沃森的书。之后进入大学，发现现实与我对科学的期望并不一致，梦想破灭是必然的，其间我开始攀岩寻求刺激。等到好几年之后，我才渐渐领悟研究的魅力，重新找回科学带来的兴奋。

然而当时我在大学所学的，几乎全部都是沃森与克里克1950年还不知道的，但在现在已是理所当然的事。比如"基因编码蛋白质"，这一观点在20世纪50年代早期还未在科学家之间达成共识。沃森1951年来到剑桥大学时，还因为被怀疑论者如马克斯·佩鲁茨（Max Pervtz）和约翰·肯德鲁（John Kendrew）等人质疑而感到恼怒。然而对于佩鲁茨与肯德鲁而言，连最基本问题，比如"基因"到底是DNA还是蛋白质，都还没有被完全证实，更遑论其他。尽管当时并不清楚DNA的分子结构，我们却已摸透了它的化学成分，也知道它的成分在各物种间几乎一样。如果说基因是遗传物质，并且决定了每个个体甚至每个物种之间的巨大差异，那么像DNA这种化学组成单调的东西，从细菌到植物到动物的几乎都一样，怎么可能解释生命的丰富与多样性？反而组成成分变化无穷的蛋白质，看上去更适合承担这项遗传工作。

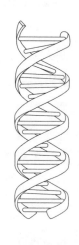

图2.2　DNA 的双螺旋结构，显示这两条螺旋如何互相缠绕。把这两条螺旋解开的话，每一条都可以当作模板，合成全新而互补的另一条。

当时只有沃森以及少数的生物学家深信美国生物化学家奥斯瓦德·艾弗里（Oswald Avery）的实验结果。艾弗里在1944年发表的研究显示，遗传物质是DNA。沃森的热忱与信念鼓舞了克里克，促使他动手解决DNA的结构问题。一旦结构问题被解决，解码就近在咫尺。然而当时关于这方面的知识是如此缺乏，必定会再次让现代人觉得惊讶。DNA看起来就是一连串字母随机组合成的无尽长链。要找出这个序列的某段顺序如何对应某种蛋白质，在理论上似乎并不困难，因为蛋白质是由一连串的子单元组成的，所谓的子单元就是氨基酸。因此，想必DNA序列可以与氨基酸序列一一对应。而如果DNA字母是万物通用的，毕竟似乎所有物种的DNA成分都一样，那么DNA对应氨基酸的方式应该也是万物通用的。但这一切在当时还不为人知，而且几乎也没人想过这种对应关系，直到沃森与克里克在老鹰酒吧里坐下来，在午餐时间写出那经典的20种氨基酸，就是今天教科书里会写的那20种。惊讶吗？这两人都不是生物化学家，但他们却是第一个找到正确答案的人。

现在问题变成了一个数学游戏，和详细的分子机制无关（我们却要死记硬背这些分子机制）。四种DNA字母要编码20种氨基酸。绝不可能是一对一编码，也不可能是二对一编码，因为两个字母最多只能组成16种组合（4×4）。因此，最低要求是三个字母，也就是DNA序列里面最少要有三个字母对应到一个氨基酸，被称为三联密码，后来被克里克和西德尼·布伦纳（Sydneg Brenncr）证实。但是这样看起来似乎很浪费，因为用四种字母组成三联密码，总共可以有64种组合（4×4×4），这样应该可以编码64个不同的氨基酸，那为什么只有20种氨基酸呢？一定有一个神奇的答案来解释为什么4种字母，3个一组，拼成64个单词，然后编码20种氨基酸。

很巧的是，第一个尝试解答这个问题的人也不是生物学家，而是热情洋溢的俄裔美籍天文物理学家乔治·伽莫夫（George Gamow），他因提出大爆炸理论而广为人知。伽莫夫认为，DNA序列可以直接生产蛋白质，氨基酸分子可以嵌入双螺旋间的钻石型凹槽内来合成蛋白质。不过伽莫夫的理论是纯数学的，因此当他知道蛋白质并非在细胞核里合成，所以也就不可能和DNA直接接触时，也完全不在意。这个想法只剩下理论性的内容，而没有生物方面的意义。伽莫夫主张一种相互重叠的三联密码，这是密码学家的最爱，因为这可以使信息密度最大化。假设有一段DNA序列为ATCGTC，那第一个"字"（术语叫作密码子）就是ATC，第二个字是TCG，第三个字是CGT，以此类推。重叠密码必定会减少氨基酸的可能排列方式，因为如果第一个密码子ATC可以对应某个特定氨基酸，那第二个氨基酸所用的密码子，一定要是TC开头才行，然后第三个一定要是C开头。当你费力演算完所有的排列组合之后会发现，符合这些规则的三联密码不会太多，因为A旁边一定是T，而T旁边一定是C，以此类推，很多密码子都会因不符合重叠规则而被排除。那么计算之后还剩下多少种可能的三联密码呢？伽莫夫用魔术师从帽子里变出兔子的口吻说：正好20个！

　　然而这是第一个被冷酷无情的实验数据否定的聪明点子，之后还有更多被否定的。所有的重叠密码都会作茧自缚。首先，根据这种编码方式，某个氨基酸一定要排在另一个氨基酸旁边。然而生物化学家弗雷德·桑格尔（Fred Sanger，这位安静的天才获得了两次诺贝尔奖，一次因为蛋白质测序，一次因为DNA测序）那时正好在帮胰岛素测序（破解胰岛素蛋白质的氨基酸排列顺序）。不久他发现，任何氨基酸都可以排在其他氨基酸旁边，蛋白质的序列没有任何限制。第二个问题是，根据重叠密码理论，任何点突变（也就是一个字母被换成另一个）都会改变一个以上的氨基酸，但是实验结果指出，点突变往往只会改变一个氨基酸。显然真正的密码并没有重叠，伽莫夫的重叠密码理论早在我们知道正确答案之前就被推翻了。基因密码学家已经开始思考我们的大地之母或许就是这么浪费。

克里克接着提出了另一个十分漂亮的理论，很快就被所有人接受了，他本人却对此有些顾虑，因为该理论尚未被实验证实。克里克结合了许多来自不同分子生物实验室的新发现，特别是沃森在哈佛大学新成立的实验室的结果。沃森那时候钟情于RNA，它像一小段单链的DNA，既存在于细胞核中，也存在于细胞质中。更有趣的是，沃森认为RNA是某个小细胞器的一部分（现在称为核糖体），而这个小细胞器似乎是细胞合成蛋白质的场所。所以沃森认为，DNA长链安静地待在细胞核里不动，而当细胞要生产蛋白质时，其中一小部分序列就可以作为模板，复制出一小段RNA，这一小段RNA则会离开细胞核，与等在外面的核糖体结合。这段敏捷的RNA很快就被命名为"信使RNA"或mRNA。早在1952年，沃森就写信告诉克里克："DNA合成RNA，RNA合成蛋白质。"而现在克里克真正感兴趣的问题是，这一小段mRNA的字母序列，如何翻译成蛋白质里面的氨基酸序列。

克里克思考着，他认为mRNA可能需要一系列"适配器"来帮助完成翻译，每一个适配器都负责携带一个氨基酸。当然每一个适配器一定也是RNA，而且都带有一段"反密码子"序列，这样才能和mRNA序列上的密码子配对。克里克认为，RNA的配对原则和DNA的一模一样，也是C配G，A配T，以此类推。[①]在当时适配器分子纯属假设，不过几年之后就有研究证明，确实如克里克所预测的，适配器分子由RNA分子组成。它们现在叫作"转运RNA"或tRNA。现在整个工程变得有点像乐高积木，一块块积木接上来又掉下去，一切顺利的话，它们就会这样一个接一个地搭成精彩万分的聚合物。

但是克里克猜错了蛋白质的合成机制。在这里我要解释得详细一点，因为实际的机制比克里克所想象的更古怪，但是他的构想可能和这套系统的起源有些关联。克里克认为，mRNA片段悬浮在细胞质里，密码子的部分像母猪乳头般突出，等着tRNA像小猪吸奶般一个个凑上来，和相对应的密码子结合。当所有的tRNA都一个接着一个在mRNA上从头排到尾之后，它们所携带的氨基酸就会像小猪尾巴般留在外面，随时可以被连接起来合成一个大的蛋白质分子。

克里克理论的问题是，tRNA会随机出现，然后连接到离它最近的密码子上。如果它们不是按顺序从第一个密码子的起点开始，在最后一个密码子的终点结束，那tRNA如何知道它现在所带的这个密码子的第一个字母在哪儿，最后一个字母在哪儿？它们要如何读出一段有意义的信息呢？假设一段序列是ATCGTC，正确的顺序是一个tRNA接到ATC上，另一个接到GTC上，这时候

---

① 在RNA里面不像DNA一样使用胸腺嘧啶（T），它被置换成另一个略微不同的分子，叫作尿嘧啶（U）。这是DNA与RNA分子的不同之一，另一个不同之处则是RNA使用的糖类叫作核糖，而不是DNA使用的脱氧核糖。此外这两者就没有差异了。稍后我们会看到这两处小小的化学差异如何造成巨大的功能差异。

该如何阻止一个认识CGT的tRNA从半路杀出，接到中间的位置上然后毁了整段信息？克里克的答案十分专制，就是不允许这种情况发生。如果要正确无误地读出一段信息，那就不能让每种字母组合都有意义。那么哪些组合必须被剔除？克里克认为所有只含单个字母A、C、U或G所组成的序列都不合格。比如一连串的AAAAAA就不可能含有任何意义。接着他找遍所有可能组合，按照如果ATC有意义，那么同样字母的其他两种组合就必须被剔除的规则筛选（也就是说，如果ATC有意义，那TCA和CAT就不准有意义）。还剩下多少可能的组合？又是不多不少20个！（在64种排列组合里，AAA、UUU、CCC和TTT都被剔除，在剩下的60种组合里，如果每3种排列组合又只有一种有意义，那60除以3就是20种。）

和重叠密码理论不同的是，克里克的密码组并不会限制氨基酸序列的排列方式，而一个点突变也不会同时改变好几个氨基酸。在当时，他的理论确实完美地解决了序列编码的问题，也将64种密码子成功缩减到20组有意义的密码子，并且和所有已知的数据更吻合。尽管如此，这个理论还是错的。数年之后，实验证明如果合成一段只含AAA密码子的RNA序列（根据克里克的理论，这组密码子无意义），可以合成一种叫作"赖氨酸"的氨基酸，而且也能转换出一条只含赖氨酸的蛋白聚合物。

随着实验技术进步而且越来越精密，在20世纪60年代中期许多实验室陆续解开了序列密码。然而经过一连串不懈的译码工作后，大自然却好像随兴地给了个潦草结尾，让人既困惑又扫兴。遗传密码子的安排一点也不具创意，只不过"简并"了（意思就是说，冗余）。有三种氨基酸可对应六组密码子，其他的则各对应一到两组密码子。每组密码子都有意义，还有三组的意思是"在此停止"，剩下的每一组都对应一个氨基酸。这看起来既没规则也不美，根本就是"美是科学真理的指南"这句话的最佳反证。[①] 甚至，我们也找不出任何结构上的原因来解释密码排列，不同的氨基酸与其对应的密码子间似乎并没有任何物理或化学的关联。

克里克称这套让人失望的密码系统为"冻结的偶然"，而大部分人也只能点头同意。他说这个结果是冻结的，因为任何解冻（试图去改变密码对应的氨基酸）都会造成严重的后果。一个点突变也许只会改变几个氨基酸，而改变密码系统本身却会从上到下造成天大灾难。就好似前者只是一本书里无心的笔误，并不会改变整本书的意义，然而后者却将全部的字母转换成毫无意义的乱码。克里克说，密码一旦被刻印在石板上，任何想改动它的企图都会被处以死刑。这个观点至今仍有许多生物学家认同。

但是大自然的"偶然"密码系统却给克里克带来一个问题。为什么只有一个偶然？为什么不是好多个偶然？如果这套密码系统是随机产生的，那理论上它不会优于其他密码系统，因此也不

---

① 那么大自然如何解决序列顺序的问题？很简单，它一定从mRNA的起点开始读，在终点结束。这过程其实极度机械化。tRNA并不像小猪寻找母猪奶头那样接上来，而是mRNA穿过核糖体中间，就像录音带通过磁头一般，然后核糖体会一个密码子一个密码子地念，一直念到终止密码子。因此，氨基酸也不是等全部就位了之后才接起来，而是一个一个地照顺序接出来，等核糖体念到终止密码子，氨基酸长链也就完成并被释放出去。一段mRNA也可以同时接上好几个核糖体，每个核糖体都制造一个独立的蛋白质。

会有什么自然选择"瓶颈效应"让这套密码系统胜出。用克里克的话来说就是："其优势远超其他密码系统，因而独活下来"。但是既然没有选择的瓶颈，那为什么现今没有好几套密码系统，存在于不同的生物体内呢？

答案很明显，那就是地球上所有的生物都是来自同一个共祖，而这套密码系统早在共祖身上就决定好了。更哲学一点的说法就是，生命只在地球上诞生了一次，才使得这套密码系统看上去如此独特、罕见甚至反常。对于克里克而言，这暗示了一次感染、一次播种。他猜测生命是由某个外星生物，将一个类似细菌的东西播种到地球上。他甚至进一步推测，认为细菌是外星人用宇宙飞船送到地球上的，他称这一理论为"定向泛种论"，并在1981年出版的《生命：起源与本质》里详细阐述了该理论。如同科普作者马特·里德利（Matt Ridley）给克里克写的传记所说："这个主题让许多人大开眼界。伟大的克里克竟写出外星生命乘坐宇宙飞船在宇宙间播种的故事，他是被成功冲昏头了吗？"

偶然密码系统这样的概念，是否可以证明上述的生命观，取决于个人判断。但这个理论是在说，密码本身并不需要任何优势或劣势来决定能不能突破瓶颈，只需某种偶然情况就可以选择某些特定生命，甚至是某些不可思议的意外，比如小行星撞击地球，就可以毁灭掉所有生命只留下一种，然后就产生了一套唯一的密码系统。无论如何，克里克写作的时机不对。因为早在20世纪80年代初期，克里克还在写书的时候，我们已经渐渐了解到这套密码系统既不是意外，也没有被冻结。在这套密码里暗藏着另一套固定模式，是一种"密码子里面的密码"，将带给我们一条关于40亿年前生命起源的线索。现在我们终于知道这套密码，并不是当初被密码学家嫌弃的雕虫小技，而是唯一一套可以同时耐受各种变异又加快进化脚步的密码。

这是一套夹带在密码子中的密码！其实从20世纪60年代开始，科学家已经注意到这套密码系统里面似乎存在某种模式，不过大部分的研究，包括克里克自己都忽略了，觉得那只是统计上的误差。然而整体来看，这套密码里面就算有模式，也显得意义不大。为什么模式看起来似乎没有意义呢？来自美国加州的生物化学家布莱恩·戴维斯（Brian K. Davis）就在研究这个问题，他一直对遗传密码的来源非常感兴趣。戴维斯认为许多人因为认同"冻结的偶然"，失去了研究密码来源的兴趣，因为如果只是偶然，那又何必研究呢？而剩下的少数科学家，则被流行的原始汤理论所误导。如果这套密码是从原始汤中诞生，那么这些分子的基本结构，必定是某些可以在原始汤中通过物理或化学反应产生的分子。如果是这样，那应该会有一小群氨基酸曾是形成遗传密码的基础，后来再渐渐加入其他的氨基酸。恰好也有一些证据似乎支持这种假设（虽然并不正确）。事实上，只有当我们从生物反应的角度来看待密码，也就是当原始细胞开始利用氢和二氧化碳为自己制造生命建材时，其中的模式才有意义。

这些难解的模式是什么？所有三联密码的第一个字母都有特定的对应方式。第一个字母之所以引人注目，是因为它与前体合成氨基酸的反应有关。该对应方式让人十分诧异，需要好好解释一下。今天的细胞通过一连串的生物化学反应，把数个简单的前体合成一个氨基酸。让科学家惊讶的是，这些前体似乎都和三联密码的第一个字母有某种关系，举例来说，所有以丙酮酸为前体合成的氨基酸，它们密码的第一个字母都是T。[①] 我这里用丙酮酸举例，是因为在第一章我们已经见过它了。我们提到这种分子可以在碱性热泉，经由矿物催化剂的帮助，通过氢和二氧化碳反应合成。然而不只是丙酮酸，所有氨基酸的前体，都是克氏循环这个生命基础化学反应的一部分，因此都可以在前面提过的碱性热泉中合成。也就暗示了热泉和三联密码的第一个字母有某种程度的关联，我承认现在这样说还很牵强，不过后面会详述。

那么三联密码的第二个字母有没有意义？第二个字母和氨基酸是否容易溶于水有关，或者说和氨基酸的疏水性有关。亲水性氨基酸会溶于水，疏水性氨基酸不会溶于水，但会溶在脂肪或油里，比如溶在含有脂质的细胞膜里。所有的氨基酸，可以从"非常疏水"到"非常亲水"排列成一张图谱，而正是这张图谱决定了氨基酸与第二个密码字母之间的关系。疏水性最强的六个氨基酸里有五个，第二个字母都是T，所有亲水性最强的氨基酸第二个字母都是A。介于中间的有些是G有些是C。总结来说，不管是什么原因，三联密码的前两个字母和它翻译的氨基酸之间确有关联。

最后一个字母是造成密码简并的主因，其中有八个氨基酸存在所谓的四重简并（科学家爱死这种术语了）。一般人听到这

---

① 你可以不管这些化学分子名称，但是我还是要介绍一下：所有由α–酮戊二酸所合成的氨基酸，其三联密码第一个字母都是C；所有由草酰乙酸合成的氨基酸，第一个字母都是A；所有由丙酮酸合成的氨基酸，第一个字母都是T；最后，几种简单前体通过单一步骤所合成的氨基酸，第一个字母都是G。

个词可能会在脑海里面想象一个摇摇晃晃的醉汉，连续掉进四条水沟。但是当生物化学家这么讲的时候，意思是三联密码的第三个字母不含任何信息，那么不管接上哪一个字母都没关系，这组密码子都会翻译出一样的氨基酸。以甘氨酸为例，它的密码子是GGG，但是最后一个G可以代换成T、A或C，这四组三联密码都编码甘氨酸。

第三个字母的简并性暗示了一些有趣的事情。前面提过，二联密码可以编码16种氨基酸。如果我们从20个氨基酸里拿掉5个结构最复杂的（剩下15个氨基酸，再加上一个终止密码子），这样前两个字母与这15个氨基酸特性之间的关联就更明显了。因此，最原始的密码可能只是二联密码，后来才靠"密码子捕捉"的方式成为三联密码，也就是各氨基酸彼此竞争第三个字母。如果是这样，那么最早的15个氨基酸在"接手"第三个字母时，很可能会"作弊"。比如说，那15个由初期二联密码所编码的早期氨基酸，占用了如今密码组中的53个（总共有64组），也就是每个氨基酸平均使用3.5组密码子，而剩下5个较晚出现的氨基酸只使用了8组密码子，平均每个氨基酸才用1.6组密码子。显然早起的鸟儿有虫吃。

好，现在就假设最原始的密码是二联密码而非三联密码，它们总共负责编码15个氨基酸（外加一个终止密码子）。这套早期的密码看起来似乎非常符合决定论，也就是说，早期密码完全由物理或化学因素形成。第一个字母和氨基酸前体之间的关系直截了当，而第二个字母又和氨基酸的疏水性相关。"偶然"在这里恐怕没太多插手的机会，因为物理定律不容许任何偶然。

但是第三个字母却是另外一回事。这个位置有很大的弹性，因此可以随机选择，所以就有可能让自然选择去选出一个"最适当"的字母。至少这是生物学家劳伦斯·赫斯特（Lawrence Hurst）和斯蒂芬·弗里兰（Stephen Freeland）在20世纪90年代末提出的大胆主张。他们当时把天然基因密码和计算机随机产生的几百万组密码拿去比对，结果轰动一时。他们想知道，如果发生点突变这种把一个字母换掉的变异，哪一套密码系统最经得起考验。最经得起考验的密码系统应该能保留最多正确的氨基酸，或将它代换成另一个性质相似的氨基酸。结果他们发现，天然的基因密码最经得起突变的考验。点突变常常不会影响氨基酸序列，而如果突变真的改变了氨基酸，也会由另一个物理特性相似的氨基酸来取代。据此，赫斯特与弗里兰宣称，天然的遗传密码比成千上万套随机产生的密码要优良多。它不但不是大自然密码学家愚蠢而盲目的作品，而且是万里挑一的密码系统。他们还说，这套密码除了可以忍受突变，还可以降低灾难发生时造成的损失，因此可以加快进化的脚步。因为如果突变不是灾难性的，那应该会带来更多的好处。

除非承认存在神明，不然唯一能解释这种杰作的就是自然选择。如果这是真的，那生命的密码就是进化出来的。事实上，我们已经发现这套"通用"的遗传密码，在细菌和线粒体之间存有一些细小的差异，如果这不是由其他因素造成的，那说明它们的密码系统确实可以在某些特殊情况下进化。但你也许会问，这样的改变为什么没有造成如克里克所说的破坏呢？答案是偷偷地改。如果一个氨基酸使用四组甚至六组密码子，那么其中也许有几组会更常用，那些较少用的就可以分配给其他不同（但是性质相似）的氨基酸，而不会造成灾难，如此一来密码系统就进化了。

　　总的来说，密码子中的密码是自然法则催生的，开始的时候，它和氨基酸的合成以及可溶性有关，接着则是增加多样性以及优化。那么现在的问题是，哪一种自然法则作用在谁身上？又是如何作用的呢？

　　关于这点目前还没有肯定的答案，同时也还有许多难题尚未解决。最先遇到的难题就是蛋白质与DNA两者谁先谁后，这种类似于鸡生蛋蛋生鸡的问题。因为DNA分子活性比较低，它需要特定蛋白质的帮助才能完成自我复制。但反过来讲，特定的蛋白质不是无缘无故产生的，它们需要经过自然的筛选，而要通过自然选择，它们就必须能被遗传且能产生变异。然而蛋白质本身不是遗传的模板，它要由DNA编码。所以问题就是，蛋白质没有DNA就无法进化，而DNA没有蛋白质也无法进化。如果两者缺一不可，那进化就永远无法发生。

　　在20世纪80年代中期，科学家有一项超凡的发现，那就是RNA可以当作催化剂。RNA分子很少形成双螺旋，它们常卷成小而复杂的形状，同时具有催化作用。这样一来RNA分子就可以打破前面的困境。在这个假设的"RNA世界"里，RNA既可以扮演DNA的角色也可扮演蛋白质的角色，它可以催化自我复制以及很多其他反应。现在密码不再是DNA的专属，它也可以通过RNA和蛋白质的直接作用来产生。

　　从现代细胞工作的角度来看，该假设是有意义的。今天的细胞里，氨基酸并不会和DNA直接接触，当细胞需要合成蛋白质时，许多基础反应都是由核酶（一种具有催化功能的RNA）催化完成的。"RNA世界"这个词，出自沃森的哈佛同事沃尔特·吉尔伯特（Walter Gilbert）发表在《自然》上的一篇论文。该论文可能是迄今为止《自然》上阅读量最多的文章之一。该假设让整个学界为之着迷，它让生命密码的研究方向，从"DNA密码如何编码蛋白质"转向"RNA和氨基酸之间到底发生了什么"，然而至今我们仍没有明确的答案。

在对RNA世界充满兴趣的氛围之下，你也许会很惊讶，小片段RNA分子的催化性质竟然被忽略了。如果较大的RNA分子具有催化能力，那么很小片段的RNA分子，像单个或一对字母组成的那种RNA，或许也有催化力，尽管能力没大段的那么强。最近，受人景仰的美国生物化学家哈德罗·莫洛维兹（Harold Morowitz），与分子生物学家谢利·科晋利（Shelley Copleg）以及物理学家埃里克·史密斯（Eric Smith）合作，指出了这种可能性。他们的构想或许不完全对，不过我认为在解释生命密码起源时，这就是我们所需要的理论。

莫洛维兹他们假设由成对字母组成的RNA（术语称为双核苷酸）也可以作为催化剂。他们认为双核苷酸会和氨基酸的前体（比如丙酮酸）结合，然后催化它们成为氨基酸。至于催化成哪一种氨基酸，则要看双核苷酸里的字母是什么（规则就如前面讨论过的）。理论上第一个字母会决定氨基酸的前体，第二个字母决定反应形式。比如说，如果两个字母是UU，那么丙酮酸会先接上来，然后被转换成疏水性极强的亮氨酸。同时莫洛维兹也为这个简单而迷人的构想，提供了许多可行的反应机制，让它们看起来可行。不过我还是希望有一天能看到这些反应真的在试管里发生。

现在，从这里到三联密码只剩下两步了（至少理论上如此），而它们都只需要简单的字母配对即可。首先，一段较大的RNA分子和双核苷酸通过惯常的碱基配对法则配对，也就是G配C，A配U。接着氨基酸会被转移到这个较大的RNA分子上，因为分子较大，吸引力也比较大。[①] 结果就是一段RNA分子接了一个氨基酸，而氨基酸的种类取决于最初携带它的双核苷酸字母。这其实就是克里克当初提倡的"适配器"原型：一段RNA链带着一个"正确的"氨基酸。

第二步则是将二联密码变成三联密码，配对规则不变。如果三个字母配对的效果比两个字母配对来得好（也许好处是分子间有较多空间或结合力较强），那三联密码自然会胜出。此时前两个字母就由前面的条件所决定，而第三个字母则可以在一定范围内改变，使得密码可能变异从而优化。我认为克里克当初的假设中可能正确的地方是，他认为带着氨基酸的RNA会像小猪吸吮母猪乳头一样凑上来，那么空间太小就有可能将相邻的RNA分子推开，从而促使它们"平均"间隔三个字母。此时还没有阅读起始点的问题，也没有蛋白质参与，仅有氨基酸和RNA两者作用。这时整套密码的基础已经完备，后来新增加的氨基酸可以直接使用还没被用过的密码组。

---

① 氨基酸和哪一小段RNA连接，很可能取决于这段RNA的序列。美国科罗拉多大学的迈克尔·雅鲁斯（Michael Yarus）与他的同事曾经研究过，含有比较多反密码子的小段RNA，与"正确氨基酸"的结合力，比与其他任何氨基酸的结合力都大好几百万倍。

当然整套理论都还只是假说，目前也没有太多证据可以证明。但是重要的是它为解开密码起源之谜带来希望之光，从简单化学反应到三联密码诞生，看起来也有可能发生，也可以被实验检验。尽管如此，你也许会认为这一切虽然听起来很好，但是我一直在讲的RNA分子好像直接长在树上，随便摘就有似的。而且我们是如何从简单化学反应，走到对蛋白质进行自然选择？又如何从RNA进步到DNA？最近几年的研究结果提供了一些不俗的答案。而新的发现恰好支持第一章提到的生命诞生于海底热泉的假设。

第一个要问的问题就是，RNA分子是从哪里来的。虽然我们对RNA世界已经研究了20年，然而这个问题却几乎从来没有被好好地问过。一个大家绝口不提但是极为愚蠢的假设是：RNA不知为何就这样存在于原始汤中。

我不是开玩笑的，科学家的研究大多解答极其专一的问题，他们不可能一次回答所有的问题。美妙又威力无穷的RNA世界假说，其实建立在一个"恩赐"上，也就是RNA事前已经存在了。对于提倡RNA世界的先驱来说，重点不在于RNA从哪里来，而在于它们能做什么。当然还是有人对RNA的合成过程感兴趣，然而他们却很快地陷入各自的小圈子里，循环往复地为自己所拥护的假说争辩。或许RNA是在外太空由氰化物合成的，或许它们是闪电击打地球上的甲烷和氨气合成的，又或许它们是在海底火山口冶炼愚人金时一起产生的。这些假设都各有各的优点，但是也都面临一个非常基本的问题，那就是"浓度问题"。

要制造单一的RNA字母（核苷酸）并不容易，不过如果核苷酸浓度够高，它们会很快形成聚合物（也就是RNA分子）。大量的核苷酸分子会自动聚在一起变成RNA长链。但是当核苷酸浓度降低时，逆反应就会发生，RNA会自己降解成单一核苷酸。问题就在这里，RNA每自我复制一次，就会消耗核苷酸，因此导致核苷酸浓度降低。除非有办法持续快速地生产核苷酸（且一定要比消耗速度快），否则RNA世界不可能行得通，当然也无法解决任何问题。这样当然不行。所以，任何人如果想要在科学上获得一点实质的进展，那最好先把RNA当作天赐的礼物。

当RNA起源的解答遥遥无期时，他们忽略这个问题确实有其正当性。不过解答最后出现得颇有戏剧性。RNA分子当然不是长在树上，而是长在碱性热泉里，或者至少可以从模拟的泉口中得到。不屈不挠的地质化学家罗素（我们在第一章已经介绍过他）、迪特尔·布劳恩（Dieter Braun）与他的德国同事，在2007年发表了一篇极为重要的理论论文，文中提到，在碱性热泉环境下核苷酸的数量可以累积到惊人的程度。这与热泉区可以产生极大的温度梯度有关。罗素认为，在第一章提到的碱性热泉里，泉水通过许多细小而互相连接的孔洞，而热泉的温度梯度会通过这些孔洞循环制造出两种流动。第一种是对流，就像煮开水时会看到的。第二种则是热扩散，也就是热会往较冷的海水里扩散。借着这两种流动的交互作用，热泉会渐渐在较低的孔洞中填满各种小分子。在他们的仿真热泉系统中，核苷酸的浓度可以达到起始浓度的数千甚至数百万倍。如此高浓度的核苷酸很容易产生RNA分子。因此他们推论，这样的环境会强迫生命分子从高浓度的环境中开始进化。

不过碱性热泉还可以做得更多。理论上较长的RNA链或DNA

链，因为体积较大更容易堵塞在孔洞中，会比单一核苷酸累积更多。据估计，100个碱基大小的DNA分子可以累积到起始浓度的1000万亿倍。如此高的浓度足以让我们前面讨论过的各种反应发生，比如RNA分子彼此结合之类。最有趣的是在这里忽高忽低的温度环境中（如热循环一般），可以生发全世界实验室里随处可见的聚合酶链式反应（简称为PCR）来促进RNA分子复制。在进行PCR时，高温会让DNA分子解旋，然后DNA就可作为模板，等温度较冷时就有一条单链可以开始复制。结果导致分子复制的速度呈指数级增加。[①]

总结一下，热泉区的温度梯度可以让核苷酸浓度增加到某种程度，从而促进RNA分子形成。同样的梯度也会增加RNA的浓度，有利于分子接触。而忽高忽低的温度可以促使RNA复制。我们恐怕很难找到一个比这里更适合形成RNA世界的地方了。

那么关于第二个问题，我们如何让RNA分子从自我复制、彼此竞争的世界，走向一个比较复杂，并开始制造蛋白质分子的世界呢？同样，热泉也许可以给我们答案。

如果在试管里加入RNA，然后再放入一些材料以及所需的能量（比如ATP），它就会自我复制。事实上，除了自我复制以外，它还会开始进化，这是20世纪60年代美国分子生物学家索尔·斯皮格曼（Sol Spiegelman）和其他人所观察到的现象。RNA在试管

---

① 在实验室里进行反应需要酶——DNA聚合酶，而看起来在热泉要促进DNA或RNA复制也需要酶，但这并不是说一定要蛋白质做成的酶才行，一个由RNA形成的复制酶应该也可以。现在寻找这种由RNA形成的复制酶变得像在寻找圣杯一样，科学家认为它极有可能存在。

里面复制几代之后，复制速度会越来越快，近乎疯狂。虽然实验过程有人工参与，但它们自发变成了会不断加速自我复制的RNA链，超乎想象，简直就是"斯皮格曼的怪物"。有趣的是，你可以从任何东西开始反应，不管是如病毒那样复杂的RNA，或者是人工合成的简单的RNA。你甚至也可以只加入一些核苷酸外带一些聚合酶去把它们连在一起。不管你从哪里开始，它们最后都会趋向相同的结果，就是变成一样的"怪物"，一样疯狂自我复制的RNA链。这些斯皮格曼怪物的长度很少超过50个字母，就像分子版的《土拨鼠之日》①。

重点就在这里，斯皮格曼怪物不会再变得更复杂，它会停在50个字母的长度，因为这恰好是复制酶所需要的长度。没有复制酶，RNA链就无法继续复制。当然，RNA分子本身目光如豆，所以在这样的溶液里它也不会变得更复杂。那么，最原始的RNA凭什么要开始牺牲自己的复制速度，来换取制造蛋白质的能力呢？要跳出这个框架，唯有当选择发生在"更高层级"时才有可能。也就是说，自然选择的对象变成某个整体（比如细胞），而RNA只是整体中的一部分。问题是今天所有的有机体细胞都太过复杂，它们不可能未经进化就一下子出现。所以自然选择一定要作用于细胞，才不会允许RNA拼命复制。这还是一个鸡生蛋蛋生鸡的两难问题，就像蛋白质和DNA谁先谁后的问题一样，虽然它没有后者那么出名。

我们已经看过RNA可以完美地解决DNA和蛋白质谁先谁后的问题，那么现在谁来打破RNA出现的问题？其实答案就在眼前，

---

① 该片主人公偶遇暴风雪后，一直重复过同一天。

那就是碱性热泉已经做好的无机矿物细胞。这样的矿物细胞大小恰好和真的细胞一样，而且热泉区又无时无刻不在制造它们。所以如果一个细胞内包含的所有分子，可以源源不断地产生新的材料帮助自我复制，那么这个细胞就会开始"繁殖"，也就是说，细胞内的材料会集体侵入其他无机细胞的空腔。相反，如果是一群只晓得尽快复制自己的"自私"RNA，那最终它们就会输掉竞争，因为它们不会持续产生复制自我所需的新材料。

换言之，碱性热泉环境会渐渐地淘汰只会快速复制自我的RNA分子，而选择出具有完整代谢功能、能独力运作的完整细胞。毕竟蛋白质才是真正能够支配代谢的主角，不可避免地，它们一定会取代RNA。不过蛋白质当然不会突然出现，最早的代谢一定是由矿物质、核苷酸、RNA、氨基酸和一些复杂一点的分子（比如接在RNA上的氨基酸）共同协力完成。这里的重点是，原本只是简单的分子间化学亲合力，在这个允许细胞自由增生的环境中，变成筛选复制整体的能力，也就是说，筛选出能够自给自足，最终可以独立自主的生命。而DNA起源的最后一条线索，正是从已经自主的生命里找到的。

细菌之间有一道巨大的鸿沟，将它们分成两群。在第四章里我们将会看到这鸿沟对进化来说有多重要。在此，我们只要关注它和DNA起源的关系即可，不过这关系也够深厚了。鸿沟的一边是真细菌（eubacteria，希腊文的意思为"真正的"细菌），另一边是一群从许多方面来看都和真细菌一样的细菌。这第二群细菌现在叫作古生菌，或古细菌。古细菌之所以得名，是因为当初认为它们存在已久非常古老，不过现在有部分学者认为，古细菌未必比真细菌古老多少。

也许就是这么巧，真细菌和古细菌有可能都是从海底热泉中诞生的，否则很难解释为何两者使用一模一样的基因密码，合成蛋白质的方式也一样。不过它们似乎是后来才各自独立学会如何复制DNA的。DNA和基因密码必定只进化过一次，但是复制DNA，这个在各细胞代代相传的重要机制，却似乎进化过两次。

如果该主张不是来自聪明又严谨的计算遗传学家尤金·库宁（Eugene Koonin），那我大概会满腹怀疑地掉头走开。库宁是位俄裔美国科学家，现在任职于美国国立卫生研究院。库宁的团队并非一开始就试图去证明这个全新的观点，他们是在系统地比对真细菌与古细菌的DNA复制系统时，无意间发现的。细致比对真细菌与古细菌的基因序列之后，库宁他们发现这两种细菌使用的蛋白质合成机制大同小异。比如说，它们从DNA转录到RNA，再从RNA翻译成蛋白质的过程非常类似，而且使用的酶也显然来自同一个共祖（这是基因序列比对的结果）。但是它们复制DNA所使用的酶就不是一回事了，这两者之间几乎没有什么共通性。我们只能用这两种细菌分异太久来解释这一奇怪的现象，但是问题就是，为什么分异时间一样久的DNA转录和翻译系统，却没有产生这样极端的差异呢？最简单的解释，就是库宁所提出的那个全新假说：DNA的复制系统曾经进化过两次，一次在古细菌里，一次在真细菌里。[①]

---

① 真核生物复制DNA的方法，来自古细菌而非真细菌，至于为什么，我会在第四章讨论。

该假说对大多数人来说十分骇人，不过对一位杰出而个性温和、在德国工作的"得克萨斯人"来说却正好满足需求。我们在第一章提到过生物化学家马丁，此时他已经和罗素一起合作在探索碱性热泉的生化反应了。马丁和罗素在2003年发表了一篇完全不合当代主流意见的论文，提出他们自己的独到见解。他们认为古细菌与真细菌的共祖，并非可以自由生活的有机体，而是受困在多孔矿物岩石区的某种会自我复制的东西，但它们尚未逃离迷宫般的热泉矿物细胞腔。为了支持自己的观点，马丁和罗素还列出了一长串古细菌与真细菌之间难以理解的差异。特别是两者的细胞膜和细胞壁的构造完全不同，似乎暗示了两群细菌为了从相同的岩石禁锢里出逃，各自进化出了不同的逃离机制。这样的假说对大部分的人来说都太过新异，但是对库宁来讲，简直就是为他的观察结果量身定做的。

很快马丁和库宁就开始合作，讨论基因与基因组起源于碱性热泉的可能性，然后在2005年发表了那些充满启发性的想法。他们认为古老矿物细胞的生命周期，或许与现在的反转录病毒十分类似，比如艾滋病毒。反转录病毒的基因组通常都很小，成分是RNA而非DNA。当反转录病毒入侵细胞后，它会用一种"反转录酶"把自己的RNA反转录成DNA。这段DNA就会插入宿主细胞的基因组中，当宿主细胞读取自己的基因时，也会一起读到病毒的基因，从而帮助病毒完成复制。所以当病毒复制自己时，使用的是DNA，然而它却把RNA作为遗传物质，传给下一代。病毒缺乏的正是复制DNA的能力。一般来说，这种比较复杂的程序都需要许多酶共同参与。

这种生命周期有优点也有缺点，最大的优点就是繁殖迅速。既然病毒可以利用宿主细胞的整套机器把DNA转录成RNA，再翻译成蛋白质，那病毒自己就可以丢掉一大堆基因，省下不少时间和麻烦。而最大的缺点是，病毒必须依赖"适当的"细胞才能生存。第二个比较小的缺点是，RNA能储存的信息和DNA相比十分有限。RNA分子的化学稳定性较差，不过反过来说，又比DNA分子容易反应，这是RNA分子具有化学催化性的原因。但也因为这种化学活性，大段的RNA分子容易断裂，而这种尺寸限制将会影响病毒独立自主的能力。一个反转录病毒必须包含的信息量，差不多就是RNA所能储存的最大信息量了。

不过在矿物细胞里就不一样了。矿物细胞可以提供至少两个好处，让RNA式的生命进化得更复杂。第一个好处是许多独立生活所需的物资，热泉都可以免费提供，这样至少让细胞有个好的开始。比如快速增加的矿物细胞已经有完整的外膜，也会提供能量。就某方面来说，广布在热泉口的会自我复制的RNA，已是病毒了。第二个好处则是这些群聚在一起的RNA分子有很多机会，可以通过互相连通的矿物细胞彼此混合，任意配对。"合作融洽"的RNA分子们，如果可以一起扩散到邻近的细胞里，就有可能在选择中胜出。

马丁和库宁所设想的，就是这样一种出现在矿物细胞中的互助合作式的RNA分子，每段RNA分子各自携带相关基因中不同的几个。这种生活模式当然有缺点，其中最大的致命伤就是RNA族群有可能面临找不到配合对象的窘境。然而如果有一个细胞能够把所有合作愉快的RNA片段都转换成一整段DNA，那它就掌握了所有的"基因组"，可以保存所有的优点。它可以用类似反转录病毒的方式繁殖，把所有基因转录成一群RNA，然后感染邻近的细胞，让它们也有能力把所有的遗传信息再存回DNA银行里。每一群RNA都从这个银行里直接铸造，所以不太容易出错。

矿物细胞要在这种情况下"发明"DNA有多难？可能不会很难，事实上，应该会比发明复制DNA的整套机器简单得多（复制RNA比复制DNA简单）。DNA和RNA在化学成分上只有两处小小的不同，但是加在一起却让整个结构大不相同：一个是卷曲又具有催化能力的RNA分子，另一个是具象征意义的双螺旋DNA（在沃森与克里克1953年发表在《自然》上的论文里曾经不经意地这样预测过）。[①] 这种细小的变异在热泉区恐怕很难不发生。这个反应第一步要先从核糖核酸（RNA）上移走一个氧原子，让它变成"脱氧"核糖核酸（DNA）。这种机制牵涉到一些活性很强的中间物（活性自由基），至今仍可在碱性热泉中发现。反应的第二步则要在尿嘧啶（U）上面加上一个甲基，让它变成胸腺嘧啶（T）。同样，甲基是甲烷的自由基碎片，在碱性热泉口更是信手拈来。

现在我们知道了，要制造DNA并不难，它很可能和RNA一样在碱性热泉中自行合成（我是说它可能从简单前体，然后由核苷酸、氨基酸、矿物质等东西催化而来）。比较麻烦的地方是要维持密码信息的正确性，也就是要制造出一段和RNA一模一样的序列，但是字母要换成DNA。当然这也不是不能克服，因为从RNA

---

① 沃森和克里克注意到："不太可能用核糖代替脱氧核糖做出这种结构（双螺旋），因为多出来一个氧原子会太挤，对于产生范德华力（分子间作用力）的距离来说太近了。"

转换成DNA，只需要一个酶，那就是反转录酶，而这个酶现在依然存在于反转录病毒中（比如艾滋病毒）。让人意外的是，反转录酶过去被认为是打破生命中心法则（就是由DNA制造RNA然后制造蛋白质的法则）的酶，而如今这种酶也可以把病毒RNA所感染的早期多孔岩石，变成现在我们熟知的生命形态。或许，我们真该感激这些微小的反转录病毒，为我们带来生命的起源。

故事中还有太多细节没有讲到，还缺少很多的片段，但我试着把故事拼凑得完整而有意义。我不会假装本章里所讨论的假说都已成定论，它们只不过是遥远的过往透露给我们的一点线索而已。但是这些线索都非常有用，并且有朝一日一定可以被某个可信的理论解释得更完美。在生命的密码里面确实隐藏着某种模式，是化学反应和自然选择一起作用才形成的。海底热泉的热流确实可以浓缩核苷酸、RNA和DNA，并让这迷宫般的矿物细胞变成理想的RNA世界。而在真细菌和古细菌之间，也确实存有着无法简单解释的差异。种种迹象都显示生命的初始形式始于反转录病毒。

我由衷地认为在本章讲的故事很可能就是真相，这让我十分兴奋。不过在内心深处，却仍有一个疑点困惑着我，那就是某些线索暗示生命曾经在碱性热泉口进化了两次。究竟是成群的RNA从一个热泉感染到邻近的另一个热泉，最终遍布大海，让自然选择在全球进行，还是在某一个特别的热泉，其特殊的环境让古细菌与真细菌可以同时诞生？或许，我们永远也不会知道答案。在偶然与必然之间，仍有许多空间留给我们思考。

第三章　光合作用

——太阳的召唤

光合作用产生氧气是件难以置信的事，因为不管在地球上、火星上或宇宙的任何一个角落里，光合作用都可以不依赖氧气进化出来。如果没有氧气的话，生命或许只能停留在细菌等级，而我们只是茫茫细菌世界里某种有感知的生物而已。

想象一下没有光合作用的世界。首先，地球就不会是绿色的。我们的绿色星球，反映着植物与藻类的荣耀，要归功于它们包含的绿色素，可以吸收光进行光合作用。在所有色素里，首屈一指的神奇转换者就是叶绿素，它可以偷取一束阳光，将其转成化学能，同时供养着动物与植物。

　　再来，地球大概也不会是蓝色的，因为蔚蓝的天空与海洋都仰赖清澈的空气和海水，还要靠氧气的清洁力来扫除阴霾与灰尘。而没有光合作用，就不会有自由的氧气。

　　事实上，地球可能根本不会有海洋。没有氧气，就没有臭氧。没有臭氧，地球就没有任何东西可以阻挡炎炙的紫外线，而紫外线会把水分子分解成氢气和氧气。但这样生成氧气的速度不够快，氧气不但不能在空中累积，还会和岩石里面的铁反应，把它们染成暗褐色。同时生成的氢气，因为是全世界最轻的气体，会逃离引力的枷锁逸入太空，整个过程缓慢而残酷，就像大海渐渐失血流入太空。金星的海洋就是这样成为紫外线的牺牲品，火星可能也遭遇了相同的命运。

　　所以想知道没有光合作用的星球长什么样子，倒不需要费力想象，它大概就和火星一样，是一颗被红土覆盖的星球，没有海洋，也没有任何明显的生命迹象。当然，还是有某些生命形式不依靠光合作用生活，许多太空生物学家希望能在火星上找到这种生命。但是即使有少许细菌躲藏在火星地表之下，或者被埋在冰盖里，这颗行星还是死寂的。火星现在处于几乎完美的平衡状态，外在表现就是明显的停滞，你绝对不会把它和我们的盖亚之母搞混。

氧气是行星生命的关键。氧气虽然只是光合作用产生的废料，但却是创造世界的分子。光合作用产生氧气的速度飞快，很快就超出地球吸收的极限。最终所有的灰尘和岩石中的铁、所有海洋里的硫和空气中的甲烷，全部被氧化了，然后多出来的氧气才开始填满大气层。直到此时，氧气才开始保护地球，不让水分继续流失到太空中去。同时从水中冒出来的氢气，才有机会在逃到外太空之前碰到更多的氧气，很快氢气和氧气开始反应生成水，再以雨的形式从天而降，回到海洋中补充流失的水分。当氧气开始在大气层中积聚，才能形成一层臭氧保护膜阻挡紫外线的烧炙，让地球成为适宜居住的地方。

氧气不只拯救了地球上的生命，它提供的能量还使得生命繁茂。细菌可以在没有氧气的地方快乐生活，因为它们有举世无双的电化学技术，可以引发绝大多数的分子反应，从中攫取点滴能量。但是从发酵反应中得到的能量，或者从甲烷和硫酸盐反应得到的能量，和有氧呼吸提供的能量相比，简直就是小巫见大巫。有氧呼吸就像直接用氧气燃烧食物，将它们完全氧化成二氧化碳和水，再也没有别种反应可以提供如此多的能量来支持多细胞的生命了。所有的植物、所有的动物，在其整个或者至少部分生活周期中，都要依赖氧气。我所知道的唯一一个例外，是一种微小的线虫（虽然微小却是多细胞生物，须用显微镜才能观察），可以生活在死寂缺氧的黑海海底。因此没有氧气，生命会极其微小，至少在单个生物体的水平上是如此。

氧气也从其他方面为大型的生命提供支持。想想食物链，最上层的猎食者吃小动物，小动物吃昆虫，昆虫吃小昆虫，小昆虫吃菌菇或树叶。五六层的食物链在自然界并不罕见。每一层都会损失一些能量，因为没有任何一种形式的呼吸作用的效率是百分之百。事实上，有氧呼吸对能量的使用效率大约是40%，而其他形式的呼吸作用（比如用铁或用硫来代替氧气）的效率则少于10%。也就是说，如果不使用氧气的话，只消经过两层食物链，能量就会减少到初始能量的1%，而使用氧气的话，要经过六层食物链才会达到相同的损耗。换句话说，唯有有氧呼吸才能支撑多层食物链。食物链经济学带给我们的教训是，猎食者只可以生活在有氧的世界，而没有氧气的话它们根本负担不起猎食生活。

猎食一定会造成军备竞赛，使猎食者与猎物两者逐渐升级。硬壳用来对抗利齿，伪装可以欺瞒眼睛，而增大的体积既能威吓猎食者，也能威吓猎物。有了氧气，它们才负担得起猎食行为和更大的体积。氧气不只让大型有机生物可以存活，更重要的是让它们有可能出现。

氧气直接参与大型生物的建造。让动物具有力量的蛋白质是胶原蛋白，是结缔组织的主要成分。不管是钙化的结缔组织如骨骼、牙齿和硬壳，或者是"裸露的"结缔组织，如韧带、肌腱、软骨和皮肤，全都包含胶原蛋白。胶原蛋白可说是哺乳类动物体内含量最丰富的蛋白质，占了全身蛋白质的25%。就算离开脊椎动物的世界，胶原蛋白也是贝壳、角质、甲壳和纤维组织的重要成分，它们构成了整个动物世界各式各样的"胶水与绷带"。胶原蛋白的成分十分独特，它需要自由的氧原子把相邻的蛋白质纤维连接起来，让整个结构可以承受较高的张力。自由氧原子参与其中，意味着只有在大气中的氧气含量宽裕的情况下，才有可能制造胶原蛋白，因此需要硬壳与骨骼保护的大型动物，也只有在这种情况下才有可能出现。这或许就是大约在5.5亿年前的寒武纪，化石记录中忽然出现大量大型动物的原因，当时正好是地球含氧量飙升之后不久。

胶原蛋白对氧气的依赖像是个意外。为什么碰巧是胶原蛋白？为什么不是其他不需要氧原子的东西？氧气究竟是产生力量不可或缺的要素，还是偶尔不小心掺杂进去后，就从此留了下来？我们并不知道准确的答案，不过让人讶异的是，大型植物也需要用氧气构成木质素聚合物，以支持它们巨大又强韧的结构。木质素的化学成分十分杂乱，但它也要靠氧元素把许多条长链交联在一起。要打断木质素的结构十分困难，这就是木头如此坚硬而难以腐朽的原因。造纸业也需要费力地把木质素从木浆中移除才能造纸。如果把木质素从树木中移除的话，所有的树都会变得弱不禁风，会因无法支撑自己的重量而倒塌。

因此，没有氧气就没有大型动植物，不会有猎食行为，不会有蓝天，或许也不会有海洋，或许就只剩下灰尘与细菌，再无其他。毫无疑问，氧气是世上最最珍贵的代谢垃圾了。然而老实说，代谢氧气是件难以置信的事，因为不管在地球上、火星上或宇宙的任何一个角落，光合作用都可以不依赖氧气而进化出来。不过如此一来，很可能所有生命就算变得复杂，也只能停留在细菌等级，而我们或许只是茫茫细菌世界里某种有感知的生物而已。

呼吸作用是造成氧气没有持续堆满大气的原因之一。呼吸作用和光合作用完全相反，且势均力敌。简单来说，光合作用利用太阳能使两个简单的分子——二氧化碳和水结合产生有机分子；而呼吸作用完全相反，它燃烧有机分子（也就是食物）释放出二氧化碳和水，与此同时产生能量来支持我们生存。因此也可以说，我们所有的能量都来自食物中释放出来的一缕阳光。

光合作用和呼吸作用不只反应过程相反，从全球平衡的角度来看也是如此。如果没有动物、真菌和细菌用呼吸作用燃烧植物的话，那空气中的二氧化碳应该在很久以前就被光合作用消耗殆尽，转换成生物质了。这样的话所有的活动都会戛然而止，只剩下缓慢的降解或者火山活动会释放出少许的二氧化碳。然而真实世界并非如此。实际情况是，呼吸作用会烧光植物存起来的有机分子，从地质学的时间尺度来看，植物仿佛在一瞬间灰飞烟灭。这会造成一个极为严重的后果，那就是所有光合作用释放出来的氧气都会被呼吸作用消耗光。这是一个长期进行且持续不断的角逐，同时也是为行星带来灭亡的死亡之吻。如果一颗行星想要保住含氧大气层，如果这颗行星不想步上火星的红土后尘，唯一的办法就是封存住一部分植物物质。植物带着有机物被埋葬，与之配对的氧气虽然在外面，但动物却无法找到有机物给氧气燃烧，所以氧气多余出来。一部分的植物物质必须被埋葬。

这就是地球的做法，把一部分的植物物质埋在岩石里变成煤炭、石油、天然气、煤灰、木炭或灰尘，藏在地底深处。根据最近才从耶鲁大学退休的地质化学先驱罗伯特·伯纳（Robert Berner）的看法，深埋在地壳中的"死"有机碳，大概是地壳上生物圈中有机碳的2.6万倍。由于地下的一个碳原子对应空气中一个氧分子，所以我们每挖出一个碳原子当成燃料烧掉，就等于从空气中消耗掉一个氧分子，把它转换成一个二氧化碳。这对全球气候造成的影响难以预估。幸好我们永远也不会耗光地球上所有的氧气（就算消耗到为全球气候带来巨大浩劫的程度也不会用光），因为绝大部分的有机碳，都保存在页岩里，被埋在岩石中，远非人类工业技术（或至少考虑经济效益）可及之地。到目前为止，尽管我们可以相当自大地烧光一切能找到的化石燃料，也只不过降低大气含氧量的百万分之二三，或者约0.001%而已。[1]

不过这些被埋藏在地下的巨大有机碳，并不是连续形成的，它亘古以来间歇地形成。而目前的氧气总额看起来接近平衡，呼吸作用刚好可以抵消光合作用（消耗掉的也与新埋藏的相抵消），所以整体来讲几乎没有净输入，因此数千万年以来，大气中氧浓度一直维持在21%左右。不过在地质时间上的很久以前，有时的氧气浓度和现在非常不同。其中最有名的例子，大概就是约3亿年前的石炭纪了，那是个巨大如海鸥般的蜻蜓拍翅飞过天空，而长达1米的蜈蚣爬过树丛底下的时代。这些巨型生物的存在，要

---

[1] 大气中的氧气分子是二氧化碳分子的550倍，所以就算让二氧化碳浓度再增加两三倍也不是难事。然而就算大气中氧浓度不会有太大的改变，温度上升也会减少溶解在水中的氧气。许多鱼类已经受到低溶氧量的影响了。举例来说，在北海的绵鳚类族群大小，每年都随氧浓度而改变，氧气浓度越低，它们族群越小。

归功于石炭纪不寻常的碳埋藏速率，石炭纪的命名正是源自大批量的煤矿蕴藏。因为大量的碳元素被埋入煤炭沼泽，大气中的氧浓度曾一度上升到30%，这让许多生物有机会长到远超正常大小的尺寸。准确地说受到影响的都是依赖气体被动扩散来进行呼吸作用的动物（它们用皮肤或深入体内的气管来交换气体，比如蜻蜓），而不是那些用肺来主动呼吸的动物。[①]

是什么原因造成了石炭纪这种前所未有的碳埋藏速度呢？目前已知的很多事件都起作用，比如大陆的合并、潮湿的气候、广阔的平原等，而其中最重要的或许是木质素的出现，使得巨大的树木与结实的植物四处林立。要知道即使是现在，木质素都难以被细菌或真菌分解，所以从进化的角度来看，它出现时定是一个难以被超越的巅峰。因为无法被分解，释放出能量，大量的碳就随着木质素被埋到地下，而本来该与之配对的氧气则飘荡在大气里。

此外还有两次地质事件也有机会让大气中的氧气浓度增加。这两次事件很可能都是全球大冰期（又称冰河时期）的后遗症。第一次氧气浓度增加发生在距今约22亿年以前，在当时的地质变动与全球大冰期之后不久出现。而在距今约8亿～6亿年的第二次大冰期之后也有一次氧气浓度增加。这种全球性的灾难，很可能极大地改变了光合作用与呼吸作用之间的平衡，也改变了碳埋藏与消耗的平衡。当大冰川融解的时候，伴随着大量降雨，原本在岩石中的矿物质与营养物质（铁、硝酸盐与磷酸盐），都会被冰和雨水冲刷注入海洋，从而促使进行光合作用的藻类与细菌大量

[①] 想知道更多氧气对进化的影响，请见我的另一本书：《氧气：创造世界的分子》。

繁殖，有点像今天由化肥造成的水华，不过是全球性的。然而这样的溢流不只会造成生物爆发，也会埋葬大量生命。被冲刷入海的灰尘、脏冰屑与砂砾混着大量的细菌沉淀到海底，让碳元素的埋藏量达到前所未有的程度，因此大气中的氧含量就增加了。

意外的地质事件影响了地球的氧气浓度，让氧气浓度看上去只是一种偶然的产物。而此前氧气的长期缺乏似乎也表明浓度的增加就是个偶然结果。从20亿年前到10亿年前，这一段时间常被地质学家称为"无聊的10亿年"，因为几乎没有什么值得大书特书的事情发生。如同其他好几亿年一样，大气中氧含量稳定而稀少。虽然万物本来倾向于维持平衡，但是地质活动却无休无止地改变环境。这些地质事件应该也会在其他行星上发生，不过各种能够引起氧气增加的地质事件中，板块运动和火山活动似乎是最重要的。或许很久以前火星上也曾经进化出光合作用，这绝非不可能，然而在这颗小行星上，小规模的火山内核不足以提供堆积氧气所需的大规模地质活动，因此最后由于无法扩大到整个行星而不了了之。

为什么光合作用本来不必产生氧气，也就不会形成现在的地球大气层？这里还有第二个更重要的理由。光合作用其实根本不需要用水。我们都很熟悉身边植物的光合作用，目之所及的草原、树木、海藻等，基本上都是用同样的方式进行光合作用（也就是我们普遍认为的"产氧"光合作用），都释放出氧气。但是如果我们退一步好好想一下细菌之类的生物，那光合作用可能有好几种样式。有些比较原始的细菌会使用溶解的铁离子或硫化氢来代替水分子进行光合作用。这些原料听起来或许不可思议，但那只是因为我们太过熟悉周围的"氧气世界"——由产氧光合作用一手打造的世界。我们很难想象，地球上第一次出现光合作用时会是一种什么样的光景。

我们也很难想象这种反直觉的光合作用机制（但实际上却是一种很简单的机制）。先让我举例来说明一下一般人对光合作用的错误看法。用的例子或许对作者不是很公平，因为这是意大利化学家兼小说家普利莫·列维（Primo Levi）在他1975年出版的著作《元素周期表》里面所提到的内容。2006年由伦敦皇家学会组织，经由读者（也包括我在内）票选成为"历代最受欢迎的科普书"。在书中他写道：

> 我们的碳原子，会在树叶里和无数（但无用）的氮分子和氧分子相撞。它会被一个巨大而复杂的分子抓住，与此同时，一道决定性的阳光从天而降，激活了它。刹那间，就像被蜘蛛捕获的昆虫一般，碳原子从二氧化碳分子里剥离，跑去和氢原子结合，也有可能和磷原子结合，最终形成一条链状分子，不论长短，这就是生命之链。

注意到哪里错了吗？其实有两处错误，而列维应该很清楚才对，因为关于光合作用的详细作用机制，早在他出书的40年前就被阐明了。首先这道阳光并不会激活二氧化碳分子。二氧化碳分子就算是在漫漫长夜中也可以被活化，它们也不是被光剥离的，就算是最明亮的阳光也办不到。此外氧原子也不会和碳原子分开，而会一直顽固地粘在碳原子上。列维所描述的机制里，光合作用释放的氧气来自二氧化碳中的氧原子，这是非常常见的错误。事实上，氧气并非来自二氧化碳，而是水分子。这一点点差异让整个情况完全不同，因为这是了解光合作用如何进化的第一步，更是解决当前地球上能源与气候危机的第一步。

那道阳光其实把水分子劈成了氢和氧，该反应如果在整个行星上发生，就和前面提过的紫外线让海水蒸发一样，会造成行星大失血。光合作用的伟大成就是今天的人类技术也无法达到的，它发明了一种催化剂，可以消耗最少的能量——仅用温和的阳光，就把氢从水分子中剥离，而不需要使用高能的紫外线或宇宙射线。到目前为止，人类穷尽其智慧，也无法让分离水分子的能量，少于反应释放出来的能量。如果有一天我们可以成功地模仿光合作用，仅用一些简单的催化剂，就能把氢分子从水分子中剥离出来，那就可以解决当前的能源危机了。到那时只要燃烧氢气就能供应全球能量需求，而产生的唯一废弃物就是水，既不污染环境，也没有碳足迹，更不会造成全球变暖。但是这可不是件简单的事，因为水分子的原子结合得非常紧密。看看海洋就知道了，就算是最强的暴风吹袭、海水猛力拍打峭壁的力量，都无法把水分子敲碎，变成组成它的各种原子。水可以说是地球上最独特却又最遥不可及的原料了。现代水手也许会梦想用水和太阳来驱动他的船，那他应该问问看那些漂在海浪中的绿色浮渣们是如何办到的。

这些绿色浮渣，也就是现在的蓝细菌，它们的祖先和水手想着同样的问题，它们也成了地球上唯一有机会学会分离水分子的生命形态。然而最奇怪的地方在于，蓝细菌要拆开水分子的原因和它们的亲戚把硫化氢或氧化铁拆开的原因相同，它们需要的仅仅是电子。然而要寻找电子，水分子应该是最后才会考虑的选项才对。

光合作用的概念其实很简单，就是电子的问题。在二氧化碳里面加入一些电子，再加入一些质子来平衡电性，会发生什么事？嘿！和变魔术一样，会跑出一个糖！糖是有机分子，也是列维在书里面提到的生命之链，更是我们所有食物的来源。但是电子要从哪里来？如果用一点阳光来获取，那么很多东西都可以产生电子。在我们所熟悉的产氧光合作用里面，电子来自水分子。但事实上，从一些比较不稳定的分子里获取电子，会比水容易得多。从硫化氢中获得电子，最终不会产生氧气而会得到硫，也就是《圣经》说的硫黄烈火。从溶在海里的铁（如亚铁离子）中获得电子，会留下锈红色的铁离子，最终沉淀为新的岩石层，曾经这一过程可能十分普遍，形成现在到处可见的"条带状含铁建造"，是地球上藏量最大的低质量铁矿。

这些形式的光合作用，在现在这个充满氧气的世界里十分罕见，纯粹是因为需要的原料，比如硫化氢和溶解的铁离子，在如今阳光普照，充满氧气的世界里很少见。然而当地球年纪尚轻而大气还没有充满氧气时，它们曾遍布海洋，并且是更为方便的电子供应者。这就产生了一个矛盾，而解开这矛盾，是了解光合作用进化的关键。这个矛盾就是，为什么大自然要从一个比较方便的电子供应者，换成另一个麻烦百出的电子供应者（也就是水分子）？更何况代谢水分子所产生的废物（氧气），对于那些生产它的细菌来说是有毒的，甚至会严重威胁到细菌的生命。就算水的含量确实远远超过其他原料，大自然也不会考虑这点，因为我们说过，进化没有远见，同理，大自然也根本不会在乎产氧光合作用可以改变世界面貌这件事。所以到底是哪一种环境压力或进化突变，造成了这种转变呢？

最简单的答案，也是每一本教科书里面都会提到的答案，就是原料用完了。生命开始用水作为原料，因为没有其他更好的替代品，就好像人类在用完所有的化石燃料之后，也会开始用水做燃料。然而这是不可能的，因为地质记录显示产氧光合作用出现得非常早，远远早于各种原料用罄之前，大概提早了十几亿年的时间。很明显，那时候生命并没有被逼到墙角。

第二个答案则完美多了，其实一直藏在光合作用的机制里面，最近才被提出。这个答案结合了偶然与必然的结果，并且展示出世界上最复杂迂回的电子捕获机制背后的简洁规则。

叶绿体是植物体内萃取电子的地方。这是一个绿色的微小结构，广泛存在于各种树叶与绿草等植物细胞中，同时也让它们显得绿油油。叶绿体之名来自让它变成绿色的色素，也就是叶绿素，叶绿素可以吸收太阳能进行光合作用。叶绿体里面有一堆精致的薄膜所组成的扁平盘状系统，薄膜上布满了叶绿素。这些盘状结构堆在一起，看起来就像科幻小说里外星人的加油站。每个加油站之间有许多管子相连，它们从各种方向各种角度接进来，占满了整个空间。在这些盘状结构里进行着伟大的工作，把电子从水中抓出来。

要把电子从水中抓出来并不容易，而植物也费了很大的劲来做这件事。从分子的立场来看，执行光合作用的蛋白质和色素复合体非常巨大，简直抵得上一座小型城市。大致来说它们形成了两个巨大的复合体，分别是光系统Ⅰ与光系统Ⅱ，每一个叶绿体里面都有数千个这样的复合体。它们的工作就是撷取一道光，把它转换成为生命物质。解开叶绿素的工作之谜花了我们将近100年的时间，有许多精巧无比的实验，很可惜这里没有足够的篇幅来谈论它们。[1] 这里仅着重讲述我们从光合作用里学到了什么，以及它们和大自然如何创造光合作用有什么关联。

光合作用的核心概念，或它的行动方针，就是所谓的"Z型反应"，它让所有念生物化学的学生既佩服又恐惧。才华横溢但个性羞怯的英国生化学家罗宾·希尔（Robin Hill），在1960年率先提出了该反应机制，被他称为光合作用的"能量简历"。希尔因话少而知名，以至于当他的论文1960年在《自然》上发表时，同实验室的同事都还不清楚他在研究些什么。事实上，Z型反应并不全是根据希尔自己的研究解开的，而是从一连串其他的实验观察结果中拼凑出来的，当然希尔自己的研究起了最重要的作用。在这些实验中首先要注意的，就是热力学造成的有趣结果。光合作用，顾名思义就是要合成东西，不只合成有机分子，同时还合成生命的"能量货币"——ATP。出乎意料的是，两者似乎有某种偶联关系，光合作用合成越多有机分子，也就产生越多的ATP，反之

---

[1] 如果你想知道更多，我强力推荐英国科普作家奥利弗·莫顿（Oliver Morton）所写的《吃太阳》。

亦然（如果有机分子产量降低，ATP也会跟着减少）。显然太阳慷慨地同时提供了两份午餐。让人惊讶的是，希尔仅从这一现象就看透了光合作用的内部机制。俗话说得好：所谓天才就是比其他人先一步看到明摆着的事实。[①]

如同希尔难懂的语言风格，Z型反应这个名称其实也有误导之嫌。字母Z其实应该转90度变成N，才是对光合作用能量变化比较精确的描述。先看看N左边那垂直上升的一笔，这代表一个吸能反应，要由外界提供能量让它进行。接着成对角线的下斜笔画则代表一个放能反应，它放出的能量将被撷取，并以ATP的形式储存起来。最后上升的一笔又是一个吸能反应，又要靠外界提供能量。

光合作用的两个光系统——光系统Ⅰ和光系统Ⅱ，刚好就位于字母N的两根支柱的底部。一个光子撞击光系统Ⅰ，将一个电子激发到比较高的能级，接着这个电子的能量会像下楼梯一样，经由许多反应释放出来，刚好用来合成ATP。当电子降到低能级时正好来到光系统Ⅱ，而第二个光子又再度将这个电子激发到高能级，此时电子会直接传给二氧化碳去合成糖。下图像游乐园里的力量测试游戏机的漫画，可以帮助我们了解整个过程（见图3.1）。在图中打击者用一个槌子敲击跷跷板，让另一端的金属环往上冲，传给站在顶端的人。在这个游戏机里，槌子提供能量激发了金属环，而在光合作用里阳光做了这件事。

---

① 托马斯·赫胥黎（Thomas H. Huxleg）在读《物种起源》时曾这么叹道："我们怎么会这么笨，竟然没想到这一点！"

图3.1 Z型反应漫画。光子的能量被画成一个槌子,将电子激发到高能级。接着电子被传递到一个较低的能级,该过程会释放出一些能量供细胞使用。第二个光子又将电子激发到更高的能级,在那里,电子被捕获形成一个高能量的分子(NADPH),然后与二氧化碳反应,形成一个有机分子。

整个Z型反应(如果你愿意,叫它N型反应也可以)的作用过程迂回难解,但是它背后却有个很好的理由。因为如此一来既可以从水中取出电子,又可以将二氧化碳合成糖,除此之外,化学上怕是别无他法。这主要关系到电子转移的本质,或用术语来说是某些特定化合物对电子的化学亲和力。如前所述,水分子极为稳定,意味着电子和水分子的亲和力极高。要从水中偷走电子,就需要非常大的拉力,或者说,需要一个很强的氧化剂。这个强力氧化剂就是处于贪婪状态的叶绿素。它好像分子版的化身博士,温和的杰基尔医生在吸收光子的高能量之后瞬间变成海德先生。① 然而一般来说，很会抢的人就不容易放手。一个分子如果很会抢电子，在化学活性上就很不喜欢丢电子，就好像孤僻的海德先生，或任何一个贪婪的守财奴一般，绝不会心甘情愿地把他的财富送人。这种形态的叶绿素也是如此，当它被太阳能活化之后就拥有把电子从水中抢走的能力，但是不轻易把电子送人。用化学术语来说，它是一个强氧化剂、弱还原剂。

二氧化碳面临的问题完全相反。它本身也是一个非常稳定的分子，所以不太想再被塞进多余的电子。除非旁边有一个很强的推电子者，二氧化碳才会不得不吞下这个电子，用化学术语来说就是要有一个强还原剂。这就需要另一种形态的叶绿素，一种很会推电子但不喜欢拉电子的叶绿素。这种叶绿素不像守财奴，而像街头小混混，强迫路过的无辜受害者购买赃物。当它被太阳能活化之后，它就有能力把电子推给另一个分子。不过这个分子也不想要电了，它叫作NADPH②，可以算是叶绿素集团的共犯，NADPH最终会把电子硬塞给二氧化碳。

这就是为什么在光合作用里面要有两个光系统，而且一点都不稀奇，它们一个拉一个推。然而现在真正的问题来了，这种环环相扣的复杂系统是如何出现的？在这个系统里面其实有五个部

---

① 在电磁光谱中，光的能量与波长成反比，也就是说波长越短的光，能量越高。叶绿素所吸收的光属于可见光，特别是红光。这个超强氧化剂形态的叶绿素就叫作P680，因为它刚好吸收波长680纳米左右的红光。也有一些叶绿素会吸收能量再低一点的光，比如波长700纳米左右的红光。叶绿素完全不吸收绿光和黄光，所以它们会被叶子反射出来（或穿透），这就是植物看起来是绿色的原因。

② 为什么生物化学总让人望而却步？NADPH的全名是个好例子，它叫作还原型烟酰胺腺嘌呤二核苷酸磷酸，是非常强的还原剂，也就是强力的推电子者。

分：第一个部分叫作"放氧复合体"，它有点像一个分子胡桃钳，可以把水分子固定住，然后把电子一个一个夹出来，最后把氧气像废料般丢出去。下一步是光系统Ⅱ（你也许会有点疑惑，这两套光系统并不照数字顺序运作，因为是根据它们的发现顺序命的名），当它被阳光活化之后就变身为分子版的海德先生，一把揪出放氧复合体的电子。然后是一连串的电子传递链，很多分子会把电子像橄榄球一样一个丢给一个。一系列的电子传递链用逐渐降能的方式，把电子的能量释放出来，去组成一个ATP，然后当电子降到最低能时刚好来到光系统Ⅰ。此时另一道光再把电子推到高能级，并送给NADPH保管。如前所述，NADPH是很强的推电子者，它一点都不想留住电子。最终电子来到一群分子机器中，激活的二氧化碳正在里面等待接受它变成糖。最后光系统Ⅰ所生产的分子小混混，完成了把二氧化碳转变成糖的过程。整个过程利用的是化学能而非光能，因此也被称为暗反应，这是列维犯错的地方。

这五个步骤协同作用把电子从水分子中取出，推给二氧化碳去合成糖。看起来整个夹碎胡桃的过程实在是太复杂了，不过要夹碎这颗很特别的胡桃，似乎也只有这个办法。而在进化上最大的问题则是，这些环环相扣的反应是如何出现的？又如何照固定顺序（很可能是唯一可行的排列法）排在一起，让产氧光合作用可以动起来？

"事实"这两个字常会让生物学家感到胆怯，因为每个生物法则通常都有一大堆例外。不过有件和光合作用有关的事情却十分确定，那就是事实上光合作用只进化了一次。所有的藻类和植物体内都有光合作用的基地，也就是叶绿体。它们无所不在，而且彼此都有亲戚关系，因此它们一定有不为人知的共同过去。寻找叶绿体过去的线索，首先要看它们的大小和形状，叶绿体看起来就像小细菌住在一个较大的宿主细胞里一样（见图3.2）。后来科学家又在所有叶绿体里面都找到了一个独立的环状DNA链，进一步确定了叶绿体的祖先应该是细菌。每当叶绿体分裂的时候，这个环状DNA就会跟着复制，然后像细菌一样把它们传给下一代。根据叶绿体DNA测序的数据结果，科学家不仅确定了它们与细菌的关系，更进一步找出和叶绿体最近的细菌亲戚，那就是蓝细菌。最后，植物体内光合作用的Z型反应的那五个步骤，和蓝细菌的一模一样（不过蓝细菌的反应机构比较简单）。总而言之，叶绿体过去一定是一种独立生活的蓝细菌。

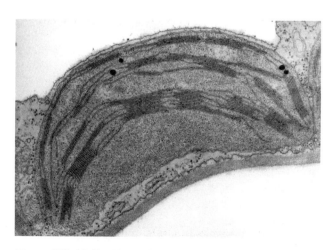

图3.2 甜菜叶绿体照片。图中堆栈成一层一层的膜状构造，称为类囊体，光合作用就是在此把水分解，释放出氧气。叶绿体长得像细菌并非偶然，它们确实曾经是独立生活的蓝细菌。

蓝细菌过去有个美名，叫作蓝绿藻，可惜这是错误的名称。蓝细菌是现今唯一已知可以通过产氧光合作用把水分子拆开的细菌。它的某些家族成员到底是何时开始住进较大的宿主细胞的，至今仍是个无解之谜，被埋藏在长远的地质时间里，但毫无疑问，一定超过10亿年了。我们猜想或许是某一天，细菌被宿主细胞吞噬但没有被消化掉（这并不罕见），日后变成对宿主有用的小东西。那些吞掉蓝细菌的宿主细胞，后来发展成为两个帝国，一个是植物，另一个是藻类。如今它们的特征就是依赖阳光和水生存，而它们进行光合作用的工具也都来自过去本是客人的细菌。

所以寻找光合作用的起源，变成寻找蓝细菌的起源，寻找这个世上唯一可以打破水分子的细菌起源。该问题至今仍是现代生物学里最具争议的一个问题，尚待解决。

科学家们为此争论不休，一直到世纪之交，大部分的科学家才终于被一位美国加州大学洛杉矶分校的古生物学家找到的重要证据说服。他就是比尔·肖普夫（Bill Schopf），一位精神而好斗的古生物学家。从20世纪80年代开始，肖普夫就找到了一些地球上最古老的化石来研究，这些化石的历史大概有35亿年。不过这个"化石"有可能需要稍微讲清楚一点。肖普夫所找到的化石，其实是岩石里的一连串细小空腔，看起来就像细菌一样，大小也差不多。根据它们的细部结构，肖普夫认定这些化石是蓝细菌。这些微体化石经常和类似叠层石的化石一起出现。活着的叠层石是一层又一层"矿化"的小空腔堆积物，有些可以长到一米左右。它们由旺盛生长的细菌群落形成，这些细菌粘结矿物质形成一层层硬壳（见图3.3），最终让整个结构变成一块坚硬的石头，整片整片，非常漂亮。由于现在正在生长的叠层石外层，往往长满了茂盛的蓝细菌，所以肖普夫宣称这些古老的结构就是早期出现蓝细菌的证据。为了消除其他人的怀疑，肖普夫进一步指出，这些化石里面含有有机碳，成分看起来很像生物合成的。而且还不是随便的某种古老生物，他说这些碳成分是会进行光合作用的古生物合成。结论就是，肖普夫认为蓝细菌，或者很像蓝细菌的细菌，大概在35亿年以前就出现了，也就是在小行星轰炸地球几亿年以后，或者说就在太阳系形成没多久时。

图3.3 澳大利亚西海岸靠近鲨鱼湾的哈默林池的活叠层石。这里的池水盐分是外面海水的两倍左右，可以抑制嗜食蓝细菌的生物，如蜗牛，因此让蓝细菌聚落有机会繁衍。

隔行如隔山，很少有人能挑战肖普夫的推论，而他们似乎也同意肖普夫的看法。但还是有些人虽然没那么内行，依然抱持怀疑态度。假设这些是古老的蓝细菌，并且真的会和现在的蓝细菌一样进行光合作用然后吐出氧气，但是地质学上发现大气中有氧气的痕迹，最早也是在10亿年以后了，这段时间的差异之大不容忽视。更别说考虑到Z型反应的复杂程度，大部分的生物学家恐怕都无法接受光合作用可以这么快就进化出来，其他形态较为简单的光合作用，还比较像那个年代该有的古董。但总体来说，那时候大部分人都接受这是细菌化石，并且相信这或许就是会进行光合作用的细菌化石，但是关于这些是不是真的蓝细菌——那登峰造极的艺术品，则还有很多疑问。

接着，牛津大学的古生物学教授马丁·布莱瑟（Martin Brasier）加入战局，引起了现代古生物学界最激烈的战争之一。这场战争很有古生物学这门科学的特色——参与其中的主角们充满着何等的热情，但给出的证据又是那么捉摸不定。大部分研究古老化石的科学家，都依赖伦敦自然史博物馆的馆藏样品，然而布莱瑟却亲自来到肖普夫当初挖掘化石样品的地质现场，结果让他非常震惊。现场不但不像肖普夫所言是个浅海的平静海底，甚至还充斥着地底热泉的痕迹，布莱瑟说，这证明此地曾有十分激烈的地质活动。他还说肖普夫只挑选了个别样品来证明自己的论点，并且刻意忽略了其他样品，被忽略的样品表面看起来和被挑选的样品一样，但能明显辨别出那不是由生物活动造成的痕迹，因此所有样品可能都是矿物质沉淀遇热水形成的。布莱瑟说，叠层石也一样，是地质活动而非细菌活动形成的，并不比海浪在沙滩上留下的波纹更神秘。至于那些有机碳，根本没有显微结构，因此和许多地热环境中所发现的无机石墨别无二致。最后，像要给这位一度风光无限的科学家最后一击似的，肖普夫的前研究生回忆起，自己曾被迫写了一些模棱两可的文字来诠释数据。如今看来，肖普夫被彻底击垮了。

面对这样的攻击，很少有人能够一笑置之，肖普夫当然开始反击，他搜集了更多资料来证明自己的论点。2002年4月，在美国国家航天局春季学术会议上，这两人有过一次激烈的交锋，两人都固守自己的立场。布莱瑟这个傲慢十足的牛津先生，指责肖普夫的样品"就是简单的海底热泉现象，恐怕只有热却没有光"。然而，大部分人都没被任何一方说服。虽然大家对于最初微体化石的生物性质仍然存疑，但对于其他晚了数亿年的微体化石并没有多少争议。而布莱瑟本人也发现了较晚年代的化石标本。现在大部分的科学家，包括肖普夫，都开始采取更严格的标准来检查生物起源的证据。至此，整个事件唯一的受害者，只有那些蓝细菌，它们过去曾是肖普夫的徽章，但现在肖普夫也已经让步，承认那些微体化石可能不是蓝细菌，至少不比其他鞭毛细菌化石更像蓝细菌。所以我们又回到了原点，绕了一大圈，仍然对蓝细菌的起源毫无头绪。

我举这个例子只是想要说明，光靠化石记录去量测久远的地质时间会有多么困难。就算证明了蓝细菌或它们的祖先确实存在，也不能证明它们已经找到了分解水分子的秘诀，因为蓝细菌的祖先很可能还在使用比较原始的光合作用。不过仍有更有效的办法可以从古老的时间里挖掘出信息。这些秘密就藏在现在的生命之中，藏在他们的基因与物理构造里，特别是他们的蛋白质结构里。

在过去这二三十年间，科学家在新技术的加持下，用各种名称让人生畏的方法，详细分析了细菌和植物光合作用系统的分子结构。这些方法的原理也如它们的名称一样让人生畏，比如X射线晶体学，或者电子自旋共振光谱成像。不过我们不必理会它们的原理，只要知道科学家用这些方法，几乎从原子等级上（但却总是恼人地还差一点）分析了光合作用复合物的详细构造与形状。现在会议中仍会发生争论，不过争论的主要是细节部分。在我写本书之时，刚参加完一场英国皇家学会会议。在那场会议里，科学家在争辩"放氧复合体中五个原子的正确位置"，既可说是寻幽入微也可说是吹毛求疵。说是它寻幽入微，是因为这五个原子的精确位置，关系到它们分解水分子的化学机制，而这正是解决世界能源问题的关键；说是它吹毛求疵则是因为，这些口角不过就是如何在几个原子半径内把五个原子排好，争论的差异也就在数个埃（百万分之一毫米）之间。老一辈的科学家或许会非常惊讶，现在科学家对于光系统 II 中其他46,630个原子的位置倒是没有太多争议。这些原子的位置由英国伦敦帝国理工学院的生化学家吉姆·巴伯（Jim Barber）的团队测定，近来精准度还在不断提升。

虽然还剩几个原子没找到自己的位置，不过我们研究光系统的结构已经10多年了，如今已大致明朗，可以给我们讲述它的进化故事了。2006年生化学家鲍勃·布兰肯希（Bob Blankenship，现在是美国华盛顿大学圣路易分校的教授）所领导的团队指出，在各种细菌体内，两种光系统[1]的构造几乎都一样。尽管不同群的细菌在进化上的距离如此遥远，但是它们光系统的核心构造却如此相似，相似到可以在计算机构图上完全重叠。不仅如此，布兰肯希证实了另外一件科学家思考许久的事情，那就是光系统Ⅰ和光系统Ⅱ的核心构造也一样，而且几乎可以确定它们应该是在很久很久以前，由同一个祖先进化出来的。

换句话说，故事应该就是很久很久以前，本来只有一个光系统，有一天它的基因变成了两份，结果一次制造了两个一模一样的光系统。随着时间变迁，在自然选择的影响下，两个光系统开始产生分异，但仍持有一样的核心构造。最后，两个光系统靠着Z型反应连接在一起，并经由叶绿体传给了植物和藻类。不过这个简化版的故事，掩盖了整个现象背后的难题。复制出两个原始的光系统并不能解决产氧光合作用的问题——一个强推电子者和一个强拉电子者，永远不可能自己结合在一起。在光合作用能运作之前，两个光系统必须先往相反的方向进化，一个推一个拉，唯有如此，当它们连接在一起时才会有用。所以问题就是，什么样的事件会造成两个光系统先走上岔路，之后再被连接在一起，如同既亲密又对立的欢喜冤家，或像男人与女人一样，先分开之后又结合成一个受精卵？

回答这个问题最好的办法，就是回头去观察现在的光系统。光系统在蓝细菌体内，是被绑在一起的Z型反应，不过它们却各自

---

[1] 严格来说，它们在细菌体内并不叫作光系统，而叫作光合单位。然而，细菌的反应单位不管在构造上或功能上，都和植物所有的系统几无二致，所以我在这里还是沿用一样的称呼。

有不同的进化故事。就先放下光系统的进化来源，我们来快速看一下光系统在细菌世界里的分布情况。除了在蓝细菌体内共存以外，这两个光系统从来没有同时出现在任何细菌体内。有一些细菌只有光系统Ⅰ，其他的则只有光系统Ⅱ。每一套光系统都独自运作，也都产生不同的结果。仔细分析它们各自的工作，有助于了解产氧光合作用的进化来源。

光系统Ⅰ在细菌体内做的事和在植物体内一模一样。它们会从无机物中拉走电子，变身成为分子版"街头混混"，再把电子塞给二氧化碳去制造糖。唯一不同的是电子来源。光系统Ⅰ不从水分子里拉电子，因为它完全无法对付水分子，宁可挑硫化氢或铁，这两者都比水容易下手。附带一提，植物光系统Ⅰ里的共犯——NADPH，也可由纯化学手段合成，比如在第一章里面提到的海底热泉中就可以合成。所以在这里，光系统Ⅰ利用NADPH把二氧化碳转换成糖，和之前提过的反应类似。因此，光系统Ⅰ唯一革新的部分，就是利用光来完成以前只靠化学完成的工作。

另一件值得一提的事情是，把光转换成化学能其实一点都不稀奇，几乎所有的色素都可以做到。色素分子里的化学键特别适合吸收光子。当它们吸收光子时会把电子推往高能级，其他邻近的分子就比较容易抓到电子。此时这个色素分子就被光氧化了，从而带上正电，它需要再找一个电子来平衡账目，所以会从铁或硫化氢里面拉出一个电子。这就是叶绿素做的事。叶绿素是一种紫质（或称作卟啉），在结构上和我们血液里携带氧气的血红素非常相近（血红素是一种色素，是血液呈红色的原因）。还有很多其他的紫质也可以利用光做类似的事情，不过有些时候会产生负面结果，比如造成紫质症。[①]重要的是，紫质是在外太空小行星上可以找到的较复杂的分子之一，它也可以在实验室里的无机环境中合成。换言之，紫质很有可能在早期地球上自行诞生。

所以光系统 I 就是利用紫质这个很简单的色素，将它的光化学特性与细菌本身的化学反应结合在一起。结果形成了一种非常原始的叶绿素，可以利用光能从"容易下手"的材料中获取电子，比如铁或硫化氢，接着把电子传给二氧化碳去合成糖。一个会利用光来产生食物的细菌就出来了。

那么光系统 II 又是怎样的呢？利用光系统 II 的细菌会玩另一种把戏。这种形式的光合作用无法产生有机分子，但可以把光能转换成化学能，从而维持细菌生存，或者说给细胞发电。它的机制也很简单，当光子撞击叶绿素分子时，一个电子就会被激发到高能级，和以前一样它也会被另一个分子抓住。但接下来电子会沿着一条电子传递链，被许多分子一个传给一个，每传递一次电子就丢掉一些能量，直到回到最低能级为止。该过程中放出来的能量，一部分会用来合成ATP。至于最后那个筋疲力尽的电子，则又回到原来的叶绿素分子上，再度被激发，形成一个永不止息的

① 紫质症其实是由于紫质在皮肤与器官堆积引起的疾病总称。大部分的病症都是良性的，但是有时候堆积过多的紫质被光活化后，会造成令人痛苦的灼伤。最恶性的紫质症，比如红细胞生成性血卟啉症（紫质也称为卟啉，卟啉是紫质的英文音译），破坏性极强，会让耳朵和鼻子都被侵蚀，牙床也被侵蚀，从而让牙齿突出在外如同獠牙，还会造成皮肤结痂，面部生长毛发。有些生化学家认为，这些症状是造成某些民俗传说的原因，比如吸血鬼与狼人等。他们认为他们是有一些症状较轻的紫质症患者，因为疾病的痛苦而充满愤怒，但却又没有完全与世隔绝。而现在，恶性紫质症在社会中十分罕见，因为我们会采取预防措施与较佳的治疗来避免并发症。除此之外，紫质对光敏感的特性也已经被用在癌症治疗上面，也就是所谓的光动力疗法，利用被光活化的紫质去攻击癌细胞。

循环。也就是说，光将电子激发到高能级，电子回到低能级时放出能量，这些能量用ATP存起来，而ATP正是细胞可以使用的能量形式。这个光合作用就是一个光激发的电流回路。

这种循环是如何出现的？答案还是一样，需要各种分子的混合和磨合。光合作用的电子传递链，其实和呼吸作用的差不多，这些分子都在第一章提过的海底热泉中进化出来，现在只是借用它们来做点不一样的事情而已。如同我们之前所说，呼吸作用是把食物中的电子抓出来，通过电子传递链送给氧气去合成水，中间释放出来的能量则可以用来合成ATP。现在这种形式的光合作用也是这样，高能量的电子通过一系列的电子传递链，只不过最后没有传给氧气，而是送回给那个贪婪的（氧化别人的）叶绿素。这个叶绿素越会拉电子（也就是说，化学活性上越像氧气），电子传递链的效率就越高，也就能从电子中吸取更多能量。整个系统最大的优点是不需要燃料（就是食物），至少在产生能量的时候不需要（食物要用来产生新的有机分子）。

所以结论就是，两种形式的光合作用在性质上有都点像拼凑起来的。两种形式的光合作用各自给这个新的转换器（叶绿素）外挂一些现有分子装置的功能。其中一台会把二氧化碳转换成糖，另一台则会生产ATP。至于叶绿素，或许这种类似紫质的色素，从早期地球上自发诞生之后，自然选择就接手了之后的工作。任意一点点结构上的变异都可能改变叶绿素吸收的波长，也会改变它的化学性质。这样的改变会影响到自发反应的效率，刚开始也许效率不高，不过慢慢地会开始产生"守财奴式"叶绿素，让飘浮不定的细菌可以制造ATP，或者产生"街头混混式"叶绿素，让固着在硫化氢与铁附近的细菌可以制造糖。不过至此我们还是没有解决最重要的问题：这两套系统如何在蓝细菌内组合形成Z型反应，然后开始拆解水分子？

最简单的答案是：我们还不知道。可以用很多方法来寻找答案，不巧的是目前为止都还没有成功。比如说，我们可以系统地比对所有细菌体内光合作用的基因差异，建立一套细菌的基因谱系，了解它们与共祖分家的时间。可惜因为细菌的生活方式——它们的性生活，我们做不出这个谱系。细菌的性生活和我们的不一样，我们的基因只遗传给下一代，因此可以建立出一套有秩序的谱系图。但是细菌会任意挥霍散布自己的基因，完全无视遗传学家的努力。因此，细菌的基因谱系像一张网而不是一棵树，有些细菌的基因会出现在另一群毫不相干的细菌身上。换句话说，我们并没有确切的遗传学证据，证明两套光系统在何时组合起来形成Z型反应。

但这也不是说我们就技穷了。科学假设最大的价值就在于，你可以让想象飞驰，由新的角度切入，用新的实验去验证，它们会告诉你假设正确与否。这里就有一个很好的点子，由伦敦大学玛丽皇后学院一位极富创意的生化学教授约翰·艾伦（John Allen）提出。艾伦毫无疑问极为出众，我连续三本书都写过他，每本书里都有他与众不同的开创性想法。就像所有伟大的想法一样，该想法也穿透层层复杂现象直捣事物核心。虽然它不见得正确——毕竟科学上许多伟大的想法也被证明是错的。但就算如此，它还是可以告诉我们某种可能，并据此设计实验，最终指引科学家走向正确的方向。它既给我们洞察力也给我们灵感。

艾伦说，很多细菌都会随着环境的变化打开或关闭它们的基因，这在细菌身上十分常见。而环境中最大的改变莫过于原料的有无了。也就是说，如果环境中缺乏某种原料的话，细菌就不会浪费能量，生产处理这种原料所需的蛋白质。它会直接关闭生产线，直到新的信号进来。因此艾伦假设存在一个会变化的环境，比如形成的叠层石的浅海区，会喷出硫化氢的热泉口旁边，随着潮汐、洋流、季节、热泉活动等因素，环境不断变动。在艾伦假设中最关键的部分，就是住在这里的细菌要和蓝细菌一样，同时有两个光系统。但是与蓝细菌不同的是，这些细菌一次只用一个系统。当有硫化氢的时候，细菌就启动光系统 I，用二氧化碳来制造有机分子。它们利用这些新合成的材料生长复制。但是当环境变动，比如叠层石附近缺乏原料了，细菌就转换到光系统 II。此时它们放弃生产有机分子（也就是既不生长也不复制），却仍可以利用太阳能来制造ATP，维持自己的生活所需，同时静待更好的时机。每一个光系统都有各自的好处，如同上节中提到的，全都是一小步一小步进化出来的。

那如果热泉死了，或洋流变化导致环境发生长期变化，细菌该怎么办？它们现在就必须长时间依赖光系统 II 的电子回路生存。但是这有个潜在的问题，那就是电子回路很有可能被环境中的电子截断，尽管在缺乏电子的地方发生截断的可能性很小。电子回路有点像小孩玩的击鼓传花，电子传递链里的分子或者带一个电子，或者什么都没有，就像游戏中围成一圈的小孩，在音乐停止时，手上要么有彩球，要么没有。但是假设现在有一个捣蛋的老师手上拿了一堆彩球，不停地把球传给小孩。到最后每个小孩手上都会有一只球，那就没有人可以把球传给下一个人，整个游戏就会在众人面面相觑的情况下停止。

光系统 II 也会遇到类似的问题，会随着阳光一起出现，特别是在早期大气中还没有臭氧层时，紫外线更容易穿透海水。紫外线不只会劈开水分子，也会把电子从溶在海水里的金属或矿物质中劈出，首当其冲的就是锰和铁。于是造成和击鼓传花游戏一样的问题，环境中的电子嵌入了细菌的电子回路。

现代的海洋中铁和锰的浓度都不高，因为现在的海洋已经被完全氧化。但是在古老的年代这两者含量都非常丰富。以锰为例，现在它们以圆锥状的"锰结核"形式广泛分布在海底，是金属慢慢在类似鲨鱼牙齿（鲨鱼牙齿是能承受海洋底部巨大压力的为数不多的生物物质之一）之类的物体周围，沉淀生长了数百万年之后的成果。据估计现今广布在海底的富锰结核，总重可能有1万亿吨，这是个巨大但经济效益不高的矿藏。经济价值比较高的锰矿，比如南非卡拉哈里锰场（这里有135亿吨），也是24亿年前从海里沉淀出来的。也就是说，海洋曾经充满了锰。

锰对细菌来说是很有价值的日用品，它可以当作抗氧化剂，保护细菌免受紫外线辐射的摧毁。当紫外线光子撞击锰原子时，锰原子会被光氧化而丢出一个电子，好像"中和"了紫外线的辐射。也可以说细菌"牺牲"了锰，否则细胞里面更重要的成分如蛋白质与DNA，将会被辐射劈成碎片。因此细菌张开双臂欢迎锰住进来。不过麻烦在于，当锰原子丢出电子时，这个电子几乎一定会被那个光系统 II 中"守财奴式"的叶绿素抓走。如此一来，电流循环就会慢慢被多余的电子塞住，像小孩子都拿到彩球一样。除非有办法可以清除掉多余的电子，否则光系统Ⅱ注定会越来越没有效率。

细菌要如何从光系统Ⅱ中释出多余的电子？对此艾伦提出了一个非常精明的假设。他认为既然光系统Ⅱ被电子堵塞，而光系统Ⅰ却因为缺少电子而在旁边怠工，那么细菌所要做的只是把那个禁止两个系统同时启动的开关关掉，不管是从生理上改变，还是需要基因突变。接下来会发生什么？电子会从被氧化的锰原子那里送给光系统Ⅱ。这个"守财奴式"叶绿素因为吸收了一些光而把电子激发到高能级，此后电子通过一连串传递链释放出能量，用来合成ATP。接着它们会走上一条岔路，不再回到日渐堵塞的光系统Ⅱ，反而被饥渴而寻找新电子的光系统Ⅰ吸收。当这个"街头混混式"叶绿素吸收了一些光能后，电子会再度被激发而升到高能级，最终它们被传给二氧化碳，用来合成新的有机物质。

听起来很熟悉？其实我只是重述了一遍Z型反应而已。只要一个简单的突变就可以把两个光系统连在一起，让电子可以利用锰原子进入Z型反应最终传给二氧化碳去合成糖。霎时一切变得如此明显，简单的突变注定会导致之前那些极度复杂难解的过程。逻辑上无懈可击，所有分子本来就在使命不同的系统中。这样的环境压力也十分合理。还从来没有这么小的突变能造成整个世界的巨变！

为了欣赏刚浮现出的巨幅全像，我们有必要快速回顾一下。在盘古之初本来只有一个简单的光系统，很可能只会利用太阳能来获取硫化氢的电子，再把电子推给二氧化碳去制造糖。不知何时，或许是在一个蓝细菌祖先体内，光系统基因变成了两份，这两个光系统在不同的需求下分家了。[①] 光系统 I 继续执行它原本的工作，而光系统 II 则渐渐走向专门利用光产生电子回路来制造 ATP。这两个光系统依照环境需求，轮流上岗，从来不会同时开启。随着时间的推移，光系统 II 开始出毛病，由于循环电子回路天生的缺陷，环境中任何多出来的电子都会截断这一循环。因为细菌利用锰原子来保护自己不被紫外线辐射伤害，所以电子很有可能因为锰原子的关系缓慢而持续地加入循环。其中一个解决方法就是关掉转换系统，让两个光系统同时运作。从此电子就可以从锰原子出发经过两套光系统传给二氧化碳。电子中间所通过的曲折路径，每一处小细节，都昭示了将来成为Z型反应的可能。

现在还差一小步就要完成产氧光合作用了。我们从锰而非水分子中狄取电子，最后这个改变是怎么发生的？答案十分惊人，那就是什么都不必改。

放氧复合体，可以说是一个水分子胡桃钳，刚好可以钳住水分子，使电子一个个被夹出来。当电子都夹完了，那无用的废弃物"氧气"就飘入我们的世界。这个复合体是光系统 II 构造的一

---

① 根据艾伦的看法，两个光系统是在一株蓝细菌的祖先体内，应不同的环境需求而分异的。其他人则认为两个光系统应该是在两株不同的细菌体内独自发展，最后才通过某种基因融合作用合并在一起，形成基因嵌合体，也就是现在蓝细菌的祖先。最近的研究结果比较支持艾伦的论点（研究结果显示，光系统是从蓝细菌传给其他细菌，而不是反方向传回来）。不过现阶段遗传学的证据其实很模糊。不论谁对，两个光系统都要先独立运作才能结合。

部分，不过是靠外的一部分，它面向外面，给人一种后来才镶上去的感觉。它的体积之小、结构之简单让人惊讶，总共也就是只有四个锰原子和一个钙原子，被几个氧原子晶格连起来而已。

从好几年前开始，那位活跃的地质化学家罗素（我们在第一和第二章介绍过他）就认为这个复合体的结构，像极了一些在海底热泉的矿物质，比如说锰钡矿或钙锰石。然而在2006年以前，我们都无法知道这个锰原子簇的原子构造，而罗素的观点也因此如旷野风声般被忽略。现在我们知道纵然罗素的观点不全对，但是他的大方向绝对是正确的。这个原子簇的构造，如同伯克利的维塔尔·亚钱德拉（Vittal Yachandra）团队解析出来的一般，确实和罗素所说的矿物质构造极为相似（见图3.4）。

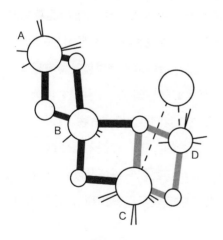

图3.4 放氧复合体的早期结构，由X射线结晶体学解析出：带四个锰原子的核心（标示为A到D）被几个氧原子连成晶格，旁边还有一个钙原子。

最早的放氧复合体是否仅是一小团矿物镶在光系统 II 里，我们无法确定。或许这些锰原子在被紫外线氧化的过程中，与氧原子晶格结合，最后就地生成了细小结晶。[①] 或许这个原子簇因为太靠近叶绿素或其他蛋白质，所以结构被扭转了一点点，使得它的功能得到优化。不过不管它是如何成形，都极可能是个意外。它的结构太像矿物而不像生命产物了，就像在许多其他酶核心也可以找到的金属原子簇一般，它们必定是好几十亿年前能在海底热泉旁找到的古董。这些被蛋白质所包覆的金属原子簇，是最珍贵的珠宝，就这样被蓝细菌永久保藏。

不管来源如何，这一小团锰原子簇，不只为第一个包住它们的细菌，更为整个行星的生命创造了一个全新的世界。一旦成形，金属原子簇就开始分解水分子——四个氧化的锰原子顺从自己的"渴望"把电子抓出来，把氧气丢弃。刚开始逐渐被紫外线氧化的锰原子，慢慢地分解水分子，等到它与叶绿素一结合，电子就开始流动。随着叶绿素渐渐适应这份工作，流动会越来越快。吸入水分子，拆开，抽出电子，释放氧气。一开始是一点点，慢慢地变成大量涌出，这一条创造生命的电子回路就是所有繁荣生命的幕后功臣。我们要为了两件事好好感谢它，一件是它成为所有食物的来源，另一件是它带来氧气让我们可以燃烧食物。

同时它也是解决世界能源危机的关键。我们不需要两个光系统，因为我们不需要生产有机分子。我们只需要从水中释放两种材料——氢和氧，让它们再度反应，就可以释出所有人类所需的

---

① 根据吉姆·巴伯的看法，现在的放氧复合体就是这样形成的。如果把复合体从光系统Ⅱ中移走，再把这个"空的"光系统放入带有锰和钙离子的溶液中，只要一些闪光就可以重建这个复合体。每一道闪光都会氧化一个锰离子，一旦氧化之后离子就会就位。经过五六道闪光之后，所有的锰离子和钙离子就都定位了，整个复合体重建完成。换言之，只要有适合的蛋白质环境，这个复合体是可以自动组装的。

能量，然后排出唯一的废弃物就是水。换言之，有了这种小小的锰原子团，我们就能利用太阳能来分裂水分子，再让产物重新结合生成水，这就是氢经济。从此不再有污染，不再有化石燃料，不再有碳足迹，也不再有影响全人类的全球变暖，或许只是有点容易爆炸的麻烦。如果这一小团原子曾经彻底改变了地球的面貌，那么了解它的结构将会是改变现存世界的第一步。就在我写书之时，全世界的化学家都在争相研究如何从实验室合成这个微小的锰核心，或具有相同功能的东西。他们一定很快就会成功，而我们依赖阳光与水生活的日子也指日可待。不久我们就能学会以水和阳光为食。

第四章　复杂细胞
——命运的邂逅

　　没什么东西比细菌更保守了，主宰地球30亿年，自始至终都是细菌；也没什么东西比真核细胞更激进了，引发了寒武纪大爆发，物种开始肆意创造。从细菌进化为真核细胞，似乎不像达尔文所说的渐进式，而更像一场命运邂逅引发的突变。

"植物学家就是赋予相似的植物以相似的名称，不同的植物以相异的名称。这样对众人来说，事物就显得清楚明了。"这是伟大的瑞典分类学者卡尔·林奈（Carlus Linnaeus）的评论，而他本人正是一位植物学家。或许我们现在会为这微不足道的抱负感到惊讶，但是林奈正是通过将生命世界依据其物种分类，为现代生物学奠定了基础。他必定对自己的成就十分自豪，"上帝创造万物，林奈整理万物。"他总是如此说。而他必定认为，现在的科学家应该继续使用他的分类系统，将所有生物分成界、门、纲、目、科、属、种。

　　这种将万物分类，从混沌中理出秩序的欲望，让我们周围的世界变得有意义，同时也为许多学科打下根基。没有元素周期表，化学将不知所云；没有宙代纪世，地质学也将无以为继。但是生物学和它们存在巨大差异，因为只有在生物学里，分类学仍然是主流的研究领域。那株"生命树"，也就是那幅标示所有生物彼此关系的图谱该如何绘制，至今仍是原本谦恭的科学家彼此争执与敌视的源头。加拿大的分子生物学家福特·多利特（Ford Doolittle），是最彬彬有礼的科学家之一，他有一篇文章的标题忠实地传达了这种情绪——《带一把斧头走向生命树》。

　　他们并不是在斤斤计较一些细枝末节，而是在计较区别所有物种最重要的部分。我们大部分人都和林奈一样，会直观地将世界分成动物、植物与矿物，毕竟这些确实就是我们所能看到的。它们有什么相同的地方呢？动物由复杂的神经系统指挥，四处巡弋，以植物或其他动物为食。植物以二氧化碳与水为原料，利用太阳能来制造自身所需之物，它们根系固定，也不需要大脑。至于矿物则完全就是非生物，虽然矿物的生长现象曾误导了林奈——说来有点尴尬，这位植物学家也把它们分类了。

生物学就以此为基础，分成动物学与植物学两大分支，好长时间里相安无事，互不干涉。即使发现了微生物之后也很少动摇过。"微小动物"的变形虫因会四处游动被归到动物界，并获得原生动物之名（protozoa，原生动物，拉丁文意为"最原始的动物"），而有颜色的藻类与细菌则被分到植物界。林奈如果泉下有知，一定十分高兴地看到他的分类系统仍在使用，但也一定会目瞪口呆地发现自己竟被外表欺骗。现在我们发现动物与植物在分类上的差距其实并不大，然而细菌却与其他复杂生物之间有一道巨大的鸿沟。如何横跨这道鸿沟正是引起科学家争执的原因：生命如何从原始的简单形态，走向复杂的动物与植物？同样的情况也会在宇宙他处发生，还是只有我们如此？

为了让这些不确定性不被那些主张"一切都是上帝的安排"的人所利用，我要说科学家其实并不缺少好主意。只是得看证据，特别是如何诠释这些证据，将它们与遥远的时间连接起来，这段时间可能有20亿年，第一个复杂细胞差不多在那时出现。而我们最大的问题是，为何复杂的生命在我们行星的生命史中只出现过一次？毫无疑问，所有的动物与植物都有关联，意味着我们拥有同一个祖先。复杂的生命形态并不是在不同的时间点由细菌分别进化出来——不是说植物由某株细菌进化出来，动物由另外某株进化出来，而藻类与真菌又由别的细菌进化出来。事实上，细菌只有一次偶然的机会进化成复杂细胞，然后这一细胞的后裔分化出整个复杂生命王国：动物、植物、真菌与藻类。而这个最早的细胞，这个所有复杂生命的祖先，和细菌长得非常不同。让我们在脑中想想这棵生命树，细菌组成树的根部，而各种复杂有机体家族组成上面的枝叶，什么组成树干呢？虽然我们认为单细胞生物比如说变形虫，位于根与叶之间，但是事实上，它们很多方面的复杂程度，都更接近于动物和植物。它们的准确位置是在比较低的树枝上，但是仍然高于树干。

细菌与其他所有生物间的鸿沟，其实在于细胞的组织结构。至少从形态学的角度来看，也就是从细胞的大小、形状与内容物等方面来看，细菌都十分简单。它们最常见的形状有扁平、球状和杆状。这些形状由一层围绕在外的细胞壁支撑，里面则没什么东西，就算用电子显微镜来看也一样。细菌将独立生活的配备降至最低，如此无情地精简都是为快速繁殖做准备。大部分的细菌都尽可能地保留生存所需的最少量基因，而当环境压力变大时，它们会习惯性地从其他细菌那里捡拾额外的基因，增加自己的基因库，一旦不需要了就立刻丢弃。因为基因组很小，所以以复制速度很快。有些细菌每20分钟就可以复制一次，只要原料充足就会看到它们以惊人的指数级速度增长。如果给予足够的资源（当然这是不可能的），一个重量只有万亿分之一克的细菌，能在不到两天的时间内长出重量等同于地球的庞大族群。

现在来看看复杂细胞，很高兴它们有一个了不起的名字：真核细胞（eukaryote）。我希望它们有个更平易近人的名称，它们实在太重要了。地球上几乎所有有点名堂的东西都由真核细胞构成，我们谈论过的所有复杂生命都是。这个名字源于希腊文，"真"（eu-）意指"真实的"，"核"（karyon）则是"细胞核"。因此真核细胞有真正的细胞核，这让它们与细菌不同，细菌是原核细胞（prokaryote），原核细胞并没有核。就某方面来讲，原核生物的前缀"原"（pro-）这个字，其实带有价值判断的味道，因为等于宣称原核细胞的出现早于真核细胞。虽然我认为这很有可能是真的，不过有少数科学家并不同意。不管细胞核是在何时进化出来的，它都是用来判断真核细胞的最重要特征之一。然而如果我们不了解细胞核为何以及如何出现，还有为什么细菌从来就没有发展出细胞核，那就不可能解释它们的进化过程。

细胞核是细胞的"指挥中心"，里面装满了DNA，也就是基因的物质基础。除了核本身以外，真核细胞的遗传物质还有几个方面与细菌不同。真核细胞并不像细菌一样有一条环状的染色体。它们的染色体形状笔直，还有好几条，而且经常成双结对。基因本身的排列法也不一样，细菌的基因连成一长串如同念珠一般，真核细胞的基因则常常被切分成好几个片段，中间塞满了许多段长长的非编码DNA序列。不知为何，我们这些真核细胞的基因总是这样"支离破碎"。最后，我们的基因并不像细菌那样"裸露在外"，它们以奇妙的方式与蛋白质缠绕在一起，有点像现在礼品塑料包装一样，因此不易受到损害。

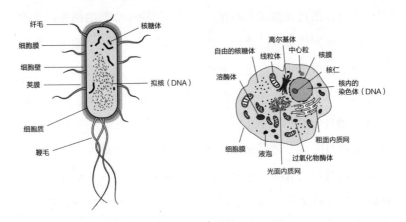

图4.1 简单的原核细胞如细菌（左），与复杂的真核细胞（右）之间的差异。真核细胞内有许多"家具"，比如细胞核、细胞器和内膜系统。本图并没有依照真实比例绘制，真核细胞的体积平均来说是细菌的1万～10万倍。

除了细胞核之外，真核细胞和原核细胞也像来自完全不同的世界（见图4.1）。真核细胞通常远大于细菌，平均来说体积是细菌的1万～10万倍。再者它们里面塞满了东西，有叠成堆的膜状构造，有大量密封的囊泡，还有机动性极高的细胞骨架，可以用来维持细胞的结构，也可以随时分解然后重新组装，让细胞可以改变形状或移动。或许其中最重要的就属细胞器了，这些微小的器官在细胞中各司其职，就好像身体里的肾脏或肝脏也都各有任务。细胞器中最重要的当属线粒体，又被称为细胞的"发电厂"，因为它会产生ATP形式的能量。一个典型的真核细胞常带有数百个线粒体，不过有一些细胞可携带多至10万个。线粒体曾是独立生活的细菌，它被细胞捕获之后产生的影响将占本章的大量篇幅。

上面讲的都只是外形的差异而已。真核细胞在行为上也一样引人注目，而且和细菌大不相同。可以说除了少数的例外，几乎所有的真核细胞都有性生活。首先它们会产生精子和卵子之类的生殖细胞，再重新结合成一个细胞，其中一半的基因来自父亲，一半的基因来自母亲（有关内容会在下一章详细讨论）。所有的真核细胞在分裂的时候，染色体都像在跳一支迷人的加沃特舞曲，先两两配对，之后成对排列在微管组成的纺锤体上，然后各自往细胞的两极退场，弯曲的样子像在鞠躬致礼。关于真核细胞的怪异行为清单还可以一直列下去，不过在这里我只想提最后一个，那就是吞噬作用，也就是一个细胞把其他细胞吞到体内然后消化掉的能力。虽然有少数几种生物已经遗忘了这种能力，比如真菌和植物细胞，但是这个特征似乎非常古老。举例来说，虽然大部分的动物和植物细胞并不会四处巡回狼吞虎咽，但是当免疫细胞遇到细菌时，会用和变形虫一样的方式把细菌吃掉。

上述特征和所有的真核细胞都密切相关，不管是动物细胞、植物细胞或变形虫。当然这些细胞彼此之间还是有些许差异，但这些差异和它们的共同点一比，就显得微不足道。比如说，大部分的植物细胞都有进行光合作用的叶绿体。叶绿体和线粒体一样，很久以前曾经是独立生活的细菌（叶绿体过去曾经是蓝细菌），在偶然的机会下被所有植物和藻类的共祖完整地吞到肚里。不知为何，这个共祖没有办法把蓝细菌消化掉，结果这位消化不良的患者反而变成了只需阳光、水和二氧化碳就可以自给自足的细胞。因为这一口，引发了一连串的事件，最后导致静态的植物世界与动态的动物世界从此分道扬镳。然而细看植物细胞，你会发现这只不过是它与其他细胞成千上万个共同点之外的少数差异之一。我们还可以再讲几个差异。植物和真菌后来在外面建造了细胞壁，让整体结构强化，有些细胞还有液泡等细胞器。然而所有这些真核细胞间的差异其实都无关紧要，和细菌与真核细胞之间的天壤之别一比，就显得不足挂齿。

但是这个所谓的天壤之别说起来又十分作弄人，因为它亦真亦假。在我们讨论的所有特征中，真核细胞和细菌之间还是有一些模糊地带。有一些非常巨大的细菌，也有很多很小的真核细胞，它们的尺寸有重叠。细菌的细胞壁也有内部细胞骨架，而且组成骨架的纤维和真核细胞的非常相似，而且有时甚至也有机动性。也有一些细菌有棒状（而非环状）的染色体，有一些有类似细胞核的结构，有些内部有膜状结构。有些细菌没有细胞壁，或至少在某些阶段没有。有些细菌可以组成结构十分复杂的菌落，对于那些细菌的拥护者来说，这很有可能是多细胞生物的前身。甚至有一两个例子指出，有的细菌体内含有另一个更小的细菌。这真是让人费解，因为在现今已知的细菌中，没有一种可以通过吞噬作用吃掉其他细胞。我个人认为，细菌曾经尝试过往真核细胞的方向发展，但是因为某个不明原因，很快就停止了，最终它们无法继续发展下去。

你当然可以认为，重叠和连续其实是同一件事，所以没有什么需要解释的。如果在这条连续进化之路的一端是极度简单的细菌，另一端是极度复杂的真核细胞，那就会有一连串的中间产物。就某方面来说，没错，但我认为这种看法存在误导的可能。确实，这两条路有某种程度的重叠，但是这仍是两条分开的路。其中一条属于细菌，从"极度简单"走到"有限复杂"然后就断了。而另一条路属于真核细胞，明显成长了许多，从"有限复杂"到"吓死人的复杂"。是的，这两条路有些重叠，但是细菌从来没有像真核细胞那样走这么远，只有真核细胞走了很远很远。

历史清楚地显示了这种差异。地球上出现生命的最初30亿年间（从40亿年前到10亿年前），细菌主宰一切。它们彻底改造了居住环境，但它们自身却很少改变。细菌改变环境的幅度大到让人咋舌，连现代人类都难以望其项背。比如说，所有空气中的氧气都由光合作用产生，这可全是在早期由蓝细菌一手包办的。大约在22亿年前发生的"大氧化事件"，让空气与阳光照耀的海面都充满了氧气，彻底且永久地改变了地球，但这些改变几乎没有影响到细菌。那次事件仅仅改变了生态系统，也就是让好氧菌出头而已。就算一种细菌变得比另一种更适宜生存，但它们还是彻头彻尾的细菌。其他所有值得书写的历史事件也是一样，比如细菌曾经让海底充满让人窒息的硫化氢长达20亿年之久，但它们本身还是细菌。又比如说细菌让大气中的甲烷氧化沉淀，导致全球降温，最后造成第一次雪球地球事件，但是细菌还是细菌。在所有事件里面改变最大的，或许是由真核细胞所组成的多细胞生物造成的，那大概发生在6亿多年前。真核细胞生物给细菌提供了一些新的生活方式，比如让细菌可以通过在真核细胞生物间传染生活。但尽管如此，细菌还是细菌。再也没有什么东西比细菌还要保守了。

从那以后，历史由真核细胞来书写。这是史上第一次开始发生一连串的新事件，而不再是恒久的了无新意。甚至有些时候事情发生得快得离谱。比如说寒武纪大爆发，就是一件典型的真核细胞事件。这是众人等待的一刻，也是地质学上重要的一刻，持续了大约几百万年。史上第一次有大型动物实实在在地留下具体的化石记录，而不再是试探性地露个脸，或只是虫子蠕行的痕迹。各种奇形怪虫明目张胆公然亮相走秀，其中有些怪虫出现得如此之快，却又转瞬消失。好像哪位发了失心疯的创造者，有一天忽然醒来，决定立即开工，着手弥补以往流失的时光。

学界称这种爆炸现象为"辐射"，就是一种特定形态的原型生物不知何故开始繁衍，短暂地进入一段毫无羁绊的进化时光。各种新式生物不断以原型为圆心往各种方向进化，就好像自行车轮的辐条一般。寒武纪大爆发当然是最为知名的一次事件，但是还有很多其他的例子，比如生物登上陆地开始繁衍、开花植物的出现、草原的蔓延、哺乳动物的多样性发展等，种类繁多，写也写不完。每当有前途的基因遇到环境中的机遇时，似乎必定会出现这种现象，就像每次大灭绝之后必定会出现复苏时期。不论原因为何，这种壮观的辐射现象，可是百分之百由真核生物造成的。每一次都只有真核生物旺盛繁衍，而细菌自始至终都还是细菌。有时候不得不承认，我们极为重视，并试图在宇宙其他角落寻找生命的特质——人类智慧与知觉，似乎不可能由细菌产生。至少在地球上，这些特质是真核生物独有的。

这两者的差异非常明显，尽管细菌拥有种种让我们真核生物汗颜的生物化学反应机制，但它们的潜力完全局限在微小的外形中。它们几乎不可能发展出随处可见的奇迹，比如蜂鸟或木槿花之类的东西。而简单细菌过渡为复杂真核细胞，恐怕也是我们星球上最为重要的转变了。

达尔文并不太喜欢断层。因为自然选择的基本概念是一系列渐进的变化，一点一点改良个体。这也就是说，理论上我们应该可以找到更多的中间过渡形态。达尔文在他的《物种起源》里面提到了这个问题，根据他的定义，所有现在所见"进化终点"的生物都会比过去任何过渡阶段的生物适应性更强。根据自然选择，比较差劲的形态会输给较佳的竞争者。显然，翅膀发育良好的小鸟能顺利飞翔，应该会比其他只能勉强用笨拙"残肢"的同类过得舒服。就好像新的计算机软件会慢慢取代旧的版本。你还记得上次看到Windows 286或386系统（指微软在1988年出的Windows 2.1系统软件）是什么时候吗？这些系统软件过去都是了不起的产品，就好像原型翅膀与其他同时代产物相比较一样。然而随着时间推移，旧的系统软件渐渐消失退出历史舞台，仿佛现在的软件（就说Windows XP好了[①]）出现之前是一大段空白。虽然我们都知道Windows系统随着时间在改进，但是如果只看正在使用的系统软件，恐怕很难证明这点，除非偶尔在仓库里找到一些已经报废了的老古董计算机。对于生命来说也是如此，如果我们想证明渐进进化是存在的，那一定要细细分析化石记录，要细细分析那段改变发生时期的记录。

　　化石记录当然还有很多漏洞，但是已知的中间型化石远多于那些宗教狂热者愿意承认的。在达尔文写书的年代，人类和人猿之间确实有一段"缺失的环节"，那时候还没有找到带有中间型特征的人科化石。但是半个世纪过去了，人类考古学家已经找到很多化石，每一个特征都正如预测，刚好落在进化该有的位置

---

① 当你读此书之时，Windows XP对你来说或许已经和Windows 286是差不多的东西了。这套系统一定会消失，会被更复杂的系统（但一样不稳定，易被病毒攻击）取代。

上，不管是脑容量或步态。现在的数据不是不够，而是多到让人犯难。我们不知道在众多化石中到底哪一个（如果在其中的话）才是人类的直系祖先，而哪一些又毫无理由地凭空消失了。因为我们尚未找到答案，所以一直会听到有人大声宣称缺失的环节从来没有被找到。这显然严重违背了真理与事实。

不过身为一个生物化学家，对我来说，化石虽然漂亮却容易让人迷失。因为形成化石的过程罕见且充满不确定性，同时无可避免地对那些躯体柔软的生物不利，比如水母，以及生活在旱地的动物与植物。理论上，化石不可能完整地保存过去。如果它们真的保存了所有的记录，我们反而会觉得是场骗局。在偶然的机会下，万一有化石真的保存了完整的历史记录，那科学家会高兴得像挖到宝一样，这可是需要一连串多如繁星的事件，奇迹似的彼此配合才能办到。但是再高兴，化石证据也只是用来验证自然选择的证据之一。而其他重要的证据其实一直在我们手中，在这个遗传学的时代，它们就存在于基因序列里。

基因序列保存了比化石更多的关于自然选择的证据。随便挑一段基因来看，它的序列是一长串的字母，字母顺序编码了构成蛋白质的氨基酸序列。一个蛋白质通常由好几百个氨基酸组成，其中每一个氨基酸都由DNA序列的三联密码编码（请见第二章）。我们前面说过，真核细胞的基因里经常夹杂着大段大段的非编码DNA序列，把可编码的序列切割成许多小片段。两者相加，一个基因序列会有好几千个字母。生物都有好几万个基因，每个基因都这样组成。整体来说，基因组是一长条写满了亿万个字母的缎带，而这些字母的顺序，可以告诉我们缎带主人数不尽的进化故事。

从细菌到人类，都可以找到某些相同的基因编码相同的蛋白质，它们做着相同的工作。在进化的漫长历史中，基因序列如果发生有害突变，就会被自然选择剔除。这会造成一种结果，就是让相同基因的相同位置，尽量保持相同的字母。从实用的观点来看，这让我们可以辨识出不同生物体内的相关基因，尽管这些生物可能在不知道多久以前就分家了。不过根据经验，一个基因的数千个字母里面往往只有一小部分是真正的关键，其他部分则因为影响较小，允许有一定改动而不至于被剔除，随着时间流逝，这些突变也会累积下来。时间越久累积越多，两个基因序列间的差异就越大。刚从同一个共祖分家出来的两个物种，比如说黑猩猩和人类，就有非常多的基因序列一模一样。而共祖比较久远的物种，比如说黄水仙和人类，相同的基因序列就相对较少。其实和语言的变迁很像，语言也会随着时间与人类迁移而改变，慢慢地失去与共祖的相似性，但是在某些地方还是会不经意地流露出彼此曾有的关联。

基因树就是根据不同物种基因序列之间的差异来绘制的。虽然说基因突变的累积有一定程度的随机性，不过在对比基因中数千个字母时，这种随机性会被平均掉，最后可以得到亲缘关系的统计概率。单单比对一个基因，我们就可以建立起所有真核生物的谱系树，而且它的准确度是以前的化石猎人一辈子都不敢想象的。如果你对这个谱系树有任何怀疑，那只要再找第二个基因重复一次，看看结果是否相同就行了。所有真核生物共有的基因，没有数千也有数百个，所以科学家可以一再重复同样的比对，一次又一次把新算出来的谱系树重叠在旧的上面。借助现代计算机的威力，最后我们可以画出一棵"一致的"谱系树，显示出所有真核生物之间最可能的亲缘关系。该方法和研究化石断层有很大的差异。它可以清楚地告诉我们，人类和植物、真菌、藻类等生物到底有多少差异（见图4.2）。达尔文对于基因当然是一无所知，但是今天却靠着基因，才能够弭平达尔文世界观中各种讨人厌的断层。

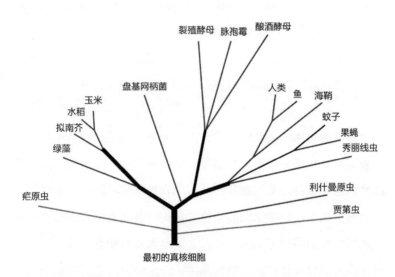

图4.2　一棵典型的生命树，显示所有真核生物与原始共祖之间的差异与距离，这个共祖很可能是活在10亿年前的真核单细胞生物。越长的树枝代表着越长的进化距离，也就表示两者之间的基因序列差异越大。

不过方法虽然好，却也不是万无一失。麻烦主要来自统计学度量久远时光时出现的误差问题。简单来说因为DNA只有四个字母，而突变（至少此处指对我们来说有用的那种突变）会把原来的字母换成另一个字母。如果每个字母都只突变一次，那就没有问题，但不巧的是，在漫长的时光中，每个字母都会突变很多次。既然每次突变就像抽奖一样，我们其实并不知道这个字母是被换了五次还是十次。如果基因中一个字母和共祖一样，我们其实不会知道这个字母是从来就没突变过，还是已经突变了很多次，而每次都有25%的机会换回原来的字母。因为这种比对分析法的基础是统计概率问题，到了某个时间点我们将无法分辨出任何差异。更不巧的是，好像屋漏逢连夜雨，这个即将溺毙我们的统计不确定性模糊的时间点，差不多就是真核细胞出现的时刻。原核细胞过渡到真核细胞的关键时刻，就这样被一波波基因的不确定浪潮所淹没。唯一的解决之道，就是要用更细致的统计筛子，慎选比对所用的基因。

真核细胞体内的基因大致分为两大类：一类和细菌一样，另一类则归真核细胞独有，也就是在细菌世界中尚未发现类似的基因。[1] 这些独特的基因被我们称为"真核标志基因"，而它们的来源则是现在生物学家激烈争执的源头。有些人主张这些基因证明真核生物的历史和细菌一样古老到令人刮目相看。他们认为真核细胞之所以有这么多独特的基因，一定是因为它们早在盘古开天辟地以来就和细菌分家了。但是假设它们分异的速率不变（也就是说如果突变像一座分子时钟一样嘀嗒嘀嗒地以稳定的速率发生的话），那么根据现在这些基因差异的程度来看，我们应该相信真核细胞在50亿年前就出现了，也就是比地球的出现还要早近4亿年。借用英国擅长揭丑的讽刺杂志《第三只眼》所说的挖苦名

---

[1] 这并不是说细菌里面就没有对等的东西。举例来说，组成细菌细胞骨架的蛋白质明显和真核细胞的有关，因为它们的物理结构是如此相似，可以在空间上重叠。但是尽管如此，它们的基因却早就变异得毫无相似性。如果只考虑基因序列的话，那细胞骨架算是真核细胞独有的。

言：其中必有错误吧。（"Shurely shome mishtake"，最初由该杂志模仿醉酒的编辑所创造的句子，故意拼写错误，原是"surely some mistake"意为"肯定有些错误"。）

其他人则认为，既然我们不可能知道基因过去进化得有多快，也没理由相信基因分异的速率会像时钟般稳定发生，那真核标志基因根本无法告诉我们多少真核细胞进化来源的信息，况且我们确实也知道某些基因进化的速度快过其他基因。用分子时钟去测量遥远的过去得到如此奇怪的结果，意味着两种可能：要么生命是从外太空播种到地球上的（但对我来说这不过是个借口而已），要么就是这个分子时钟坏了。可是为什么这个时钟会错得如此离谱呢？因为事实上，基因进化的速率受很多因素影响，不同生物的基因进化速率也不一样。比如之前我们讲过，细菌本身就非常保守，它们永远都是细菌，但是真核细胞则倾向发生剧烈的改变，会造成如寒武纪大爆发之类的事件。不过从基因的观点来看，大概没有什么事件会比形成真核细胞本身更剧烈了，我们有理由相信真核细胞在早期进化的日子里，基因改变的速度必定非常惊人。如果如大部分学者所想，真核细胞出现于细菌之后，那它们的基因应该与细菌差异很大，因为它们曾进化得非常快速，不断地突变、结合、复制然后再突变。

那么由于真核标志基因发展得太快，快到把它们的源头淹没在遥远的时间之雾里，已经无法再告诉我们什么。那么另外一类基因呢？那些和细菌共有的基因呢？现在这些基因就显得有用多了，我们可以比对它们的相似性。真核细胞和细菌共有的基因所负责的，往往都是细胞的核心程序，比如说核心代谢反应（产生能量的方式，或用来制造构成细胞的基本材料，如氨基酸和脂质等），或者是核心信息处理方式（比如读取DNA序列然后转录成有用蛋白质的方式）。这些核心程序进化的速度往往比较缓慢，太多东西都依赖它们。制造蛋白质程序的任何一点点改变就会改变所有的蛋白质，而不止是一两个。同样，稍微改变一点点产生能量的方式，就可能干扰整个细胞的运作。因为篡改核心程序比较容易受到自然选择的惩罚，所以这些基因进化缓慢，让我们可以有机会细细分析进化的痕迹。利用这类基因建立的生命树，理论上来说应该可以显示出真核细胞与细菌之间的关联。它们应该可以指出真核细胞来自哪些细菌，搞不好还可以告诉我们为什么。

美国的微生物学家卡尔·乌斯（Carl Woese）在20世纪70年代末首先完成了这种生命树。乌斯选择了一个负责细胞核心信息处理的基因，具体来说，他选择的是编码核糖体的部分基因，而核糖体正是帮细胞合成蛋白质的细胞器。因为某种技术上的原因，乌斯并没有直接比对这个基因，而是用了这个基因转录出来的RNA序列（叫作核糖体RNA或rRNA），一被转录出来就会马上嵌进核糖体。乌斯从许多细菌和真核细胞中把这些rRNA分离出来，判读它们的序列，然后互相比对建立起一棵树。实验的结果非常惊人，直接挑战了传统学界对于生命分类方式的看法。

乌斯发现，我们地球上的所有生命可以大致分为三大类，或者称为三域（见图4.3）。如大家所预期的，第一大类就是细菌（属于细菌域），而第二大类是真核细胞（真核生物域）。但是剩下的第三大类，如今称为古细菌的（属于古菌域），不知从哪里冒出来登上世界舞台。虽然距离人类发现少量的古细菌已过去近一个世纪，但在乌斯提出他的生命树模型之前，古细菌一直被认为只是属于细菌的一个小分支而已。但在乌斯看来，这些古细菌和真核细胞一样重要，尽管在外形上它们看起来和细菌一模一样。它们体积极小，通常外围都有细胞壁，缺乏细胞核，细胞质里面也一样乏善可陈。同时古细菌从来就不会聚集成结构复杂的菌落，你绝不可能把它们和多细胞生物搞混。对很多人来说，抬高古细菌的身价，等同于藐视我们所属的生命世界，等于把植物、动物、真菌、藻类和原虫等各式各样的生物挤到无足轻重的角落去，而让原核生物占据生命树的大部分位置，如此重组世界未免太过鲁莽。这等于乌斯要我们相信，动物和植物之间的种种明显差异，相较于细菌与古细菌中间那道看不见的鸿沟，其实轻如鸿毛。该主张激怒了当时许多德高望重的生物学家，比如恩斯特·迈尔（Ernst Mayr）和琳恩·马古利斯（Lynn Margulis）等人。多年后《科学》杂志回顾了这场激烈交锋，写文评价乌斯是"微生物界的疤面革命先锋"。

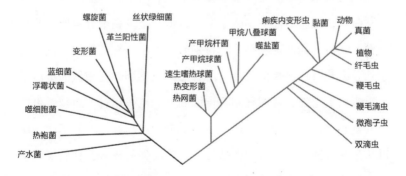

图4.3 由 rRNA为基础绘制的生命树。乌斯根据它将生命分成三大域：细菌域、古菌域与真核细胞（真核生物域）。

如今风暴过去之后，大部分的科学家都渐渐接受了乌斯的生命树，或者至少认可了古细菌的重要性。从生物化学的角度来看，不管在哪方面古细菌和细菌都大相径庭。首先，组成两者细胞膜的脂质不同，而且是由两套不同的酶系统制造的。古细菌的细胞壁成分和细菌的完全不一样，体内的生物化学代谢过程也相去甚远。另外我们在第二章曾说过，这两种细菌控制DNA复制的基因也没有太大的关联。如今全基因组分析技术已如家常便饭，因此我们知道古细菌只有不到三分之一的基因和细菌一样，剩下的全都特立独行。总结来说，乌斯碰巧用RNA建立的基因树，凸显了古细菌与细菌之间一系列的生物化学差异。尽管这些差异从外表来看是如此低调不引人注意，但所有证据加起来都支持乌斯大胆的分类主张。

乌斯的生命树所带来的第二个意料之外的发现，则是真核生物与古细菌之间的密切关联。它们两者有相同的祖先，和细菌关系较远（见图4.3）。换句话说，古细菌与真核细胞本来有一个共祖，且很早以前就和细菌分家了，之后才各自形成现在的古细菌与真核细胞。而生物化学上的证据，至少在十分重要的几个方面，支持乌斯的这项结论。特别是古细菌与真核细胞的核心信息处理方式有许多相似之处。两者的DNA都缠绕在相似的蛋白质（组蛋白）上面，基因复制与读取的方式也很相近，而制造蛋白质的整套机制也无分别。这一切的细节，都和细菌十分不同，所以从某些方面来看，古细菌填补了一些缺失的环节，它们横跨了真核细胞与细菌之间的那道鸿沟。大体来说，古细菌在外表和行为上和细菌一样，不过在处理蛋白质与DNA的方式上，开始有一些真核生物的特色了。

　　然而乌斯的生命树有个问题，它是依照单一基因绘制，无法与其他的基因树重叠以达到统计上的效力。只有相信一个基因可以确实反映真核细胞的遗传与起源的情况下，我们才能采用单一基因来绘制生命树。而要验证这点唯一的办法，就是去比对其他进化速度一样缓慢的基因，看看它们是不是也显示出相同的生命树分支结构。但是当我们这么做了之后，结果却让人十分困惑。如果我们只使用三者共有的基因（也就是在细菌、古细菌和真核生物三域里都可以找到的基因），那么建立的生命树很清楚地显示出细菌与古细菌的关系，但是真核细胞却不行，真核细胞混杂的程度让人完全摸不着头脑。我们细胞中有些基因似乎来自古细菌，其他的似乎来自细菌。最近一次大规模的分析，收集了165种不同种的生物，结合了5700个基因分析比对，绘制出了一株"超级生命树"。然而科学家发现，研究越多基因，越发现真核细胞并非遵循传统达尔文式进化，反而比较像通过某种庞大的基因融合而进化。从遗传学的观点来看，第一个真核细胞应该是个"嵌合体"，也就是半个真细菌、半个古细菌。

　　根据达尔文的观点，生命是经由慢慢累积的一连串变异，渐渐变得多元，而每一分支也因此与它们共同祖先渐渐分道扬镳，最终会形成一株繁茂的生命树。所以生命树无疑最适合用来描绘我们可见的众多生物进化过程，特别是大部分大型的真核生物。然而反过来看，生命树明显不是用来描绘微生物进化最好的方式，不管是古细菌、真细菌或真核细胞。

有两个过程总是会干扰达尔文式的基因树，那就是"水平基因转移"与"全基因组融合"。对于微生物系统分类学者来说，在试图建立细菌与古细菌之间的亲缘关系时，频繁发生的水平基因转移总是让人沮丧。这个复杂术语的意思，简单来说就是基因被传来传去，像钞票一样由一个细菌传给另一个。这样会造成一种结果，那就是一个细菌传给后代的基因组，可能与它的亲代一样，也可能不一样。有些基因倾向"垂直"遗传，一代传给下一代，像乌斯使用的rRNA。但是也有很多基因会被大家换来换去，而且常发生在毫无关联的微生物间。[①]因此最后描绘出来的图像往往会介于树状与网状之间，根据某些核心基因（如rRNA）可以画出树形图，但是用其他的基因则会画出网状图。有没有任何一群核心基因从来没有被水平基因转移传来传去过？该问题一直让众人争执不休。如果没有这样一群基因，那么想追溯真核细胞的祖先到某几群特定原核细胞的想法，无异缘木求鱼。这样一群基因必须一直通过直系继承，而不会被随机传来传去，才有可能被当成历史身份的标记。但是反过来说，如果只有一小群核心基因从来没有被传来传去，而所有其他基因都被传来传去，那这小群基因又怎么能代表身份呢？如果大肠菌有99%的基因都被随机置换

---

① 乌斯坚持认为由rRNA建立的生命树，才最具权威性，因为核糖体小单元的基因（译注：核糖体是由大小两个单元组合而成），不只进化缓慢，且完全没有经过水平基因转移。这个基因只垂直传递，也就是说，只由亲代传给子代。然而这不全对，因为科学家还是发现某些细菌的rRNA基因会水平基因转移，比如淋球菌。这种现象在进化过程中有多频繁，那又是另一个问题了。要知道答案，也唯有利用其他更精确而"一致不变"的基因来绘制别株生命树来比较。

掉，那它还是大肠菌吗？[①]

基因组融合也带来了类似问题，它让达尔文式的生命树走回头路，不但不发散，反而开始收敛。这样一来问题就变成了到底哪两位（或更多）父母的基因才代表进化路径。如果我们只追踪rRNA的话，那确实会得到一株达尔文式的生命树，然而如果考虑更多的基因，或把整个基因组都算进去，那会得到一个环状树，它的树杈一开始发散出去，但是后来则会收敛，最后合并在一起（见图4.4）。

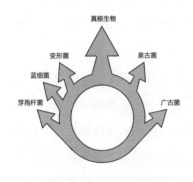

图4.4 这就是生命之环，最早的生命共祖在底部，然后分开形成代表细菌的左边，与代表古细菌的右边，最后两枝再合而为一形成上方的真核细胞嵌合体。

真核细胞是一个嵌合体，这点毫无疑问。现在的问题是，典型的达尔文式进化有多重要，猛烈的基因融合又有多重要，或者换个方式来问，真核细胞的所有特质里，有多少是经由母细胞一点一点进化得到的，又有多少是在基因融合发生之后才诞生的？过去几十

---

① 这是分子版本的关于身份认同的老掉牙的哲学问题：如果我们全身上下所有的部分都被换掉，只保留一小部分负责记忆的大脑，那还能保有对"自我"的认同吗？又如果我们的记忆被移植到别人身上，那他们会自认为是"我"吗？细胞就像一个人，也是由许多部分组成的整体。

年来，科学家提出各式各样关于真核细胞起源的理论，范围从天马行空的（如果你不想称之为捏造的话）到利用生物化学证据一点点推理的都有，但至今无一被证实。所有的理论都可以归为两大类，一类强调达尔文式的渐渐分散进化，另一类强调剧烈的基因融合。事实上，这两大类理论恰好反映了生物学早期两派激烈的争执，一派强调进化是经由一连串渐进式的改变而来；另一派则强调一段长期而稳定的静止或平衡，会被突如其来的巨变打断继而进化。以前有人曾经揶揄这两派进化论：奴才进化论对上笨蛋进化论[①]〔evolution by creeps（谄媚奉承的人；缓慢）versus evolution by jerks（傻瓜；快进），可以意指"缓慢的进化对上急变的进化"或"奴才进化论对上笨蛋进化论"〕。

　　而在真核细胞的起源上，诺贝尔奖得主克里斯蒂安·德·杜维称这两派为"原始吞噬细胞"假说与"命运邂逅"假说。原始吞噬细胞假说在概念上是达尔文式的，牛津大学的汤姆·卡瓦利埃-史密斯（Tom Cavalier-Smith）与杜维本人都支持这种假说。该假说的基本原则就是，真核细胞的祖先会慢慢累积各种现代真核细胞的特质，这些特质包括细胞核、性行为、细胞骨架，以及最重要的一项，吞噬能力，让细胞可以四处漫游，改变形状吞噬其

---

① 在进化中，当然两者都会发生，而且它们也并不互斥。其实这个问题可以简化成，你用世代交替的眼光还是用巨久的地质时间来测量改变的速度。大部分的突变都是有害的，所以会被自然进化剔除，因此只剩大同小异的东西会被留下来，除非环境发生变化（比如说，大灭绝）才会改变现况。从地质时间的眼光来看，这些改变可以非常快速，但是在基因层级上调节它们的过程却一模一样，而且从世代交替的角度来看，一代一代的变化仍然十分缓慢。其实灾难比较重要还是渐进的改变比较重要，有很大一部分取决于研究者的性格——看他是不是个激进革命者。

他细胞然后在体内慢慢消化。原始吞噬细胞和现代真核细胞唯一不同的，就是它缺少线粒体这个利用氧气来产生能源的小器官。我们假设原始吞噬细胞依赖发酵作用产生的能量生存，当然发酵作用的效率很差。

但对于一个吞噬细胞来说，吞掉线粒体的祖先也不过就是日常工作的一部分。可不是吗？难道还有更简单的办法让一个细胞进入另一个细胞？这种结合一定会为原始吞噬细胞带来巨大利益，因为它彻底改变了吞噬细胞产生能源的方式，但是对外表却没有太大的影响。在吞掉线粒体以前，它已经是吞噬细胞，在吞掉之后还是，只不过拥有更多能源。但是，这种结合也会让许多基因从这个被奴役的线粒体传到宿主细胞的细胞核里，然后和宿主基因融合在一起，造成现代真核细胞的基因组看起来像嵌合体。线粒体的基因在本质上是细菌，所以支持原始吞噬细胞假说的人，并不反对现代真核细胞其实是嵌合体这件事，但是他们坚持认为曾有一个非嵌合的吞噬细胞，一个原生的原始真核细胞成为了线粒体的宿主。

时光拉回20世纪80年代，那时候卡瓦利埃-史密斯强调有上千种看起来十分原始的单细胞真核生物，它们都没有线粒体。他认为，这里面或许有少数几种，从远古时代真核细胞诞生之初就一直活到现在，它们是那些从来就没有线粒体的原始吞噬细胞的直系后裔。如果是这样，这些细胞的基因应该毫无嵌合迹象，因为它们只会遵循纯达尔文式进化。但是二十几年过去了，研究结果显示，这些真核细胞全部都是嵌合体。就像这些细胞都曾有过线粒体，其中有一些因故遗失了，或者变成了其他东西。所有已知的真核细胞若不是还留有线粒体，就是过去曾经拥有线粒体。如果以前真有缺少线粒体的原始吞噬细胞，那很不幸它们没有留下任何直系子嗣。这并不是说它们不曾存在，只是说目前它们的存在纯属推测。

第二类理论全都可以归入"命运邂逅"的大旗下。这些理论都假设两种或多种原核细胞间有某种程度的协作，最终进化成一个彼此紧密相连的细胞群落——一个嵌合体。但如果一个宿主细胞本身不是吞噬细胞，而是带有细胞壁的古细菌，那最大的问题就是，其他细胞是如何进去的？这一派的支持者，代表者有琳恩·马古利斯和马丁（我们在第一章介绍过他），提出很多种可能。比如马古利斯就指出，某些掠食性细菌可以强行在其他细菌身上打洞穿入（确有实例）。而马丁则主张另一种细胞间互惠代谢式的生活形态，他说，不同细胞之间交换彼此所需的代谢材料。[1] 然而在这种情况中还是很难想象，没有吞噬作用的话一个细胞如何能够进入另外一个细胞？马丁举出了两个例子，指出这可以在细菌之间发生（见图4.5）。

命运邂逅假说基本上是非达尔文式的，因为它并非累积一连串的小变异来进化，而主张相对剧烈的结合产生新个体。最关键的部分是，它假设所有真核生物具有的特质都是命运邂逅的结

---

[1] 生化学家马丁与米克洛斯·缪勒（Miklós Müller）一起提出了"氢气假说"来解释这种关系。他们认为可能是一种依赖氢气与二氧化碳而生存的古细菌，与另一种可以用呼吸作用或发酵作用产生氢气与二氧化碳的细菌（依环境决定呼吸还是发酵），两者间建立某种协作关系。根据他们的假设，这个多才多艺的细菌可以利用古细菌代谢出来的甲烷废料。关于这个理论，我不打算在这里多做讨论，因为在我的另一本书《能量、性、死亡》里已经花了些许篇幅阐述。在本章随后几页中所提到的想法，在那本书中也都有详述。

果。这些互相合作的细菌本身是百分之百的原核生物，没有吞噬作用，没有性生活，没有机动性的细胞骨架，没有细胞核之类的东西。这些特质只有在某些结合之后才会出现，暗示结合过程本身有某些特别之处，可以让结构保守、从不改变的原核细胞，转型成为完全相反的高速拼装车，变成不断变化的真核细胞。

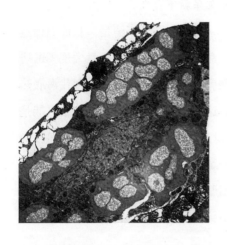

图4.5　生活在其他细菌体内的细菌。许多γ-变形菌（浅灰色）生活在几个β-变形菌（深灰色）体内，然后全部都在同一个真核细胞体内，图中央偏下处布满斑点的地方为真核细胞细胞核。

但是我们怎么有办法检验这两种可能性？之前我们已经提过，靠真核标志基因是办不到的。我们怎么知道这些特质是40亿年前还是20亿年前进化出来的，是在细胞有了线粒体之前还是之后进化出来？即使从原核生物那半边得来的缓慢进化基因也不可靠，依然要看我们选哪一个基因。如果我们采用乌斯的rRNA生命树，那数据就适用于原始吞噬细胞假说。因为在乌斯的生命树模型里，真核细胞与古细菌是"姐妹群"，有一个共同的祖先，它们来自"同样的父母"。也就是说，真核细胞并不是从古细菌进化来的，而是平辈关系。在这个模型里几乎可以确定共祖是某个原核细胞（否则的话只能是所有的古细菌都遗失了它们的细胞核）。但除此之外，其他就没有什么事情是确定的了。至于真核细胞是否在吞入线粒体之前就已经变成原始吞噬细胞，对于这个推测则完全没有基因上的证据。

如果我们选择更多的基因来绘制一株较复杂的生命树，那真核细胞和古细菌之间的平辈关系就不存在了，看起来反而像真核细胞来自古细菌，虽然具体来自哪一株还不清楚。我前面提过的用了5700个基因绘出超级生命树的研究，是现今最大规模的研究，结果显示最早的宿主细胞确实是古细菌，或许和现代海底热泉附近的古细菌有密切关联。这意味着最早的宿主细胞很可能是古细菌（也就是原核细胞，没有细胞核、性生活、活动细胞骨架、吞噬作用等等），那它一定不会是原始吞噬细胞。那命运邂逅假说就一定是对的，真核细胞来自原核细胞形成的联盟。原始吞噬细胞从来就不存在，找不到它存在的证据，反过来就是它不曾存在的证明。

然而到目前为止这也不像最后的答案。事实上，这一切都依赖我们用来分析的菌种和所选择的基因，以及筛选的条件。每次参数一改变，生命树的长相与分支模式就会一起改变，在统计学前提、原核细胞间平行基因转移或其他未知的因素之间打转。这种情况到底会因为有更多数据而好转，或者根本就不是遗传学所能回答的（就像是生物学界的不确定原理，越接近事实就越模糊），大家都还在猜测。但是如果遗传学真的没有办法解决问题，难道我们要永无止境地陷在这种对立科学家互相攻讦的泥沼中吗？一定有别的出路。

所有的真核细胞若不是保留着线粒体，就是曾经拥有线粒体。很有趣的是，所有的线粒体至今都扮演着线粒体的角色，也就是说，在功能上利用氧气来产生能量，同时保有一小部分基因，这一小撮基因是它们的前世记忆，前世中它们还是独立生活的细菌。我认为这一小撮基因其实正藏着真核细胞最深的秘密。

真核细胞在过去20亿年间不断分异，在这段时间内它们都遗失了线粒体基因。总计来说大约有96%～99.9%的线粒体基因都不见了，或许有大部分被转移到细胞核里，不过没有任何一个线粒体，可以丢掉所有的基因而不失去利用氧气的能力。这并不是随机现象。把所有的基因转移到细胞核里，其实非常合理，因为当99.9%的基因在细胞核里都有备份的时候，又何必在细胞各处，同时存放数百个一模一样的基因？而且保有全部基因也代表着，要在每个线粒体里面，都存放读取基因以及把基因转换成蛋白质的整套机器。这种挥霍的行为应该会惹火会计师，而自然选择应该可以算是会计师的始祖守护神。

线粒体其实也不是存放基因的好地方。它经常被称为细胞的发电厂，事实上，这小名非常恰当。线粒体会在膜的两侧产生电位差，利用厚约百万分之几毫米的薄膜，可以生成几乎和闪电一样大的电压，是家用电路的好几千倍。在这个地方存放基因，有如把大英图书馆最最珍贵的书籍放在一座发电厂里。这个缺点并不只是理论推测，事实上，线粒体基因突变的速度确实要比细胞核里的快得多。把酵母菌作为实验模型可证明，线粒体基因突变率快了差不多一万倍。撇开这些细节不管，最重要的是两者（细胞核和线粒体）的基因运作一定要配合得天衣无缝。因为真核细胞要产生高压电，需要这两组基因转译出来的蛋白质。如果它们不能互相配合，那后果将是死亡，不只是细胞死亡，个体也会死亡，所以两者一定要顺利合作一起产生能量。既然合作失败会导致死亡，偏偏线粒体基因突变的速率又比细胞核里的快一万倍，这就让密切合作变成了不可能的任务。而线粒体中还保留的这一小撮基因绝对是真核细胞最罕见的特征。如果把这种现象仅当作一种怪癖而忽略它，就好像教科书都做的那样，就等于对地球上的珠穆朗玛峰视而不见。如果剔除所有的线粒体基因有好处的话，那自然选择毫无疑问会这样筛选，或至少会产生一个这样的物种。但自然没有这样选择，因此这些被保存下来的基因一定有它们的理由。

那线粒体到底为什么要留下部分基因呢？根据艾伦的猜想（在第三章讨论光合作用时，我们介绍过这位充满想象力的科学家），答案就是为了控制呼吸作用。除此以外，别无其他。呼吸对每个人来说都有不同的意义。对一般人来说，呼吸就是吸气吐气。然而对于生物化学家来说，呼吸标示着细胞等级的吸气吐气，代表了一系列细致的生物化学反应，让食物和氧气反应去产生强如闪电的内在高电压。我想不出来还有哪一种自然选择压力会比保有呼吸作用更迫切，从分子角度来看，呼吸作用对于细胞而言也一样重要。使用氰化物这种东西可以阻断细胞的呼吸作用，让细胞停止工作，速度比在头上套塑料袋快多了。不过就算在正常工作的情况下，细胞也要依照细胞的能量需求来微调呼吸作用。艾伦想法中关键的一点就是，用这种微调方式供应能量，细胞需要不间断地做出反应，而这只能通过区域性的基因调节才能做到。就好像战场上把军队调出去之后，就不再由中央政府遥控指挥。同理，细胞核也不适合去指挥细胞中数百个线粒体该工作快点或慢点。

艾伦的想法未经证实，不过有人正在寻找相关证据。如果他是对的，那将有助于解释真核细胞的进化。如果真核细胞真的需要遍布四处的基因来控制呼吸作用，那就是说大而复杂的细胞无法自行调节呼吸作用。现在来想想细菌和古细菌会面临的选择压力，它们两者产生ATP的方式和线粒体一样，也是利用一道薄膜产生电压。不过原核细胞只能利用细胞外膜，可以看作它们是利用皮肤在呼吸，这就限制了细胞的尺寸。为什么会限制尺寸？我们可以用削马铃薯皮作为例子。如果要获得一吨重的马铃薯肉，你一定会挑最大的来削，因为这样才能削最少的皮就得到最多的马铃薯肉。相反，削小号马铃薯则会削出一大堆皮。细菌就像马铃薯一样，它们用皮肤呼吸，长得越大相对皮肤越少，就越难呼吸。①

原则上，细菌可以借由向内延伸产生能源的膜来解决呼吸不足的问题，而在某种程度上它们确实这样做了。如同我们前面提过，有些细菌带有内膜，让它们外表看起来像真核细胞。然而细菌没有继续发展下去，就算是一般的真核细胞用来产生能量的内

---

① 体积越大，表面积对体积的比例就越小，因为面积以平方增加，而体积以立方增加。长度变成两倍则表面积会变成4倍（2×2＝4），但是体积会变成8倍（2×2×2＝8）。这会造成的结果就是细菌长得越大，能源效率就越差，因为用来产生能源的膜面积比起细胞增加的体积来说变小了。

膜，比起最厉害的细菌也要好上几百倍。这如同所有其他的细胞特质一样，细菌有往真核细胞的方向发展的趋势，但是很快就停滞了。为什么呢？我猜这是因为细菌无法控制更大范围的内膜呼吸作用。要这么做的话细菌必须分出好几组基因，如同放在线粒体里的基因一样，这绝对不是件简单的事。所有细菌面临自然选择压力采取的策略，比如快速繁殖、丢掉大部分基因只保留最基本的，都不允许细菌往更复杂的方向发展。

但是这些却正好是成为吞噬细胞的条件。吞噬细胞必须够大才能吞入其他细胞，它需要非常多能量才有办法四处移动，改变形状，吞下猎物。问题就在这里，当细菌变得更大时，它自身消耗越大，也就越无法提供多余的能量用在四处移动与改变形状上。我认为小型细菌很有可能因为其设置更适合快速繁殖，所以在能源竞争上处处赢过大细菌，让大细菌没有充足的时间好好发展各种所需技能，所以最终没有成为吞噬细胞。

不过"命运邂逅"假说就完全是另外一回事了。在此模式中两种原核细胞以互惠互利的方式和谐地生活在一起，为彼此提供所需的服务。自然界中这样的共生关系在原核细胞群里非常常见，更像一般规律而非例外。比较罕见的（但是仍有被报道过的）反而是一个细胞吞下另一个。不过一旦吞进去之后，整个细胞（包含住在里面的细菌）就会一起进化。它们仍然像以前一样各取所需，但是其他多余的功能则会渐渐消失，直到被吞入的细菌最后只为宿主细胞提供某项特定服务。在细菌变成线粒体的例子里，提供的服务就是生产能源。

线粒体带给细胞最大的礼物，同时也是让细胞快速进化的关键，就在于它们带来早已准备好的可以制造能量的内膜，以及整套可以就地调节呼吸作用的基因。只有当细胞装备了线粒体之后，它才可能升级为大而活跃的吞噬细胞，而免于因为过多的能量消耗而畏首畏尾。如果上面的推论都正确，那么缺少线粒体的原始吞噬细胞应该不曾存在，因为没有线粒体就不可能有吞噬作用。[①] 两个细菌之间的结盟，可以解除细菌永远只是细菌的禁锢。一旦这道禁锢解除，细菌就可能开启一种全新的生活方式，也就是吞噬作用。真核细胞只进化过一次，正是因为两种原核细胞间的结盟关系，也就是一个细胞进入另一个细胞的结盟方式，实在是太罕见了，这是如假包换的"命运邂逅"。所有现在我们珍视的生命特征，所有世上奇妙美好的万物，其实都源自一次同时包含了偶然与必然的事件。

在本章开始之初我曾提过，只有当我们领悟了用来定义真核细胞的特征——也就是那个细胞核的重要性时，我们才有可能了解或解释真核细胞的起源。现在作为本章的结尾，是时候来谈谈细胞核了。

---

① 我曾经在世界各地的演讲中提倡该主张，到目前为止都还没有遇到可以驳倒我的反证。所有批评里最强力的反驳，应该是卡瓦利埃-史密斯提出的，他指出现在仍有少数真核细胞可以不需要线粒体进行吞噬作用。但是我不认为这些吞噬细胞的存在可以否决该理论，因为最强的自然进化压力对那些只靠外膜呼吸的原核细胞不利。反过来说一旦吞噬细胞出现，它更可能在各种不同的情况下削弱自己的能力，这种过程称为还原式进化，在寄生虫身上非常常见。让一个进化完全的吞噬细胞在特定情况下丢掉线粒体变得像寄生虫一样，比起让一个原核细胞在没有线粒体的帮助下进化成吞噬细胞，前者应该容易多了。

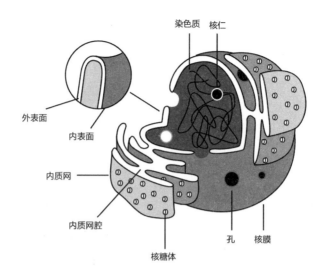

图中标注：
染色质　核仁
外表面
内表面
内质网
内质网腔
核糖体
孔　核膜

图4.6　核膜的构造，图中显示核膜会与细胞里其他膜状构造连接在一起（特别是内质网）。核膜就是由这些囊泡结合在一起形成的。核膜在结构上和任何细胞外膜都没有相似处，这表示核膜并不是来自生活在一个细胞里的另一个细胞。

　　科学家对细胞核的起源，就像对细胞本身的起源一样，也有着各种理论和想象，从最简单的，比如细胞膜上冒出了一个小泡，到复杂的，比如来自一个被吞入的细胞。不过大部分的假设往往在一开始就被摒除了。比如说，大部分的理论首先就与核膜的结构不符。细胞核膜并不像外面的细胞膜那样是一整片连续而平滑，它比较像一堆被压扁的小囊，连接着细胞里面其他的膜状构造，同时上面还布满谜一般的孔洞（见图4.6）。剩下的理论也无法解释为什么细胞有核会比没有核要好。最标准的答案就是细胞核可以"保护"基因，但接下来的问题就是，从谁手里保护？小偷还是强盗？

如果说细胞核真的有某些普遍性优势，比如说让基因免于伤害，那为什么细菌从来就没有发展出细胞核呢？而我们已经提过有些细菌也发展出内膜构造，应该可以当作细胞核来用。

既然现在还没有任何确切的证据，我要在这里介绍另一个优秀而充满想象力的假说，这是我们在第二章介绍过的天才双人组——马丁和库宁提出的。他们的假说解释了两个问题，一个是解释了为什么一个嵌合体细胞会需要进化出细胞核，特别是这种一半细菌一半古细菌的嵌合体细胞（我们刚说过这最有可能是真核细胞的始祖）。该假说同时也解释了为什么几乎所有的真核细胞的核里，都塞满了一大堆毫无用处的DNA，而不像细菌那样简洁。我认为我们需要寻找的正是这种想法，尽管它未必正确，但是它确实提出了许多原始真核细胞会面临的问题，而它们一定要想出解决办法才行。他们的假说好似在科学里面加了些魔术，我希望他们是对的。

马丁和库宁思考的，正是真核细胞"支离破碎的基因"这令人费解的结构，可以算是20世纪生物学上最让人惊讶的事情之一。真核细胞的基因不像细菌的基因排列连续又有条理，它们被许多冗长的非编码序列分割成为一小段一小段。这些非编码序列又称为内含子，关于它们的进化历史，长久以来一直困扰着科学家，直到最近才有了新的发现。

虽然各个内含子之间有许多差异，不过现在通过辨认共有序列，我们了解到它们的来源都是某一种跳跃基因，这种基因会疯狂地复制自己，然后感染其他基因组，是一种自私的基因。它们的把戏其实也很简单，当一个跳跃基因被转录成为RNA时（通常是插在其他序列里面被一起读出），它会自动折成特殊的形状，变成RNA剪刀，把自己从长段序列上剪下来，接着以自己为模板，不断地把自己复制成DNA。这些新的DNA序列随后或多或少地会被任意插回基因组，变成自私基因的众多复制品。跳跃基因有很多不同的种类，但都是类似模式的变形。人类基因组计划和其他的大型基因组测序计划，都可以证明这些跳跃基因在进化上的成功实在让人惊叹。人类基因组几乎有一半都是跳跃基因或其衰退的（突变的）残片，总计来说，人类全部的基因里大致有三类自私的跳跃基因，不管是死是活。

就某方面来说，死掉的跳跃基因（就是突变到一定的程度然后完全失去功能，因而无法跳跃）比活着的跳跃基因危害更大。因为活着的跳跃基因至少会把自己从RNA序列上切下来，而不至于造成任何实质上的伤害。而死掉的基因呢？它不会切掉自己，只会阻碍正常程序。如果这段基因不会切掉自己，那宿主细胞就要想办法除去它，不然它会进入蛋白质制造程序，从而引发大灾难。早期真核细胞刚进化出来的时候，确实发明了一些机制来切掉不想要的RNA。这些机制很有趣，细胞其实只是利用跳跃基因自己的RNA剪刀，然后包上一些蛋白质就成了。所有现存的真核生物，从植物到真菌到动物，都在使用这些古老的剪刀，来切掉不想要的非编码RNA序列。因此，现在我们看到了真核细胞里面极为怪异的情况就是，真核细胞的基因组里缀满了自私的跳跃基因制造出来的内含子。每一次细胞读取一个基因的时候，就用从跳跃基因那里偷来的RNA剪刀，把这些不要的片段从RNA序列上剪掉。问题是，这些古老的剪刀速度有些缓慢，而这正是细胞需要细胞核的原因。

原核细胞无法忍受跳跃基因或内含子。原核细胞的基因和制造蛋白质的整套机器之间并没有区隔。在没有核的情况下，制造蛋白质的小机器（核糖体）直接和DNA混杂在一起，基因在被转录成RNA的同时也被转译成蛋白质。问题就是，核糖体转译蛋白质的速度奇快无比，但是RNA剪刀切掉内含子的速度却比它慢，当剪刀正在剪内含子的时候，细菌的核糖体早就制造出好几套因夹杂内含子而功能不良的蛋白质了。细菌如何让自己免受跳跃基因和内含子之害，至今仍不清楚细节（或许是通过整个族群的负选择），但是事实是它们办到了。大部分的细菌几乎都剔除了所有的跳跃基因和内含子，只有少数细菌（包含线粒体的祖先）还带有一些。这些细菌的基因组里面，大概只有三十几个跳跃基因，相较之下真核细胞的基因组里，可是有上千到上百万套乱糟糟的跳跃基因。

真核细胞的嵌合体祖先似乎屈服于来自线粒体的跳跃基因大肆入侵。这样说是因为看起来事情就是如此。真核细胞里的跳跃基因，在结构上和细菌体内发现的少数跳跃基因十分相似。特别是绝大部分真核生物相同基因的内含子，都插在同一个位置，从变形虫到蓟花是如此，从苍蝇、真菌到人类亦是如此。根据推测，这很有可能是早期跳跃基因入侵时，不断地复制自己散布到全基因组中，但是后来因渐渐衰退而死去，结果就在真核细胞共同祖先的基因组里留下了这些固定的内含子。但是为何当初跳跃基因会在早期的真核细胞里造成这种大混乱呢？一个可能的原因是，当初细菌的跳跃基因在古细菌宿主体内四处跳来跳去的时候，古细菌宿主细胞根本无法处理这些东西。另一个原因则可能是早期嵌合体细胞族群还太小，无法像大型细菌族群那样利用负选择来淘汰有问题的个体。

不管原因是什么，最早的真核细胞始祖现在要面临一个难解的麻烦。它被大量的内含子侵扰，而且因为RNA剪刀切去它们的动作不够快，很多内含子已经制造出一堆蛋白质了。这不一定会造成细胞死亡，因为无用的蛋白质最终会被分解掉，而慢速剪刀最终也会完成工作，让细胞开始制造好的蛋白质。不过就算不会造成死亡，也必定是极为可怕的灾难。而解决之道就在眼前。根据马丁与库宁的想法，要重建秩序最简单的方法，就是确保RNA剪刀有足够的时间，可以在核糖体开始制造蛋白质以前把工作做完。换句话说，就是要确保带着内含子的RNA，会先经过剪刀处理，然后才送给核糖体。对细胞而言，只要区隔体内空间，把核糖体和邻近的DNA分开，就可以争取到足够的时间。用什么来分区呢？就用有洞的膜！只要征召现成的膜把基因包在里面，然后确保上面有足够的孔洞可以把RNA送出去，这样一切就完美了。因此，用来定义真核细胞的那个细胞核，并不是为了保护基因而产生的，根据马丁与库宁的说法，那是用来屏蔽细胞质里的蛋白质制造工厂的。

这个解决之道看起来是有点粗暴，但是它马上就体现出优势了。一旦跳跃基因不再构成威胁，内含子就变成一个好东西。一个原因是，它让基因以新鲜的方式组合，拼贴出各种有潜力的蛋白质，而这正是现在真核细胞基因的一大特色。如果一个基因被内含子分隔成五段，随着剪切内含子方式的不同，我们可以用同一个基因做出好几种相关蛋白质。在人类基因组里面大约只有2.5万个基因，用这种方法却可以做出至少6万种不同的蛋白质，多么丰富的变化呀！如果说细菌是终极保守者，那内含子就让真核细胞变成激进的革命者。

跳跃基因带来的第二个好处，就是帮助真核细胞扩充它的基因组。一旦适应了吞噬细胞的生活形态，真核细胞就摆脱了细菌时代那永无止境的劳役状态，不必为快速繁殖持续瘦身。真核细胞不再需要和细菌竞争，它只要在闲暇的时候吃一下细菌，消化它们即可。一旦不需要快速繁殖，真核细胞就可以开始累积DNA，直到难以想象的复杂度。跳跃基因帮助真核细胞扩充的基因库，比细菌多了数千倍。虽然大部分的DNA和垃圾没什么两样，有一些却可以成为新的基因或成为调控基因。之后复杂性的增加，只不过是扩充基因库不可避免的副作用。

如此下去复杂世界或人类意识之类的东西几乎势在必行。世界从此一分为二，既有永恒的原核细胞也有缤纷的真核细胞。从一个转型到另外一个的过程不太像渐进式进化，并非由无限的原核细胞族群尝试各种可行的变化，慢慢累积而成。当然庞大的细菌族群仍然在探索各种可能的生存之路，但是囿于能量和尺寸不能两全，它们永远都是细菌。只有偶尔发生的罕见事件，让两个原核细胞互相合作，一个住在另外一个里面，才可以打开这个死结。这是一场意外。新诞生的嵌合体细胞也会面临一堆问题，但也获得了宝贵的自由。这是不必担心能源不足而缩手缩脚的自由，这是变成吞噬细胞打破细菌生命轮回的自由。在面对跳跃基因大感染之时，细胞无意间找出的解决方案，不只做出了细胞核，同时还让它们倾向搜集DNA，经过无限的重组，造就了我们四周神奇的生命世界。这又是另一个意外。这个了不起的世界，似乎就是两个意外的产物。命运之丝如此脆弱，我们何其有幸存在于此。

第五章　性

——地球上最伟大的彩票

几乎所有的真核生物都会沉溺于性，无性生殖的物种大多走向灭亡。但有性生殖又那么古怪，它每次都像洗牌一样，打破之前的最佳组合，难道是为了确保所有玩家手上都有公平的牌吗？

爱尔兰剧作家萧伯纳（George Bernard Shaw）一生有无数的趣闻逸事，其中一则故事是说在某场晚宴上，一位漂亮的女演员前来搭话。[①] "我想我们应该生个小孩才对，"据说那位女演员建议说，"因为如此一来这个幸运的小孩就会有你的头脑和我的外貌。""啊，"萧伯纳机警地回答，"但是如果不巧小孩有我的外貌和你的头脑，那怎么办？"

萧伯纳是对的。对于众多已成功的基因组合来说，性是最诡异的随机生产者。或许也只有性的随机力量可以创造出聪明的萧伯纳或美艳的女演员，然而一旦进一步制造两个优胜者的混合体时，性又会马上把优胜的组合拆解掉。有个无害但臭名远扬的组织——诺贝尔精子银行，算是落入这个圈套的代表。它曾邀请诺贝尔奖得主，美国生化学家乔治·沃尔德（George Wald）贡献他的"获奖"精子，结果被婉拒。沃尔德说，精子银行所需要的并非他本人的精子，而是他父亲的精子，一个一贫如洗的移民裁缝师，从外表完全看不出有可能孕育天才。"我本人的精子对世界有什么贡献？"这位诺贝尔奖获奖者如此问道，"就是两个吉他演

① 有人说这位女演员是帕特里克·坎贝尔夫人，她是当时英国最有名却也声名狼藉的女演员。萧伯纳后来在喜剧《皮格马利翁》中为她写了伊莉莎·多利特一角。还有人说她是现代舞之母伊莎多拉·邓肯。但也可能这故事本身只是个谣言。

153

奏者而已。"天才，或者广义来说，聪明的特质，绝对是可以遗传的，也就是说，它们受到基因的影响但不全由基因决定。但是性却会让这一切都变得像彩票一样难以预料。

所有人都看得出，性这位魔术师（以繁殖的面貌出现在我们面前），有制造变化的超能力，每一次都可以从大礼帽里拉出不同物品。然而当遗传统计学家细细分析之后，从进化的角度来看，却难以理解这种变异为什么是件好事。为什么要打破优胜的组合？大自然为什么不直接复制它？复制一个莫扎特或萧伯纳也许会让人觉得遗传学家企图扮演上帝，像人类过度的自我膨胀，不过遗传学家其实没想过扮演上帝。他们的想法很普通，那就是由性制造的随机变异，很可能直接导致悲剧、疾病或死亡，而完完全全的复制品却不会。复制往往因为保留了经自然选择提炼的成功基因组合，才成为最佳赌注。

举个简单的例子，比如镰刀型细胞贫血症，这是一种严重的遗传性疾病，病人的红细胞会扭曲成僵硬的镰刀状，因而无法被挤压通过细小的微血管。患这种疾病需要病人同时遗传到两个"坏的"基因。或许你会问，为什么自然选择不把这个坏基因筛选掉呢？因为如果只遗传到一个"坏的"基因是有好处的。如果我们从父母那里得到一个"坏的"基因和一个"好的"基因，我们不但不会得镰刀型细胞贫血症，也不容易得疟疾（疟疾是另外一种和红细胞有关的疾病）。一个"坏的"基因会改变红细胞的细胞膜结构，让引起疟疾的寄生虫难以进入，杜绝感染，却不会让细胞扭曲成有害的镰刀状。唯有复制（也就是说，利用无性生殖来繁殖）才可以将这种有益的混合型基因每一次都顺利传给下一代，而性却会麻木地把基因组合变来变去。假设有一对父母，两人都是这种有益的混合型基因，那么他们的孩子们有一半可能遗传到混合型基因，而有四分之一可能遗传到两个"坏的"基因，这会让他们得镰刀型细胞贫血症。剩下的四分之一可能遗传到两个"好的"基因，因为疟疾由蚊子传播，如果他们恰好住在有蚊子的地方（也就是地球上的大部分地区），就会让他们成为感染疟疾的高危群体。换句话说，性造成的组合变异会让整个族群至少一半的人口暴露在严重疾病的威胁下。所以性有可能直接摧毁生命。

这仅仅是性的一小部分害处。事实上，性造成的损害清单可以一直列下去，若看到它的长度，我想任何正常人都不会觉得这是件好事。贾里德·戴蒙德（Jared Diamond）曾经写过一本书《性趣探秘》，书中很奇怪地略过了这个问题。他一定觉得答案十分明显，如果性不好的话，那应该没有任何正常人会跃跃欲试，否则我们又会在哪里呢？

就让我们假设萧伯纳当时不够机警，大胆地测试自己的手气，在小孩的头脑和外表上赌了一把。我们也可以合理假设（这假设虽不公平但可清楚解释）那位传说中的女演员，过着维多利亚全盛时期传闻中演员的生活。她或许有性病，比如说梅毒。这两人相遇时抗生素还没出现，梅毒仍然在贫穷的士兵、音乐家与艺术家之间肆虐，这些人经常在夜晚造访那些同等贫穷的烟花女子。在那个年代，因感染梅毒而发疯致死的人从不少见，如尼采、舒曼和舒伯特都让人印象深刻，这似乎是对逾矩性行为的严重惩罚。而在那个时候，所有的治疗方法都离不开砷或汞，这些毒物带给人的痛苦，可不比疾病本身舒服。那时有句谚语说，一晚沉溺在维纳斯臂弯里，终身囚禁于水银之星上（在抗生素发明以前，含水银的药剂几乎是治疗梅毒的唯一方法，副作用则是汞中毒）。

梅毒只是所有恼人的性病之一，其他更致命的性病如艾滋病，依然在全球各地盛行且不断增长。艾滋病在非洲撒哈拉以南地区的蹿升程度，让人既震惊又愤慨。当我写本书之时，感染艾滋病的非洲居民已有大约2400万，它在青年人中的发病率约是6%，在感染最严重的国家发病率甚至会超过10%，并且让一个国家的人口平均寿命减少超过10年。当然这种危机由许多因素共同造成，比如医疗资源匮乏、贫穷以及同时感染其他疾病，如结核病等，但其中最大的问题还是不安全的性行为。[①] 但不管致病原因为何，问题的严重程度刚好让我们对性造成的危害有个概念。

现在再回到萧伯纳的故事，与女演员发生危险的性行为，可能会生下集父母缺点于一身的小孩，同时让萧伯纳自己得病甚至发疯。不过他还是有优势的，而不像芸芸众生。当女演员追求他的时候，萧伯纳已经是一位有钱的名人，这代表他更容易有绯闻，也就更容易有小孩。至少通过性行为，他的基因更有机会在时间长河中流传下去，而不必像其他大多数人那样，因为寻不到终身伴侣（甚或只是一夜春宵）而苦恼。

[①] 在乌干达这个少数扭转局势的非洲国家里，艾滋病的盛行率在10年之内已由14%降至6%，而绝大部分归功于较充足的公共卫生信息。他们所传达的信息原则上非常简单（实践是另一回事），就是避免不安全的性行为。乌干达提倡3条建议：一要禁欲，二要忠诚，三要使用保险套。有一项研究指出，第三点才是成功的最大功臣。

我并不打算在这里讨论已经传得过于火热的性的议题。不过很明显的是找伴侣需要成本，因此把自己的基因传下去也需要成本。我指的不是经济上的成本，虽然这种成本对于那些刚起步要为初次约会付账单的人，或对那些要付离婚费用的人来说再现实不过。我指的成本，是那些花在征友启事和不断涌现的交友网站上的无数时间与情感。但是真正巨大的成本，是生物成本，现在人类社会恐怕难以理解，因为它们已被掩盖在各种文化与礼节之下。如果你对这点有所怀疑的话，只要想想孔雀的尾羽就好。那些华丽的羽毛，象征着雄性的生殖力与适应力，如此显眼的外表其实对于生存来说危害很大，众多鸟类求偶时所露出的多彩羽毛也是一样。或许所有例子里面最极端的要算蜂鸟了。蜂鸟看起来很出风头，但是地球上3400种蜂鸟都要面临配对的成本，并不是与另一个蜂鸟配对（这毫无疑问也很难），而是帮开花植物配对。

植物扎根不动，本来应该是最不可能进行性生活的生物才对，然而地球上绝大多数的植物却都是实实在在的有性生殖生物，只有蒲公英与少数植物才对性不屑一顾。大部分的植物都发展出自己的策略，其中最具戏剧性的，莫过于各种精致的开花植物，它们从约8000万年前开始遍布世界各地，把原本单调无趣的绿色森林如魔术般地变成我们熟知的自然景观。开花植物其实很早就进化出来了，约在侏罗纪晚期，也就是距今约1.6亿年前。但是它们却要在很久之后才占领全球，并且和后来才出现的昆虫传粉者，比如蜜蜂等紧密联系在一起。花朵对于植物来说就只是增加的成本。它们必须用各种夸张的颜色和形状，以及甜滋滋的花蜜去吸引传粉者（花蜜有四分之一的成分都是糖），让它们愿意光顾，同时由它们把花粉散布出去，散布的范围不能太近（否则近亲繁殖就失去性的意义）也不能太远（否则就没有传粉者能帮它们寻找伴侣繁殖）。既然这取决于传粉者的选择，花朵和传粉者的进化命运因此连在一起，彼此计算付出的成本和获得的利益。不过，恐怕没有其他传粉者需要为植物的静态性生活付出如蜂鸟这般高昂的成本。

蜂鸟的体形一定要小，再大的鸟类就无法悬停在空中飞行，从而能深入细长的花朵。为了悬停飞行，蜂鸟的翅膀每秒要扇动50次。微小的体形加上悬停飞行需要的庞大代谢速率，让蜂鸟必须发了疯似的进食。它每天需要造访数百朵花，摄取超过自己体重一半以上的花蜜。如果长时间强迫蜂鸟禁食（约数个小时），它就会陷入如同冬眠般的昏迷状态，心跳与呼吸速率比平常睡眠更慢，而体内温度会无止境地下滑。它们受到花朵的魔法药水诱惑，过着如奴隶般的生活，必须无休无止地在花朵间移动散布花粉，否则就会陷入昏迷，很有可能就此死亡。

如果你觉得这还不够糟，那性这档事里还有一个更难理解的谜团。找到一个伴侣所花的成本，根本无法与合而为一的成本相比，那可是糟糕透了的双倍成本。有些愤怒的女权主义者会抱怨说这世上根本不该有男人，其实非常有道理。老实说，男人的的确确是一种巨大的成本，而一个能想出办法让女性单独生子的女性则会是了不起的圣母。虽然有些男人试图证明男性存在的意义，比如分摊养育责任或提供资源等等，但是也有一样多的例子可以证明从低等生物到人类社会，男性往往是打完炮就走人。尽管如此，女性还是既会生儿也会生女。她所有的付出，有一半要浪费在把忘恩负义的男性带到这个世界，然后他们只会让问题变得更糟。任何物种中的任何一个雌性动物，假如可以不受限于需要配偶，而自行解决繁殖问题的话，她可以将生育成功率提高一倍。一个靠无性生殖的雌性来繁殖的族群，每繁殖一代族群数目增为两倍，在几代之内就可以消灭依赖有性生殖的亲戚。从理论计算来看，一个无性生殖的雌性个体，其后代数量在50代之后就会超过上百万个有性生殖个体。

　　如果从细胞的角度来看女性单独生子，或者说无性生殖，那它就是将细胞一分为二。有性生殖则恰恰反其道而行。它需要一个细胞（精子）与另一个细胞（卵子）结合形成一个新细胞（受精卵）。两个细胞合而为一，就后代数量而言，相对无性生殖来说有性生殖退步了。细胞里面的基因数也体现出成双倍成本。每一个生殖细胞，不论精子或卵子，都只会给下一代传50%的亲代基因。只有当细胞结合的时候基因数目才会恢复。从这个角度来看，任何个体如果有办法进行无性生殖，把自己的基因百分之百传给下一代，那就有遗传数量的优势。因为每个细胞传给下一代的基因数是有性生殖的两倍，这个细胞的基因可以很顺利地传遍全族群，最终取代有性生殖者的基因。

　　有性生殖还有更糟的事。那就是只传一半基因给下一代，等于给各式各样可能来捣蛋的自私基因开了一扇大门。[1] 从理论上来讲，性行为让所有的基因都有50%的概率传给下一代，但是从现实的角度来看，这只会让某些基因作弊的机会更大——为了自己的利益而传给超过50%的后代。这可不只是理论上会发生，而且确确实实发生过。有许多例子显示，存在破坏规则的寄生型基

---

① 附带一提，这是理查德·道金斯（Richard Dawkins）在《自私的基因》一书中所预测的行为，而自从这理论诞生以来，它的发展已经远超过道金斯当初的洞见了。

因，而其他大多数遵循规则的基因需要联合起来对抗它们。有些基因会杀死不含它们的精子，甚至杀死不继承它们的子代，有些基因会让雄性不育，也有基因会让来自其他亲代的对应基因失去活性，还有跳跃基因会不断在整个基因组中自我复制。许多生物包含人类的基因组里，都塞满了跳跃基因的残骸，我们在第四章看到过，它们以前曾在整个基因组中到处自我复制。人类的基因组现在是死去的跳跃基因的坟墓，至少有一半的基因组都是退化的跳跃基因残骸。其他的基因组甚至更糟，比如麦子的基因组里有98%都是死去的跳跃基因，真是难以置信。相反大部分依靠无性生殖来繁殖的物种，它们的基因组都十分干净，显然不容易受到跳跃基因或类似东西的侵扰。

所以说有性生殖的繁殖方式看起来几乎没有赢面。一些有想象力的生物学家或许会设想某些诡异的情形下有性生殖是有利的，但大部分人在亲眼目睹了各种古怪现象后，不得不认为性只是一种莫名奇妙的怪癖。和女性单独生子相比，它需要付出两倍的成本，它会促使自私的寄生基因扩展到整个基因组，它在你身上加上寻找伴侣的重担，它会传染最可怕的性病，它还会持续不断地摧毁所有最成功的基因组合。

然而尽管如此，性却恶作剧似的存在于几乎所有复杂的生物中。几乎所有的真核生物，至少在生命中的某些阶段，都会沉迷于性行为。而绝大多数的动物和植物更是非性不可，就像我们一样，一定要靠性来繁殖。这绝不能只看作是怪癖。诚然无性生殖的物种（也就是仅靠复制繁衍的物种）十分稀少，但是其中有一些也相当常见，比如蒲公英。不过最让人惊讶的是，这些无性生殖者都属于比较新的物种，一般说来它们只出现了数千年而非数百万年。它们从生命树上的末梢发展出来，接着毁灭。其中许多物种会试图重回无性生殖，但绝少发展为成熟的物种，它们常常无缘无故地消逝。只有很少数已知的物种在数千万年前进化出来，然后渐渐发展成一支庞大的家族。这些罕见的物种比如蛭形轮虫，算是生物学家眼中的佼佼者，坚贞而特立于这个沉溺于性的浊世中，一路走来宛如穿过红灯区的和尚。

这样看来，如果性真的是件非干不可的蠢事，是一种荒谬的存在，那么无性的生活似乎更糟，在大多数例子里它只会招致灭亡，因此更加荒谬。那么性一定有个极大的好处，好到让我们不顾危险义无反顾地去做它。然而这个好处却出乎意料地难以度量，以至于性的进化成为20世纪进化论问题中的皇后。看起来就像，没有性，大型而复杂的生命几乎不可能诞生。我们很可能会在数代之后就开始衰落，一如Y染色体般毁灭性地退化。无论如何，性是区隔寂静行星与生机勃勃的关键，一边是一群倔强的无性生殖者走向衰败（这让我想起《古舟子咏》里面说到成千上万条滑腻的蠕虫），另一边是充满欢乐与光辉的世界。没有性的世界将没有男人、女人、虫、鱼、鸟兽发出愉悦的旋律，没有艳丽颜色的花朵，没有竞争，没有诗歌，没有爱也没有喜悦。这将会是一个无趣的世界。性绝对是生命中最伟大的发明之一，但它为什么又是如何在地球上进化出来的呢？

达尔文是最早开始探讨性好处的人之一，而且他向来喜欢从实用性的角度分析问题。他认为性的好处是杂种优势，由两个没有血缘关系的父母所生下的后代更强壮、更健康也更能适应，比起有血缘关系的父母生下的小孩，他们较不容易发生先天性的疾病，比如血友病或泰伊–萨克斯二氏病。这种例子很多，只消去看看早期欧洲王朝，比如哈布斯堡家族，就可以观察到过度近亲繁殖所产生的病态结果，大量的疾病与疯子。对达尔文来说，性的目的是远亲繁殖，不过尽管如此，他还是和自己的表亲结婚，也就是那位完美无瑕的艾玛·韦奇伍德（Emma Wedgewood），并生了十个小孩。

达尔文给出的答案暗藏两个洞见，可惜因为当时他对于基因一无所知，答案并不完全。这些洞见就是杂种优势会立即产生效果，并且使个体受惠。也就是说，远亲繁殖的后代比较健康，不容易早夭，所以基因更有机会生存下来传给下一代。这是一个很达尔文式的回答，从广义的角度来看其重要性，我们晚一点继续讨论（此处自然选择作用在个体而非群体上）。然而问题是，这个答案其实是在回答远亲繁殖的好处而非性本身的好处，所以其实和性的进化不沾边。

还要再等好几十年，到20世纪初，科学家重新发现了奥地利传教士格里高利·孟德尔（Gregor Mendel）当年对豌豆遗传特征所做的著名观察，我们对性的作用机制才有比较正确的了解。我必须承认以前在学校的时候，我总觉得孟德尔的遗传定律十分愚蠢，愚蠢到难以理解的地步，现在想起来还有一丝丝愧疚。但我还是觉得如果完全忽略愚蠢的遗传定律，会更容易了解遗传学的基本原理，因为愚蠢的遗传定律其实与基因和染色体的真正构造无关。现在就让我们把染色体想成一条穿了许多基因的线，这样比较容易看清性到底是怎么一回事，以及为什么达尔文的解释有缺陷。

如上所说，性的第一步就是融合两个生殖细胞，精子与卵子。每一个细胞都带有单套染色体，然后两个细胞结合在一起重新形成完整的两套染色体。这两套染色体很少相同，而且通常染色体上"好的"基因可以盖过"坏的"基因，这是杂种优势的理论基础。近亲繁殖容易显现出不良基因的原因是，如果父母亲的血缘非常接近的话，后代更容易同时遗传到两个"坏的"的基因。不过这是近亲繁殖的缺点，而不是性的优点。杂种优势的基础在于两套染色体之间要略有差异而且可以"互相掩护"，但是该原则也适用于每一对染色体都略有差异的无性生殖生物，而不只局限于有性生殖的生物。因此，杂种优势的好处源自两套略有差异的染色体，而非性本身。

性的第二步，也就是重新产生生殖细胞，使每个生殖细胞都只有单套染色体，这才是性的关键，同时也是最难解释的部分，叫作减数分裂。若仔细观察，会发现分裂过程实在既精巧又难解。精巧的部分在于那些跳舞般的染色体，会各自找到它们的舞伴，紧紧拥抱在一起好一阵子，然后往细胞两极退场，整个演出和谐精确，如此优美以至于早期用显微镜观察的先驱们，几乎不敢将视线移开，他们一次又一次调整染剂，捕捉移动中的染色体，好像用老式木质照相机，拍下那些绝妙的杂技团表演。难解的是这支舞中的每个步骤如此复杂，很难想象这会是那位实用主义的编舞者，也就是大自然母亲的作品。

减数分裂这个词源于希腊文，原文就是减少的意思。它始于原来每个细胞都有两套染色体，结束于每个生殖细胞只带一套染色体。这再合理不过了，如果有性生殖需要结合两个细胞，形成一个带有两套染色体的新细胞，那让生殖细胞各带一套染色体是最简单的方法。但让人难解的地方在于，减数分裂一开始竟然要先复制所有的染色体，让每个细胞里面先有四套染色体。这些染色体接下来会配对并混合，用术语来说这过程叫作"染色体重组"，形成四套全新的染色体，其中每一条染色体都是东一点西一点拼凑出来的。重组才是性真正的核心。它造成的结果是，一个原本来自母亲的基因，现在却跑父亲那边的染色体上去了。整个过程会在每一条染色体上重复很多次，最后染色体上基因的顺序就变成像：父亲—父亲—母亲—母亲—母亲—父亲—父亲。新形成的染色体是独一无二的，不但彼此不同，而且几乎可以确定和有史以来任何一条染色体都不同（因为交换的地方是随机的，而且每次都不同，就像每次随机生成彩票一样）。最后，基因被混好的细胞分裂一次，产生含有两套染色体的子细胞，然后子细胞再分裂，就产生了四个只有一套染色体的子细胞，也就是单倍体子细胞，每一个都有一套独一无二的染色体，这就是性的本质。

所以现在很清楚，有性生殖所做的事，就是混合基因产生新的排列组合，而且是前所未有的组合。它会在整个基因组上不断地系统性地做这件事，就像洗一副扑克牌，打破之前的排列组合，以确保所有的玩家手上都有公平的牌。但是问题是，为什么？

关于这个问题，最早在1904年由德国的天才生物学家奥古斯特·魏斯曼（August Weismann）解答，他提出了一个现在依然让大部分生物学家觉得十分合理的答案。魏斯曼可以算是达尔文的继承者，他主张有性生殖可以产生较大的变异，让自然选择有更多作用机会。他的答案和达尔文十分不同，因为他的答案暗示性的好处并不针对个体，而是针对群体。魏斯曼说，性就好像乱丢各种"好的"和"坏的"基因组合。"好的"基因组合让个体直接受益，"坏的"基因组合直接伤害个体。也就是说，对于任一世代的个体而言，性并没有好处或坏处。但是魏斯曼认为，整个族群会因此进步，因为坏的组合会被自然选择消灭，最终（经过好几个世代后）会留下各种最好的排列组合。

当然，性本身并不会为族群引进任何新的变异。没有突变的话，性就只是把现存的基因组合打乱然后移走坏的基因，从而减少基因变异性。但如果在这个平衡中加入一些小突变的话，如同1930年统计遗传学家罗纳德·费希尔爵士（Ronald Fisher）所指出的，性的好处就变得非常明显。费希尔认为，因为突变的概率很低，所以不同的突变比较容易发生在不同人身上，而不会在同一个人身上发生两次。这道理就像两道闪电往往会打在两个不同的人身上，而不会两次打中同一人（但不管是突变或闪电，都有可能两次打中同一人，只是概率极小）。

为了解释费希尔爵士的理论，让我们假设在一个无性生殖的族群里，两个个体产生两个有益的突变，看看这些突变会如何传播。答案是它们只能各自扩张，只有一个有益突变的个体甚至会全部消失（见图5.1，b）。如果这两种突变都同等有益，那两者在整个族群中的分布可能会平分秋色。关键是，没有任何一个个体，可以同时享有两种突变带来的好处，除非在已经有了第一种有益突变的个体身上再次发生了第二种突变，也就是像同一个人被闪电打中两次。该情况由突变概率与族群大小最终决定是常常发生还是根本不可能发生。但是一般来说，在一个完全只靠无性生殖的族群里，有益的突变很少有机会集中到同一个个体身上。[1] 相对来说，有性生殖却可以在很短的时间内将两个突变结合在一起。费希尔说，性的好处就是新产生的突变几乎可以马上传到同一个个体身上，让自然选择有机会去测试突变的最佳组合。如果这些突变确实有好处，那性就可以帮助它们快速地传播到整个族群，让这些生物更适合生存，同时加快进化的速率（见图5.1）。

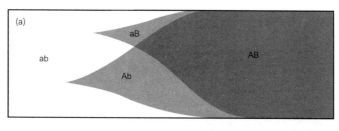

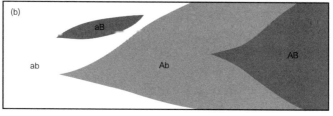

图5.1 在有性生殖（上图）或无性生殖（下图）的生物群中，新发生的有益突变传播示意图。在有性生殖的族群中，一个有益的突变把基因a变成A，另一个突变把基因b变成B，两者很快就会重组在一起产生优化的AB组合。如果没有性的话，A只能不顾B独自扩张，反之亦然，所以只有Ab族群再发生一次突变产生B才可能产生优化的基因组合AB。

---

① 从这个角度来讲，细菌其实也不是全然无性生殖的生物，因为它们会靠水平基因转移的方式来从其他地方获得基因。就这点而言，细菌的弹性其实远大于无性生殖的真核生物。这种差异让细菌可以很快地发展出抵抗抗生素的抗药性，而这往往是水平基因转移的结果。

后来，美国的遗传学家赫尔曼·穆勒（Hermann Maller）在理论中导入了有害突变的影响。穆勒因为发现X射线可以引起基因突变，获得了1946年的诺贝尔生理与医学奖。他曾在果蝇身上引起数千次的突变，因此比任何人都清楚，大部分的突变都是有害的。对穆勒而言，有一个更深层的哲学问题徘徊于此。一个无性生殖的族群，如何逃离这种有害突变的影响呢？穆勒说，假设大部分的果蝇都有一到两个基因突变，整个族群中只有少数基因"干净的"个体，那会发生什么事？在一个小规模的无性生殖族群里，它们没有机会逃离适应度衰退的命运，就像永远只能往一个方向旋转的棘轮一样。因为是否有繁殖机会，依赖的不只是基因的适应度，还要靠运气，也就是说，要在对的时间出现在对的地方。假设现在有两只果蝇，一个有两个基因突变，另一个没有。如果突变的果蝇碰巧身处食物丰富的地方，但是"干净的"果蝇却不幸饿死，那么就算突变的果蝇适应度较差，却只有它的基因有机会传给下一代。或者假设这只饿死的果蝇是同类中唯一一个没有突变的，而族群中所有其他的果蝇都至少有一个突变。那在这种情况下，除非有一个突变的果蝇又产生另一个突变把基因校正回来（而这可能性微乎其微），否则整个族群的适应度将会比之前降低整整一个等级。这种情况可能一再发生，每一次都像棘轮旋转一格一样，最终整个族群将会衰退到无可挽回直到灭亡，这个过程现在称为穆勒棘轮效应。

穆勒棘轮依赖的是运气。如果一个物种族群极大的话，那运气的影响就变得很小，根据统计概率，最适者应该会生存。在规模庞大的族群里，命运暴虐的毒箭（语出莎士比亚的戏剧《哈姆雷特》）会被抵消。如果繁殖的速度快过新突变累积的速度，那么整个族群可以安然存活而不会受到棘轮旋转的威胁。但反过来说，如果族群规模较小，或者突变发生速度很快，那么棘轮就会开始作用。在这种情况下，无性生殖的族群将开始不断累积突变，然后衰退到无可救药。

而性可以解救这一切，因为有性生殖可以把所有未经突变的基因集中到同一个个体身上，重新创造出一个完美无瑕的个体。这道理就好像有两辆坏掉的车子，假设一辆的变速箱坏了，另一辆的引擎坏了，那么如英国进化学家约翰·梅纳德·史密斯（John Maynard Smith）所说，性就好像修车师傅一样，可以把两辆车子好的部分拼成一辆好车。但是性当然不像有知觉的修车师傅，它也可能把坏掉的部分拼在一起，结果修理出一辆完全不能动的组装车。这是很公平的，一如以往，因性而受惠的个体永远会大于受害的个体。

在这个大公无私的有性生殖里，唯一可能打破公平的假说由机灵的俄罗斯进化遗传学家阿列克西·康德拉肖夫（Alexeg Kondrashow）在1983年提出。康德拉肖夫现任教于美国密歇根大学，他原本在莫斯科主修动物学，然后成为俄罗斯莫斯科普希诺研究中心的理论学者。利用计算机的计算能力，他提出了关于有性生殖的非凡理论。这项理论有两个大胆的前提，不过这两个前提至今仍引起进化学者激烈的争辩。第一个前提就是基因突变的速度要比一般人想象的快。根据康德拉肖夫的假设，每一代中的每一个个体，都会产生至少一个以上的有害突变。第二个前提则是，大部分的生物都或多或少可以承受一个基因突变的害处，只有当我们同时遗传到许多突变的时候才会开始衰退。如果个体的基因内有一定程度的冗余性，那就有可能发生，就像我们少了一个肾，一个肺，甚至一只眼珠，都还可以活下去（因为备份器官还持续在运作）。从基因的角度来看，就是说基因的功能也有一定程度的冗余性，超过一个以上的基因做同一件事情，用来缓冲整个系统受到的严重伤害。如果基因真的可以"互相掩护"，那么单一基因突变就不会造成什么伤害，而康德拉肖夫的理论也就成立。

那这两个假设如何帮我们解释有性生殖呢？根据第一个假设，也就是高突变概率，暗示了即使规模庞大的族群，也不能完全免于穆勒棘轮的影响，它们无可避免地会慢慢衰退，最后发生"突变引起的灭绝"。第二个假设则很聪明，因为它让性可以一次性剔除两个以上的突变。英国生物学家马克·里德利（Mark Ridley）有一个很好的比喻。他说无性生殖和有性生殖就像《圣经》里面的《旧约》与《新约》一般，突变就像原罪。如果突变速率快到每一代都有一个突变（就好像每个人都是罪人），那么要除去一个无性生殖族群里的原罪，唯一的办法就是毁掉整个族群，不管是用洪水淹没他们，还是用硫黄烈火烧死他们，或者用瘟疫毁灭他们。但是反过来说，如果有性生殖的生物可以忍受数个突变而不受伤害（直到它们可以忍受的极限），那么性就有办法从表面健康的父亲与母亲那里搜集突变，然后全部集中到一个小孩身上。这就是《圣经·新约》的办法，耶稣为了所有人类的原罪而死，性也可以把全族群的突变累积到一个替罪羔羊身上，将他钉在十字架上牺牲掉。

因此，康德拉肖夫的结论就是，只有性才有办法避免大型复杂生物因突变引起的灭绝。因此无可避免的结论就是，没有性就不可能有复杂生物。虽然结论很有启发性，不过并不是每个人都同意。许多科学家还怀疑康德拉肖夫提出的两个假设，同时，不管是突变速率还是这些突变彼此之间的交互作用，都难以直接测量。要说有什么是大家都同意的，那大概就是康德拉肖夫的理论或许可以解释少数例子，但无法解释随处可见的大量性行为。他的理论也无法解释，性如何从单细胞生物中发展出来，因为这种简单的生物还不需要担心身体变复杂，也不必担心那些原罪问题。

现在，性对整个族群有好处，因为它可以把有利的基因组合集中在一起，也可以把不利的基因组合剔除。20世纪上半叶，普遍认为这个问题算是解决了，虽然费希尔爵士对于他自己的理论持保留意见。简单来说，费希尔和达尔文一样，相信自然进化应该作用在个体身上，而不会为了整个族群的利益着想。不过他也觉得不得不为基因重组现象做一些破例解释："可能是为了某些特定的利益而非为个体的利益而进化出来的。"尽管康德拉肖夫的理论确实支持性对大部分个体有利，只需偶尔牺牲一两个替罪羊，但就算如此要看出性的好处也要等上好几代。它并不是直接发给个体的红利，至少从一般人的观点来看不是。

费希尔的疑虑一直暗流涌动，最后在20世纪60年代中期爆发出来。那时候进化学家们正努力想解开利他主义与自私基因之间的矛盾。许多进化学界的名人都投身其中，包括乔治·威廉姆斯（George C. Williams）、约翰·梅纳德·史密斯、比尔·汉密尔顿（Bill Hamilton）、罗伯特·特里弗斯（Robert Trivers）、格拉汉姆·贝尔（Graham Bell）和理查德·道金斯等人，全都开始动手解答这个问题。很快人们意识到，生物界很少有什么东西是真正利他的，如同道金斯所言，我们全都只是被自私基因所操纵的盲目傀儡，这些自私的基因只为自己的利益工作。可是问题在于，从自私的观点来看，为什么那些作弊行为没有立刻胜出？为什么会有个体愿意牺牲对自己而言最佳的利益（靠无性生殖），去换取那些只有在遥远的未来，才对物种有好处的累积红利（基因的健康）？我们算是有远见的了吧？但是连人类也很难为自己子孙的将来利益而奋斗，想想那些过度砍伐的雨林、全球暖化与人口爆炸等问题，那自私的进化又怎么可能会把性所带来的长远族群利益，放置在双倍成本之前？更何况性还有那么多显而易见的缺点。

关于我们为何陷在性里面，一个可能的答案是，性很难反向进化为无性。如果是这样，那么性的短期成本就不是可以讨价还价的了。这个观点确实有点道理。之前我提过，所有靠无性生殖的物种都是最近才进化出来的，大约在数千年前而非数百万年前。这些无性生殖的物种很罕见，兴盛一段时间之后就慢慢衰退，最终在数千年内灭绝，这正是我们所预期的模式。尽管偶尔有些无性生殖的物种可以发展到"繁荣"的地步，但是无性生殖物种却从来没有办法取代有性生殖的物种，一直以来环境中无性生殖物种的数量都太少了。此外还有一些"偶然"但很合理的理由，来解释为何有性生殖的生物很难回去过无性生殖的生活。举例来说，哺乳类动物有一种现象称为基因印记，是指基因会标记它来自母亲还是父亲，而基因的表达取决于它们在母系染色体上还是在父系染色体上。这意味着子代一定要从父母双方各继承一份基因，否则就会无法存活。如此一来，要解除对性的依赖性想必很难，毕竟目前为止还没有哺乳动物放弃有性生殖。同样的道理，松柏类植物也很难放弃性生活，因为它们的线粒体由母系胚珠遗传而来，但是叶绿体却由父系花粉遗传而来。子代想要存活的话一定要继承两者，因此就需要一对父母，所有现在已知的松柏类植物也确实都必须依靠有性生殖。

但是这个观点也只能解释这么多了。应该还有更多原因可以解释性不只让族群受惠，也对个体有直接益处。首先，很多物种，如果算上大量的单细胞生物，那可以说是绝大多数的物种，都有"兼有性生活"，也就是偶尔沉迷在性行为中，频率甚至可以少到每三十代才有一次。事实上，有些生物比如名为贾第虫的寄生虫，从来没有被直接记录到发生性行为，但是它们却保有全套减数分裂所需的基因，所以或许在研究人员没有观察时，它们会偷偷摸摸地寻找伴侣交配。这一现象并不只存在于难以观察的单细胞生物中，在大型生物中也可以看到，比如蜗牛、蜥蜴或草，它们也会随着环境变化而在无性生殖与有性生殖之间转换。它们可以在需要的时候随时回头去进行无性生殖，因此并不能用偶然来解释这一现象。

还有一个类似个体有益理论可以解释性的起源。当第一个真核细胞"发明"性生活时（见后节），在无性生殖的族群里，应该只有很少数的细胞会进行有性生殖。为了将性行为传播到整个族群（从结果来看这是必然的，因为现在所有的真核细胞后代都会进行有性生殖），有性生殖产生的后代一定有某些优势。换句话说，当初性可以传播必定因为它对个体有益，而不是只对族群有益。

美国生物学家乔治·威廉姆斯在1966年首先提出，尽管要花双倍的成本，但性一定会对个体有益。曾认为已经解决的问题现在又回来了，而且变得更复杂。有性生殖的个体要在一群无性生殖的族群里面传播性行为，必须每一代都比对手多出一倍以上的生存概率。但同时我们也很清楚有性生殖机制的公平性，每产生一个赢家就有一个输家，每产生一个好的基因组合就有一个坏的基因组合。能够解释这些现象的理论，一定要既影响重大又改变甚小，既明显可见又捉摸不定，也难怪它吸引了生物学界最聪明的人。

威廉姆斯把重心从基因转到环境，或者准确地来说是生态学。他问，和自己父母不同有什么好处？答案是当环境变迁的时候这点可能很重要，或者，当生物拓展领土、发展根据地、散播和迁移的时候可能很重要。威廉姆斯的结论是，无性生殖有如买100张号码一样的彩票，但是这不如买50张彩票，每张号码都不一样，而这正是有性生殖提供的解决之道。

该理论听起来很合理，而且在某些情况中是对的。但不幸的是与现实环境中搜集的资料比较之后，这又是众多聪明理论中第一个被淘汰出局的。如果有性生殖是由环境变动引起的，那在环境变动无常的地方，比如高纬度或高海拔，或河水会不断泛滥然后干涸的地方，应该会发现较多的性行为才对，但是没有。事实上，在环境稳定、生物族群庞大的情况下，可见到较多有性生殖，比如湖海或热带地区。一般来说，当环境变迁时，动物或植物会追随它们喜好的环境，比如说当气候变暖时，就紧紧跟随冰层消退的脚步往北迁。环境变异大到每一代子孙都要做些改变是非常罕见的。偶然的性行为比较像环境变异造成的结果，就像那些每30代才有一次性行为的生物，既可以克服性的双倍成本压力，又不失去重组的能力。但这不是随处可见的性行为，至少不存在于多细胞动植物之间。

其他生态理由，比如为了竞争生存空间，也不符合观察数据。在这出剧尚未落幕时，红皇后登场了。如果你不知道她是谁，那容我介绍一下。红皇后是英国作家刘易斯·卡罗尔（Lewis Carroll）在他的奇幻作品《爱丽丝镜中奇遇记》中塑造的一位超现实角色。当爱丽丝遇到她的时候，红皇后正全速奔跑着，但是始终留在原地。红皇后告诉爱丽丝："现在你看到了吧？你只有不停奔跑，才能留在原地。"生物学家利用这句话来阐述不同物种之间永无止境的竞争，它们不断彼此对抗，但是谁也没有真正领先过。这句话和性的进化特别吻合。[1]

英国进化生物学家汉密尔顿在20世纪80年代初期，大力鼓吹红皇后理论。汉密尔顿是位极其聪明的遗传数学家，也是位自然学者，很多人认为他是达尔文之后最杰出的达尔文主义者。在对达尔文的理论贡献良多之后（比如说提出亲缘选择理论来解释生物的利他行为），汉密尔顿开始对寄生虫着迷。然而很不幸，他自己最后却成为寄生虫的猎物。1999年他勇敢地前往刚果，寻找带有艾滋病毒的黑猩猩时，不幸感染疟疾，于2000年过世，享年63岁。他的同僚特里弗斯在《自然》上发了一篇感人的讣闻，称汉密尔顿有"我所见过最细致而深层次的思想。他的言论常常有双层甚至三层意义，而我们一般人只在单层深度说话或思考。他

---

[1] 这句话是马特·里德利讲的，他在1993年出版的书《红皇后》中有精彩讲述。

的思考方式有如和弦一般"。

在引起汉密尔顿的兴趣之前，寄生虫一直声名狼藉。这是受到维多利亚时期颇负盛名的英国动物学家雷·兰克斯特（Ray Lankaster）的影响，寄生虫一直是公认的进化中途堕落退化的产物（他还认为，西方文明也将面临相同的命运）。不幸的是兰克斯特的阴魂在他死后一个世纪仍徘徊在动物学界。在寄生虫学领域之外，很少有其他科学家相信寄生虫具有精巧复杂的适应力，因此完全无视寄生虫学家数十年的研究所揭示的各种证据。寄生虫可以改变它们的形状和特性以适应不同的宿主，它们在寻找感染目标方面有奇迹般的精准度。寄生虫不但不是退化的产物，甚至还是已知生物中适应力最强的物种，它们的策略更是让人刮目相看，有人估计它们的数目是独立生活物种的四倍。汉密尔顿很快联想到寄生虫与其宿主之间永无止境的竞争，恰好提供了让有性生殖可以崭露优势的无止境环境变动。

为什么要和自己的父母不同？因为你的父母或许正因受到寄生虫的感染而苟延残喘，有时候甚至命在旦夕，尽管他们仍可以把你生下来。住在北美与欧洲干净环境中的幸运儿，或许早就忘记寄生虫侵扰的可怕，但是世界上其他地方的居民可没这么幸运。比如疟疾、昏睡病或盘尾丝虫病等可怕疾病，都诉说着寄生虫感染的惨剧。全世界大概有20亿人口被各种寄生虫感染。大致来说，我们受寄生虫病的威胁远大于猎食者、极端气候或饥荒的威胁。特别对于热带地区的动物或植物来说，同时带有20种以上的寄生虫全然不是新鲜事。

性可以解决问题。寄生虫的进化速度很快，它们的生命周期短暂，数量庞大，所以花不了多少时间就可以适应宿主，而且是最根本的适应，蛋白质对蛋白质，基因对基因。办不到的话它们就会死亡，成功的话就可以自由生长繁殖。如果宿主族群的基因完全相同的话，那成功的寄生虫可以轻易感染全部宿主群，并有可能消灭宿主群。但是如果宿主也会改变，那就有一点点的机会，某些个体产生的某个罕见突变基因恰巧可以抵抗寄生虫感染。宿主此时再次壮大，直到寄生虫开始被迫注意到这个新的基因并去适应它，要不然灭绝的就是寄生虫。这种情况会一直重复，一代又一代，一个基因型接着一个基因型，两者持续赛跑，但其实都停留在原地，如同那位红皇后一样。所以性的存在是为了把寄生虫挡在外面。①

不论如何，该理论的主张就是如此。性确实在族群密集而寄生虫也多发的地方普遍存在，在这种环境之中，性也确实可以让个体的后代直接受惠。然而，我们不确定，寄生虫所带来的威胁，是否真的大到足以解释性的进化，以及有性生殖广泛而长久的存在。红皇后理论所预测的那种无尽的基因型变化循环，很难在野外直接观察，而用计算机模型去测试能够促进有性生殖发展的环境，所得到的结果又与汉密尔顿当初的构想相差甚远。

比如说，提倡红皇后理论中的先驱与佼佼者，美国生物学家

---

① 或许你会反对说：这是免疫系统的工作才对吧？确实如此，但是免疫系统其实是有弱点的，而只有性才有办法修正这个弱点。免疫系统运作的前提是要能定义并区分"自我"与"非我"。如果"自我"的蛋白质是代代相传永不改变的，那么寄生虫只需要利用长得像"自我"的蛋白质来伪装自己，就可以躲避免疫系统的攻击，它们会轻易躲过各种障碍，直接攻击最根本脆弱的目标。任何无性繁殖的生物如果有免疫系统的话，都要面对该问题。只有性（再不然就是重要的目标蛋白质有很高的突变率）才能让每一代都改变免疫系统对"自我"的定义。

柯蒂斯·莱弗利（Curtis Lively），就曾在1994年说过，根据计算机仿真的结果，寄生虫传染率要非常高（70%以上）以及它们对宿主的影响要大得吓人（让80%的宿主适应度下降），性才有决定性的优势。虽然某些例子确实符合这种环境需求，但是大部分的寄生虫感染，都没有剧烈到足以让有性生殖占上风。因为突变也可以让族群随时间慢慢产生个体差异，而计算机仿真的结果显示，有差异后的无性生殖生物，似乎比有性生殖生物适应得要好。虽然后来又有许多聪明的理论让红皇后变得更有力量，但是都不免带有些诡辩的意味。1990年间进化学界弥漫着一股消沉的气氛，似乎没有任何单一理论可以解释性的进化与存在。

当然，从来没有规定说只能用一个理论来解释性的存在。事实上，这些理论并不排斥彼此。或许从计算的角度来看这些理论是一团混乱，但是大自然爱怎么乱来就怎么乱来。从20世纪90年代中期以来，科学家开始试着结合不同理论，看看能不能在某些地方彼此强化，结果还真可以。比如说，当红皇后和不同人共枕时，结果也不一样，而她和某些人配对时，会更强大更有利。莱弗利指出，当红皇后理论和穆勒棘轮理论结合时，性的价值就会增高，也让两个理论都更接近现实。然而当科学家再回到他们的绘图桌前去观察各种参数时，他们发现其中有一项参数明显有问题。对于现实世界来说，这项参数未免太过理论化了，那就是假设物种的族群规模可以无限大。别说大部分的族群数量都远非无限大，就算规模很大的族群往往也受地域影响，被切割成规模有限又局部独立的单位。这一点差异造成的结果出人意料。

最出人意料的或许是理论融合改变了一切。20世纪30年代费希尔与穆勒等人关于族群遗传学的看法，似乎又从教科书中尘封已久的角落如幽灵般回来了，而且变成了我认为最有希望诠释有性生殖独特性的理论。许多科学家早在20世纪60年代就开始发展费希尔的概念，其中最重要的当属威廉·希尔（William Hill）、阿兰·罗伯逊（Alan Robertson）与乔·菲儿森斯坦（Joe Felsenstein）等人。不过真正用数学计算来改变思想浪潮的，还是要归功于英国爱丁堡大学的尼克·巴顿（Nick Barton）与英属哥伦比亚大学的萨拉·奥托（Sarah Otto）两人。在过去十年里，他们建立的模型成功解释了为何性可以既有益于个人，也有益于群体。这个新的架构也让人满意地融合了各家理论，从威廉姆斯的彩票假说到红皇后理论。

这个新的理论是从有限族群里观看运气与自然进化之间的相互作用。在一个无限大的族群里，任何可能会发生的事情都会发生。好的基因组合一定无可避免地出现，而且搞不好还不需要太长的时间。但是在一个有限的族群里，情况就大不相同。这主要是因为如果没有性造成的重组，一条染色体上的基因就像穿在一条绳子上的珠子。它们彼此命运相系，染色体的命运由全体决定，所有基因休戚与共，与单一基因的质量好坏无关。虽然大部分的基因突变都是有害的，可是又没有坏到毁掉整条尚算完好的染色体。但这也意味着，缺点会慢慢累积，渐渐侵蚀适应度，最后形成一条质量极差的染色体。这些一点一点慢慢发生的突变，虽然很少会一下子让个体残障或死亡，但是会破坏遗传优势，同时用难以察觉的速度降低族群的平均适应水平。

而讽刺的是，当处于这种低劣的环境下，有益的突变反而会造成大混乱。为了解释这种现象，让我们先假设一条染色体上有500个基因好了。这会造成两种结果。一种是这个有益突变会被同染色体上其他次等基因限制住无法传播，另一种则是这个有益突变会传播出去。在第一种情况里，自然选择这个有益基因的概率很大，但同时又选择其他499个基因的概率很小，所以对总体来说，选择这个带一个有益突变的染色体概率不大，这个有益的基因极有可能就这样无声无息地消失，因为自然进化根本没机会看到它。换句话说，同一条染色体上面所有基因会彼此干扰，术语称为"选择干扰"，它会削弱有益突变的价值，进而干扰自然进化的作用。

然而第二种结果才会造成更严重的后果。假设整个族群里，有一条染色体有50种略有差异的版本。现在如果产生一个新的有益突变，而这个突变好到足以让它自己遍布全族群，那么这个基因就会取代族群中所有染色体版本的相同基因。不过问题在于，它不只会取代各版本的相同基因，它还会带着整条染色体，一起取代其他较弱竞争者的同一条染色体。也就是说，如果这个突变碰巧出现在那50个版本中的一个，那么其他49个不同版本的染色体都将从族群里面消失。这还不是最糟的，被取代的除了连在同一条染色体上面的所有基因以外，还有所有被消灭的个体所持有的其他染色体上的基因，也就是说，被取代个体的全部基因都将消失。实际上整个族群的遗传多样性都不见了。

所有有益突变造成的两种结果如下："坏的"突变会损害"好的"染色体，"好的"突变则被困在"坏的"染色体上，不管如何都会破坏族群适应度；如果偶尔有一个突变具有较大的影响力，不被困住，那么强力选择最终会摧毁族群的遗传多样性。而后者有什么下场可以从男性的Y染色体上看得很清楚，这条染色体从来没有被重组过。[①] 这条染色体和女性X染色体比起来（X染色体会重组，因为女性有两条X染色体），它几乎和残骸没有什么两样，除了带有少许有意义的基因以外，剩下的全是语意不清的无意义基因。如果每一条染色体都遭遇相同的退化命运，那么大型复杂生命将不可能形成。

　　毁灭性的结果还没就此打住。当选择的作用越强，就越有可能摒除一个或多个基因。任何选择机制都会产生影响，不管是寄生虫还是气候、饥荒还是拓展新殖民地等，红皇后以及其他的选择理论也都适用。结果就是不管哪一种情况都会让族群失去遗传多样性，而降低有效族群大小。（有效族群为族群遗传学术语，简单来说就是一个族群里，能有效把基因传给下一代的个体数量。因为一群生物里不是人人都有机会把基因传给了代，所以有效族群大小往往小于族群个体总数。）一般来说，越大的族群可以包含越大的遗传多样性，反之亦然。但是靠无性生殖的族群在每次自然进化淘汰浪潮后，就会失去一些遗传多样性。从族群遗传学的观点来看，这让看似大规模的族群（数以百万计）和小规模族群（数以千计）无异，而实际上遗传多样性的减少，正好让

---

① 其实不尽然。Y染色体没有全部消失的一个原因，是因为它上面的基因有许多副本。这条染色体显然会对折，让基因在相同的染色体上彼此重组。这么有限的重组似乎已经足以挽救大部分哺乳动物的Y染色体，让它们不至于消失。但是有一些动物的Y染色体则完完全全消失了，比如亚洲鼹形田鼠。它们如何产生雄性动物至今仍是一个谜，不过至少我们可以安心，人类不会因为退化的Y染色体而变得一片混乱。

随机运气有机会产生更大影响。任何一个重要的选择作用，都会让原本大规模的族群变成小规模的有效族群，让它们更容易退化甚或灭绝。有一系列的研究表明，遗传多样性减少的现象广泛存在于无性生殖的物种间，同时那些偶尔才有性生活的物种也深受其害。性最大的好处就在于它让好的基因有机会通过重组，脱离那些共存在遗传背景中的垃圾，同时保存了族群里大量被隐藏的遗传多样性。

巴顿和奥托的数学模型显示，基因之间的选择干扰效应不只会影响族群，也会影响个体。在那些可以同时进行有性生殖和无性生殖的物种里，一个基因就可以控制有性生殖的频率。这个基因的普及程度，正好可以测量有性生殖的价值如何随着时间变化。如果这种基因普及率增高，代表有性生殖有优势，如果普及率降低，则代表无性生殖有优势。更重要的是，如果这个基因的普及率在每一代中都增加，则表明性对个体有好处。而事实上，我们发现它的普及率越来越高。在本章讨论过的所有观点中，选择干扰的影响最为广泛。性不管在任何情况下都优于无性生殖（尽管它要付出双倍的成本）。在以下三种情况，两者的差异达到最大：族群具有高变异性、突变概率大以及选择压力大的时候。这有如宗教的三位一体却毫不神圣，让选择干扰理论成为性起源的最好解释。

虽然有许多顶尖的生物学家投入解决和性有关的各种问题，但是其中只有极少一部分真正在研究性的起源。促成有性生殖诞生的整体条件或环境，实在还有太多的不确定性，因此所有的假设往往只能停留在假设阶段。尽管如此，就算目前各种理论仍针锋相对，但我想至少有两个观点是大部分人都同意的。

第一点就是所有真核细胞生物的共祖有性生活。如果我们试着去建立所有植物、动物、藻类、真菌与原虫的共通特性，将会发现最重要的共有特性之一就是性生活。性对于真核细胞来说是如此重要，这件事再明显不过了。如果我们全部都是来自同一个有性生殖的真核细胞，而这个真核细胞祖先又是从无性生殖的细菌而来，那么在远古时代一定有一个瓶颈，只有这个有性生殖的真核细胞祖先可以挤过去。根据假设，第一个真核细胞应该是像它的细菌祖先一般只会无性生殖（所有现存的细菌都没有真正的性生活），但这一支系已经全部灭绝了。

我认为所有人都同意的第二点和线粒体这个真核细胞的"发电厂"有关。关于线粒体曾经是独立生活的细菌这件事，现在已经得到大家公认。而我们几乎可以确定真核细胞生物的共祖应该已经有线粒体了。另外，科学家现在也赞同，曾经从线粒体传入宿主细胞的基因，就算没有好几千恐怕也有好几百个。而那些镶嵌在近乎所有真核细胞染色体里的跳跃基因，也来自线粒体。这些观察结果都没有太多需要争论的地方，但把它们放在一起之后，或许可以清晰描绘出，那些极可能引发有性生殖进化的选择压力。①

---

① 这两个观点与原始宿主细胞的确切身份无关，同时也不涉及原始细胞存在何种共生关系；而这些问题目前还没有答案。此外，关于原始细胞有没有核，有没有细胞壁，或者有没有吞噬细胞的生活形态，这些问题也都不会改变这两个观点。所以，尽管目前关于真核细胞的起源，从许多方面来看，还有太多充满争议的理论，但是不会影响到我们在这里讨论的任何一个假设。

想想看，第一个真核细胞是一个嵌合体，许多小小的细菌住在一个较大的宿主细胞中。每一次细菌死亡，它的基因就会被释放出来，跑到宿主细胞的染色体里。这些基因的片段会用细菌合并基因的方式，随机地合并到宿主的染色体中。有一些新来的基因有利用价值，也有很多一无是处，还有的和宿主已有的基因重复。还有一些基因片段正好插入宿主基因中间，把宿主基因区分成几个小段。这些跳跃基因会带来大灾难。因为宿主细胞无法阻止这些基因自我复制，所以它们会无所顾忌地在宿主基因组里跳来跳去，让自己渐渐渗入染色体中，最后将宿主的环状染色体切成好几段直链状染色体，也就是现在所有真核细胞所共有的染色体形式（详情请见第四章）。

　　该族群的变异性很高，进化非常快速。或许一些简单的小突变会让细胞失去细胞壁。另一些突变则帮助细胞改良原本属于细菌的细胞骨架，把它升级成机动性更高的真核细胞骨架。宿主细胞或许随意地利用寄生细菌的脂质合成基因，形成细胞核以及其他内膜系统。细胞不需要在我们未知的大突变中一步登天，而是经由简单的基因交换加上一些小突变慢慢改变。不过几乎所有改变都是有害的，在一个成功有益的改良背后，是上千条错误的歧路。唯有性有办法融合出一个不会害死人的染色体，也只有性能把所有最佳突变和基因组合带到同一个细胞中。这需要真正的性生活才能实现，而不是半吊子的基因交换。只有性有办法从一个细胞带来细胞核，再从另一个细胞拿出细胞骨架，或者从第三个细胞带来蛋白质靶向机制，与此同时，把所有失败品筛掉。在减数分裂的随机力量之下，或许每产生一个赢家（或者说是幸存者）都要牺牲掉上千个输家，但是这还是比无性生殖要好太多太多了。在一个变异性高、突变概率大以及选择压力大的族群中（一部分原因是那些寄生性的跳跃基因的攻击造成的），无性生殖会非常惨。无怪乎我们会有性生活。没有性生活的话，真核细胞生物根本不可能存在。

不过问题是，如果无性生殖很惨的话，那么性的进化过程快到可以拯救世界吗？答案或许很让人惊讶，那就是"可以"。从技术上来说，性的进化非常简单迅速。基本上只有三个基本步骤：细胞融合、染色体分离以及基因重组。让我们快快浏览一下这些步骤。

细菌基本上无法进行细胞融合，它们的细胞壁会阻碍融合，没有细胞壁的话会让问题好解决很多。许多简单的真核细胞，比如黏菌或真菌，会融合为一个带有多个细胞核的巨大细胞。原始真核生物的生命周期中会定期出现松散的细胞融合网络，称为合胞体。许多寄生者比如跳跃基因或线粒体，就是通过这种细胞融合机制进入新的宿主，其中有一些还会主动引发细胞融合。所以如何避免细胞融合或许才是更大的难题。因此，性生活的第一个步骤，细胞融合，应该不成问题。

乍看之下，染色体分离似乎具有挑战性。还记得减数分裂过程中，染色体的谜之舞蹈吗？它会先复制染色体，之后才把每一套染色体平均分给四个子细胞。为什么要这么麻烦呢？事实上，这一点也不麻烦，它只不过是将现存的细胞分裂过程，也就是有丝分裂，做了一个小小的改变而已。有丝分裂的第一步就是染色体复制。生物学家汤姆·卡瓦利埃-史密斯认为，有丝分裂很可能是细胞从细菌那里继承了分裂步骤后，做了一些简单的改动进化出来的。他接着解释，其实只要改变一个关键点，就可以让有丝分裂变成减数分裂的原型，这个关键点，就是让细胞无法完全吃掉把染色体粘在一起的"胶"（术语称为凝集蛋白）。这样细胞就无法复制染色体进行下一轮细胞分裂，它会先停顿一下，然后再一次把染色体拉开来。事实上，这些残存的胶水会让细胞混乱，让它在完成第一次分离之后，误认为已经可以进行下一轮的染色体分离，而没有意识到第一轮分裂还没有结束。

结果就是染色体数目减半，卡瓦利埃-史密斯说，这正是减数分裂带来的第一个优点。如果原始的真核细胞无法阻止大家融合在一起，形成一个带有多套相同染色体的巨大网络组织（如同现在黏菌形成的结构），那么重新产生一个带有单套染色体的单细胞，就需要某种还原式的细胞分裂。减数分裂正好可以通过稍微扰乱正常的细胞分裂，产生单细胞。这个过程对细胞分裂机制改动最小。

如此，我们就进入性生活的最后一个关键点——基因重组。这个过程和以前一样，其实也不会构成问题，因为所有需要用到的机器其实都已经在细菌体内，细胞只需继承它们即可。不只是那些机器，实际上真核细胞进行基因重组的方法都和细菌一模一样。细菌经常从环境中获取基因（水平基因转移），然后通过基因重组把它们嵌入自己的染色体中。在第一个真核细胞里，一定是利用相同的方法嵌入从线粒体中跑出来的基因，并不断扩充宿主细胞本身的基因组容量。根据匈牙利布达佩斯罗兰大学的蒂博尔·维赖（Tibor Vellai）的看法，对于最早的真核细胞来说，重组的好处就是扩充基因库，和细菌的目的一样。而要让基因重组变成减数分裂中的惯常程序，应该相当简单。

性的进化或许根本不是问题。从机制上来说，它们几乎早已万事俱备。对于生物学家来说比较难解的事情反而是，性为何会持续下去？自然进化的目的并非让"适者生存"，因为这个适者如果无法繁衍的话，那就什么都不是。有性生殖在一开始就远胜于无性生殖，然后普及到几乎所有的真核生物群中。有性生殖一开始带来的好处或许与现在无异，那就是让最好的基因组合出现在同一个个体身上，净化有害突变，同时也随时准备融入任何有益的新发明。在远古时代有性生殖或许只能从众多牺牲者中产生一个赢家，甚至只是个悲惨的幸存者，但仍然远比无性生殖要好太多了，因为无性生殖几乎注定会毁灭。即使在现在，有性生殖虽然只能产生一半的后代，但是它的适应度却是别人的两倍。

令人哭笑不得的是，这些观念其实就是20世纪初期那些已经过时的理论，如今用一种比较复杂的概念包装重新呈现出来，而其他新潮的理论，反而纷纷落马。这些观念认为性有益于个体，通过融入其他理论，将性的价值恰当地呈现出来。我们摒除了错误的理论，把其他具有丰富内涵的假设统整在一起成为一个理论，这过程就像众多基因通过重组结合在同一条染色体上一样。同样多亏了有性生殖，才有这么多聪明的理论问世，而我们每人都贡献了一份力量。

第六章　运　动
——力量与荣耀

　　我们太熟悉运动了，以至于忽视了运动的重要性。是运动使我们能在特定时间出现在特定地点，这种生活给了动物目的，也让开花植物有了意义。而使运动成为可能的是组成肌肉的各种蛋白，谁能想到从这些蛋白质中还能看出我们和苍蝇的亲缘关系呢？

"自然的獠牙与利爪，沾满了红色的血液"这句话，恐怕是英文里面描述达尔文时引用次数最多的一句了。尽管自然进化未必认同这句话，但是它却非常精准地描绘了一般人对自然进化的看法。原句出自英国诗人丁尼生1850年写的一首忧郁的诗《追悼》，九年之后达尔文出版了他的《物种起源》。丁尼生的诗人朋友亚瑟·哈兰姆（Arthur Hallam）的去世是他写此诗的契机，在该句的上下文中，丁尼生表达了上帝之爱与大自然冷酷无情的强烈对比。他借着大自然的口说，不只个人会腐朽，物种也一样。"物种已绝灭了千千万万，我全不在乎，一切终将逝去。"对我们来说，一切，包括我们所珍惜的全部，如意志、爱、信赖、正义，还有上帝。虽然自始至终丁尼生都没有失去他的信仰，但是那时候诗人显然深受信仰的折磨。

这种对大自然的成见（还有认为"自然进化好似个磨轮无情削磨"），已经招致多方批评。老实说，这种论调完全忽略了草食动物、植物、藻类、真菌、细菌等多样生命间的合作关系，只剩下猎食者与猎物间的竞争关系，贬低了合作的重要性。达尔文所主张的为生存而奋斗，是一种广义的奋斗，还可以包含个体之间以及物种之间的合作，甚至是个体内部的基因合作等，总的来说就是包括自然界最重要的共生关系。我不打算在这里讨论合作关系，只是想讨论一下从诗文中引申出来的猎食行为的重要性，或者讲得更详细一点，想讨论运动的威力，讨论运动如何从很久以前彻底改变了我们的世界。

沾满鲜血的獠牙与利爪隐含了运动的存在。首先抓到猎物，就不太像被动的行为。接下来咬紧上下颚需要用力打开再闭上嘴巴，这需要肌肉才能实现。如果要假设一种被动的猎食行为，大概就像真菌一样，但是即便是真菌，它们用菌丝缓慢绞住物体也需要某种程度的运动。总之我的观点就是，没有运动的话，很难想象如何能够依靠猎食来生存。因此，运动是非常基本而重大的发明。要想抓住你的猎物然后吃掉它，首先要学会运动，不管是像变形虫那样爬行吞噬，或者是像猎豹一般充满力量与速度的美。

我们并不能立马察觉运动如何改变了生态系统的复杂性，还有植物进化的方向和速度。化石记录虽然透露了一些端倪，让我们稍微洞悉，但却无法完整呈现物种之间的互动，以及这些互动如何随时间而改变。有趣的是，化石记录显示大约在地球历史上最大规模的灭绝事件之后，也就是距今2.5亿年前的二叠纪结束之际，生物的复杂度发生了剧烈的改变，在此之前95%的物种都灭绝了。这一次大灭绝之后，一切都不一样了。

当然，二叠纪以前的世界已经很复杂了，陆地上充满巨大的树木与蕨类植物、蝎子、蜻蜓、两栖类、爬行类等等，海中则充满了三叶虫、鱼类、菊石、腕足类、海百合（一种有长柄的棘皮动物，在二叠纪大灭绝时差点全部灭绝）以及珊瑚。不仔细看的话会以为这些生物的"种类"改变了，但整个生态系统却没有太大的不同，然而如果仔细分析会发现这种观点是不对的。

生态系统的复杂性可以用物种的相对数目来评估。一个系统里如果只由少数物种主宰，而其他物种处在边缘地带，那我们会说这个生态系统很简单。但是如果大量的物种彼此共存，势均力敌，那么这样的生态系统就非常复杂，因为物种之间可以形成更多关系网络。把各时代化石记录中物种的数量记录下来，我们可以得到一个物种复杂性的"指标"，结果出人意料。物种的复杂性并非慢慢累积由简而繁，相反，看起来像在二叠纪大灭绝之后忽然急速升高。在大灭绝之前，大约有3亿年的时间，海洋里复杂与简单的生态系统大约各占一半，但是在大灭绝之后，复杂生态系统比简单生态系统多出3倍以上，之后的2.5亿年直到现在又是另一个持续稳定时期。为什么这种改变并非稳定进行，而会发生剧变呢？

根据美国芝加哥自然史博物馆的古生物学家彼得·瓦格纳（Peter Wagner）的看法，答案在于运动生物的扩张，这一变化让大量生物固定在海底的世界（腕足类、海百合等动物都是过着一种过滤碎屑为食的低耗能生活），变成一个全新而充满活力的世界。新世界由四处移动的动物主宰，尽管只是一些海螺、海胆或螃蟹之类。当然很多四处移动的动物在大灭绝之前就已经存在了，但是只有等到大灭绝之后它们才真正成为主宰者。为什么在大灭绝之后会有这种急速的转变，目前还没有答案，或许是因为运动者对于世界的适应力更强。如果你一天到晚跑来跑去的话，那就更容易遇到各种环境变化，所以身体抵抗环境变化的能力就会更强。因此，或许运动的动物，在世界末日之后的环境剧变中更容易生存（第八章会详细讨论）。那些只靠过滤碎屑过活的生物则完全无力抵抗巨变的潮流。

不过不管原因是什么，运动生物的兴起，改变了生活的样貌。不管从哪个角度来看，四处游走让动物更容易狭路相逢，因此不同物种之间有更多种互动的可能。这不只是说有更多种的猎食，同时也有更多牧食、更多腐食、更多穴居躲藏等行为。动物总有各种理由移动，但是运动所带来的新生活，让动物可以根据特定目的，在特定时间出现在特定地点，然后在另一个时间出现在另一个地点。换句话说，这种生活给了动物目的，让它们有可能根据思考，从事有目标的行为。

然而运动所带来的改变，远超生活方式这一种，它还主宰了进化的步调、控制基因与物种随时间改变的速度。改变最快的当属寄生虫与病原微生物，因为它们要不断地创新发明来应付免疫系统的迫害，动物也从未对它们掉以轻心。而对于滤食动物，或者更广泛地包括植物这类固定不动的生物，进化就没那么快。对于这些物种而言，红皇后理论，那种要不停地奔跑才能保持在原地的理论（至少相对于竞争者来说），简直是天方夜谭。滤食生物基本上是万年不动的，直到在某一瞬间被扫除一空。不过有一个例外，那就是开花植物，而这个例外再次强调了运动的重要性。

在二叠纪大灭绝以前，世界上并没有任何开花植物。当时植物世界是一片单调的绿色，如同现在的针叶林一般。多姿多彩的花朵与水果完全是植物对新动物世界的回应。显而易见，花朵是为了吸引传粉者，也就是动物，帮它们把花粉从一朵花传给另一朵，如此固定的植物就可以获得有性生殖的好处。水果也应动物的召唤而生，借用动物的肠子帮它们把种子散播出去。因此，开花植物和动物共同进化，两者环环相扣。植物满足了传粉者与食果实者内心深处的渴望，而动物则在毫不知情的状况下完成了植物交付的任务，至少到人类开始生产无子水果之前都是这样。这种纠缠不清的宿命加速了开花植物的进化速率，以便跟上它们的动物伙伴。

运动让生物适应快速变化的环境，引发植物与动物之间更多的互动，产生了猎食这种生活形态，还带来了更复杂的生态系统。这些因素都促使感官系统进化得更敏锐（也就是说，更适于探索周围的世界），以及更快的进化速度，这样才能跟上环境的变化速度，不只是其他动物，还有其他植物。然而在这一切的发明中，只有一个发明让一切变得可能，那就是肌肉。或许肌肉乍看之下并不会让人像赞叹其他感觉器官（如眼睛）一样赞叹它的完美，但是放在显微镜下观察，就可以发现肌肉是多么了不起。它有排列清晰的纤维，协同作用产生力量。它是把化学能转化成机械力的机器，和达·芬奇所发明的东西一样不可思议。但是这样一部目的性极强的机器是如何出现的？在这一章中我们将要讨论肌肉收缩的分子机制、它们的来源与进化。有了肌肉，动物才能如此深刻地改变整个世界。

很少有特征能像肌肉这般引人注目，充满肌肉的男性总是激起人类的欲望或忌妒，从古希腊英雄阿喀琉斯到某位加州州长都是如此。与肌肉有关的历史，除了它的外表之外，还有许多伟大的思想家与实验者，都尝试去解释肌肉如何运作。从亚里士多德到笛卡儿，他们对肌肉的看法都是，肌肉运作原理并非收缩，而是膨胀，就像肌肉发达者膨胀的自信一样。他们认为脑室中会释放出看不见也无重量的动物灵气，通过中空的神经输送到肌肉，使其因膨胀而缩短。笛卡儿认为身体是机械的，因此他假设肌肉里面应该会有瓣膜，就像血管中的瓣膜阻止血液回流一样，这些瓣膜也可以阻止动物灵气回流。

但是1660年，在笛卡儿之后不久，这个曾经备受宠爱的理论就被一个简单的发现推翻了。荷兰的实验生物学家扬·施旺麦丹（Jan Swammerdam）用实验观察肌肉收缩时，发现肌肉的体积并没有增加，反而稍微减少了一些。这样一来，肌肉就不太可能像个袋子一样被动物灵气撑开。然后到了1670年，另外一位荷兰人，也就是显微镜技术的先驱安东尼·范·列文虎克（Antony Van Leeuwenhoek），首次用他的玻璃透镜观察了肌肉的显微构造。根据他的描述，肌肉由许多非常细长的纤维组成，而这些纤维又由许多"非常小的球状物"彼此相连串成一条链子，上千条这种链子组成整个肌肉的构造。英国医师威廉·克罗尼①（William Croone）则认为这些小球体其实像许多小袋子一样，可以被灵气撑开，却不会影响总体的体积。这些结构的运作原理已经远远超出当时科学能验证的范围，但科学的想象却没有边界。当时有许多顶尖的科学家认为这些小袋子里面装的就是爆炸物。比如说英国科学家约翰·梅欧（John Magow）就认为，动物灵气其实是含硝的气体分子。他认为这种气体由神经提供，会和血液提供的含硫分子混合在一起，形成类似火药的爆炸物。

不过这一理论也没流行多久，在列文虎克第一次观察肌肉的

---

① 克罗尼是英国皇家学院的创始会员之一，后来以他名字命名的克罗尼讲座（年度荣誉讲座），是生物科学最重要的讲座。

8年之后，他又用另外一架改良的显微镜重新观察他当年发现的"小球体"，然后为自己之前的说法致歉。他说肌肉纤维完全不是一连串小球体，而是一圈圈的环或皱褶，规律地绕着纤维，因此看起来像一颗颗小球体。他还把这些纤维压碎，在显微镜下细细观察其结构，发现这些纤维其实由更小的纤维组成，每根大概包含100多条小纤维。现在，这些东西的命名都不一样了。列文虎克当年看到的片段现在称为"肌节"，内含的细丝被称为"肌原纤维"。显然肌肉的收缩和小袋子膨胀一点关系也没有，而是和一束又一束的纤维有关。

该结构暗示肌肉可能通过纤维之间的某种机械性滑动运作，但是科学家依然不知道什么力量可以驱动肌肉如此运作。还要再等100年，等科学家发现一种新的力量，才有可能让这些肌肉纤维生气蓬勃，那就是电力。

18世纪80年代，意大利博洛尼亚大学的解剖学教授路易吉·伽伐尼（Luigi Galvani）用解剖刀碰触死青蛙的腿，同时在房间另一头有一部机器碰巧发出了一个电火花，他惊讶地发现死青蛙的腿居然收缩了。难道是电复活了青蛙腿？此后他做了一系列实验，用黄铜钩子摩擦解剖刀也会有一样的反应，雷雨天在屋内做实验也可以观察到类似的现象。这些实验催生出电力赋予生命力的理论，很快这一理论就被命名为直流电疗法（或称伽伐尼主义），并且给英国作家玛丽·雪莱（Mary Shelly）送去了灵感。雪莱在1823年写下她著名的哥特式小说《弗兰肯斯坦》之前，曾经详细研究过伽伐尼的实验报告。事实上，伽伐尼的侄子乔万尼·阿迪尼（Giovanni Aldini）可能是小说里科学家弗兰肯斯坦的原型。

他曾在19世纪初期巡回欧洲展示"伽伐尼式死体复活术"。最有名的一次是他在英国伦敦的皇家外科医学院，当着众多内外科医师、公爵甚至威尔士亲王的面，电击一颗被砍下的罪犯头颅。阿迪尼记录道，当他电击耳朵和嘴巴时，"下巴开始颤动，周围的肌肉剧烈收缩，甚至睁开了左眼"。

当时另外一位意大利物理学家、帕维亚大学的教授亚历山德罗·伏特（Alessandro Volta）也对伽伐尼的实验很感兴趣，但是不赞成伽伐尼的解释。伏特坚持认为身体里面不可能有任何带电的东西，而直流电疗法的现象纯粹只是身体对金属产生的外界电流的被动反应。他认为，青蛙腿可以导电，这和浓盐水可以导电一模一样，纯粹是被动的。伽伐尼和伏特从此展开了一场为期十年的争论，而两派都各有积极的拥护者，恰好也反映了当时意大利的学术潮流：动物主义者对上机械主义者，生理学家对上物理学家，博洛尼亚大学对上帕维亚大学。

伽伐尼坚持认为他的"动物电流"确实来自体内，但想要证实此事却很难，至少很难说服伏特。这场争论也很好地展现了伽伐尼式实验思维有多大的威力。在设计实验证明自己理论的过程中，伽伐尼首先证明肌肉的性质就是容易被激活的，因为它能产生比刺激更大的反应。他还主张肌肉可以凭借在内层表面的两侧累积正负电荷来产生电力。伽伐尼说，电流会通过两层表面间的小孔。

这些主张真是非常有远见，但是这个例子也不幸地显示，历史由胜利者书写，即使在科学界也是如此。[1] 因为伽伐尼拒绝拥

---

[1] 丘吉尔有句名言是这么说的："创造历史最好的方法就是改写历史。"他的权威著作也为他赢得了1953年诺贝尔文学奖。上一次历史文学拿到文学奖是什么时候呢？

戴拿破仑，因此拿破仑攻占意大利之后，他就被逐出博洛尼亚大学，次年因穷困潦倒而死。他的主张在随后数十年内渐渐没落，在很长一段时间，他只给后人留下"神秘的动物电流宣传者"或"伏特的对手"的印象。而伏特则在1810年被拿破仑封为伦巴第伯爵，不久之后电力单位也根据他的名字被命名为伏特。但是，尽管伏特因为发明了第一个实用电池，也就是伏特电池，在历史上占了一席之地，但是关于动物电流这件事他却错得离谱。

一直到19世纪末，伽伐尼的理论才再度被认真对待，这要归功于德国学派对于生物物理的钻研，而其中最著名的人物当属物理大师赫尔曼·冯·亥姆霍兹（Hermann Von Helmholtz）。这个学派不只证明动物的肌肉与神经确实由"动物电流"产生力量，亥姆霍兹甚至计算出神经传递电脉冲的速度。他使用的方法是当时军方用来测量炮弹飞行速度的方法，而结果很奇怪。神经传导的速度相对偏慢，大约是每秒几十米，远不及正常电流每秒几百千米的速度。该结果表明动物电流和一般电流确有不同。很快科学家发现两者最大的不同就是动物电流由笨重缓慢的带电离子，如钾离子、钠离子或钙离子传递，而不是迅速又难以捕捉的电子。当离子穿过膜的时候会造成去极化现象，也就是说，细胞膜外面会暂时带更多负电。去极化现象仅发生在非常靠近细胞膜表面的地方，会形成"动作电位"，它会沿着神经表面或在肌肉里传递下去。

但是这种动作电位到底如何驱动肌肉收缩。在回答这个问题之前，还要先回答另外一个更大更难的问题，那就是肌肉到底如何收缩？这次科学家利用更先进的显微镜技术来找答案。显微镜下的肌肉呈现出有规律的纹路，当时人们认为它们很可能由密度不同的物质组成。从19世纪30年代晚期开始，英国的外科医师兼解剖学家威廉·鲍曼（William Bowman），详细研究了40多种动物的肌肉显微结构。这些动物除了人类之外，还有其他哺乳类、鸟类、爬行类、两栖类、鱼类、甲壳类以及昆虫等等。他发现所有这些动物的肌肉都有横纹条带（称为肌节），如160年前列文虎克的描述。不过鲍曼注意到，在每一节肌节中间还可以根据颜色分为明带与暗带。当肌肉收缩的时候肌节缩短，只有明带会消失，形成鲍曼所称的"收缩时的黑色浪潮"。根据这种现象，鲍曼认为，肌肉整体的收缩来自每一段肌节的收缩，目前为止他是对的（见图6.1）。

图6.1　骨骼肌的构造，图中显示骨骼肌最具特色的横纹条带。在每两条深黑线（又称Z线）之间就是一节肌节，在每一节肌节中，颜色最深的区域内（暗带，或称A带）肌球蛋白和肌动蛋白结合在一起；颜色最浅的区域内（明带，或称I带）只有肌动蛋白；颜色介于两者之间的灰色区域内只有肌球蛋白纤维连接在中间的M线上。当肌肉收缩的时候，肌动蛋白与肌球蛋白连接形成的横桥会把在明带的肌动蛋白拉往M线，因而让肌小节缩短，看起来就像"黑色浪潮"（明带会并入暗带里面）。

但是在这之后，鲍曼就背离了正确的方向。他发现肌肉里面的神经不直接和肌节作用，所以他认为电流应该间接引起收缩。另外，括约肌和动脉里的平滑肌也让他很困惑。这些地方的肌肉，并没有像骨骼肌一般具有明显的横纹条带，但是它们仍然可以顺利收缩。因此鲍曼最后认为这些条纹和肌肉收缩并没有太大的关系，肌肉收缩的秘密，应该在那些看不见的分子结构中，而这些东西，鲍曼认为"超越了感官所能探知的领域"。关于分子的重要性，鲍曼是对的，不过他对肌肉条纹的看法是错的，对感官的看法更是错得离谱。但是他这种看法，却被同时代大部分人所接受。

　　就某种意义上来讲，维多利亚时代的科学家可以说是既无所不知却又一无所知。他们知道肌肉是由数千条纤维组成，每一条纤维都有分节，也就是肌节，这些肌节就是收缩的基本单位。他们也知道肌节里面之所以会有不同颜色的横纹，是因为组成成分不同。有些科学家已经猜到，这些条纹由相互滑动的纤维组成。他们也知道肌肉收缩是由电力驱动，而电力来自肌肉内部膜内外的电位差。他们甚至正确地假设钙离子是最可能造成电位差的主因。他们也分离出了肌肉里面最主要的蛋白质成分，并且把它命名为肌球蛋白，这个命字来自于希腊文，意思就是肌肉。但是深藏在这下面的分子秘密，也就是鲍曼认为超越感官所能探知的领域，确实超越了维多利亚时期科学家的探知范围。他们知道很多肌肉组成的知识，但完全不知道这些成分如何组合在一起，更不知道它们如何运作。这些东西还有待20世纪了不起的还原主义者来揭示。为了真正了解肌肉的伟大之处，以及这些成分如何进化出来，我们必须把维多利亚时期的科学家抛在脑后，直击肌肉分子本身。

1950年在剑桥大学，物理系的卡文迪许实验室刚成立了结构生物学组，同时也造就了科学史上的多产一刻。那时这里有两位物理学家和两位化学家，利用一种技术，完全改变了20世纪下半叶生物学，该技术就是X射线晶体学。要从不断重复的晶体几何结构中找出些什么东西是很困难的。即便在当下用它们来研究大部分的生物分子，也还是很难解的数学计算问题。

那时候马克斯·佩鲁兹（Max Porutz）是实验室领导者，他和助手约翰·肯德鲁（John Kendrew）是第一次解开大型蛋白质（比如血红蛋白分子和肌红蛋白）结构之谜的人。解谜的方法别无其他，就是研究当X射线打到分子长链上由原子散射产生的光斑。[1]之后加入的克里克以及更晚一些加入的美国年轻人沃森，两人利用相同的技术解开了DNA的结构之谜。但是在1950年加入的第四个人并非沃森，而是另一个更无名（至少对外界人来说），同时也是这个团队中唯一没有拿到诺贝尔奖的科学家。他就是休·赫胥黎（T. H. Huxley），他其实应该被授予诺贝尔奖，因为他在向世人展示肌肉如何在分子水平上进行曲柄与杠杆工作上的贡献比任何人都大，而相关研究足足持续了半个世纪。至少英国皇家学院为表彰他的贡献，1997年给他颁发了最高荣誉奖章：科普利奖章。当我在写本书之时，赫胥黎是美国麻省布兰戴斯大学荣誉教授，即使83岁高龄仍持续发表论文。

---

[1] 佩鲁兹和肯德鲁两人首先解开的是抹香鲸的肌动蛋白构造。选这个蛋白质做研究似乎很怪，其实这样的选择是有原因的，因为人们知道在捕鲸船甲板上的血块与血迹中找到过这个蛋白质结晶（在深海潜水的哺乳类动物如鲸鱼的肌肉里，该蛋白的浓度非常高）。蛋白质会结晶这种特性非常重要，因为要用晶体学解析结构，样品一定要形成某种形式的结晶，或至少有重复的构造。

造成赫胥黎无人知晓的原因之一，是大家常常把他和另外一位名气较大，同时也是诺贝尔奖得主的安德鲁·赫胥黎（Andrew Huxleg）搞混。后者的祖父是那位以雄辩闻名、人称"达尔文的斗牛犬"的生物学家托马斯·赫胥黎（T. H. Huxley）。安德鲁·赫胥黎因其战后对神经传导所做的杰出研究而出名。在20世纪50年代早期，他开始转向肌肉研究，在随后几十年间他也成为研究肌肉的主要人物。这两位互相毫无关联的赫胥黎，分别独立研究，最后得到相同的结论。1954年，两人同时在《自然》期刊上发表了两篇连在一起的论文，提出现在被大家熟知的纤丝滑动学说。特别是休·赫胥黎更是充分发挥了X射线晶体学与电子显微镜两种技术的威力（他当时年仅20岁），在随后的几十年之内抽丝剥茧地揭开了肌肉功能的奥秘。

　　休·赫胥黎在第二次世界大战时负责研究雷达，战后回到剑桥大学继续完成学业。正如许多同时代的物理学家一样，他畏于原子弹的杀伤力而放弃物理学，转而投向情感与道德压力都比较小的生物学。或许可以说，物理学的损失就是生物学的收获。赫胥黎在1948年加入佩鲁兹的团队，当时他惊讶地发现，人类对于肌肉的构造与功能知道的竟是如此之少。他立志要弥补这一点，最后这成为他一生的事业。一开始他模仿伽伐尼利用青蛙腿来研究，但是初期的结果令人失望，实验室培养的青蛙肌肉的X射线光斑非常暗淡，无法得到清楚的模式。不过后来他发现野生青蛙的肌肉就好多了，所以每天一大早还没吃早饭，他就在寒冷的清晨，骑车前往沼泽区捉青蛙带回来做实验。然而这些野生青蛙腿虽然可以产生清楚的X射线光斑，但是结果却难以解读。赫胥黎在1952年的博士论文答辩时遇到了多萝西·霍奇金（Dorothy Hodgkin），这本来应该是件很幸运的事，因为她可是晶体学领域里的佼佼者。在看过赫胥黎的论文之后，霍奇金闪过一个念头，认为实验结果或许可以用纤丝滑动来解释，并且在楼梯间遇到克里克时，非常兴奋地与他讨论这个主意。但是当时的赫胥黎还处在血气方刚的好斗年纪，因此他理直气壮地与霍奇金争辩，认为她并没有仔细阅读论文中关于实验方法那一章，而论文的数据并不支持她的结论。两年之后，在电子显微镜的辅助之下，赫胥黎自己也得到相同的结论，不过现在他有非常充足的证据。

由于赫胥黎过早下结论拒绝接受纤丝滑动理论，让该理论的发现延迟了两年，但他有准确的洞察力，相信结合X射线晶体学与电子显微镜，必定能够揭开肌肉收缩的分子机制。赫胥黎指出，这两个技术都各有缺点，"电子显微镜可以给我们清晰又明确的影像，但有各种各样的伪影。X射线晶体学可以给我们真实的数据，但难以解读"。而他的洞见是相信两者可以取长补短。

赫胥黎也很幸运，因为当时没有人有远见，可以看出科技在未来半个世纪的长足发展，特别是X射线晶体学。X射线晶体学最大的问题就在于射线的强度。要让X射线通过物体产生可被观察的衍射（或散射）图案，需要非常大量的射线。这需要花非常多的时间（在20世纪50年代要花上数小时至数天，赫胥黎和其他科学家常常需要花上一整晚确保脆弱的X射线源不至于过热），不然就需要极强的放射源，能在瞬间产生强力X射线。生物学家再度需要物理学的发展，特别是在同步加速器上的。同步加速器是一种大型环状亚原子粒子加速器，利用同步的磁场与电场，给质子与电子这类亚原子粒子加速，使粒子达到近似宇宙射线的速度，再让它们撞击在一起。对于生物学家来说，同步加速器的价值，恰好就是让物理学家烦心的副作用。当带电的粒子在环状轨道中加速时，会释放出电磁辐射，或称为"同步加速器光源"，而这些辐射大部分恰好落在X射线的范围中。这些强力射线非常好用，可以在不到一秒的时间内生成衍射图像，这在20世纪50年代，用传统的技术可要花上数小时至数天。时间对肌肉研究来说格外重要，因为肌肉收缩发生在几百分之一秒内。要想在肌肉收缩的时候同步研究分子的结构改变，同步加速器光源是最佳选择。

赫胥黎最早提出纤丝滑动理论的时候，该理论还只是一个数据不足的假说。但是从那时候开始，理论预测的许多机制已经渐渐被赫胥黎以及其他科学家，利用相同的技术一点一点厘清，其详细程度在空间上达到原子等级，在时间上达到数分之一秒。维多利亚时期的科学家只能看到稍微放大的显微结构，赫胥黎却可以看出详细的分子结构，并且预测其作用机制。如今除了一小部分机制尚未明确，我们几乎知道肌肉是如何一个原子一个原子地收缩的。

肌肉收缩所依赖的是两种蛋白质，肌球蛋白与肌动蛋白。这两个蛋白质的构造，都是由不断重复的单元所结成的长条纤维（也就是聚合物）。较粗的肌丝由肌球蛋白构成，这是维多利亚时期的科学家起的名称，而较细的肌丝则是由肌动蛋白构成。这两种纤维，粗肌丝与细肌丝，各自被捆成一束，彼此平行排在一起，两种纤维束之间则由与纤维呈直角的横桥连在一起（休·赫胥黎在20世纪50年代首次用电子显微镜看到该构造）。横桥并非僵硬不动，而是可以前后摇摆。每摇摆一次，它们就把肌动蛋白往前推一点点，看起来就好像船上划船的水手。但是和维京长船不一样的是，这里的桨摆动得毫无规律，这些水手似乎并不想听从命令。在电子显微镜下面观察可以发现，在数千个横桥结构中，摆动一致的还不到一半，剩下大部分的桨看起来都前后不一。不过数学计算的结果显示，摆动就算不和谐一致，但总体力量也足够让肌肉收缩。

所有这些横桥结构都是从粗肌丝伸出来的，它们其实是肌球蛋白的一个子单元。从分子的角度来看，肌球蛋白非常巨大，它比蛋白质的平均尺寸（比如说血红蛋白）大了八倍。整体来讲，肌球蛋白的形状有点像精子，或者其实应该说像两个精子头部并排而尾巴紧密地缠绕在一起。每个肌球蛋白分子的尾巴又与其他肌球蛋白的尾巴交错排列，这让粗肌丝看起来像条绳索。它们的头部从绳索中冒出来，正是这些头部组成横桥，与肌动蛋白形成的细肌丝互相作用（见图6.2）。

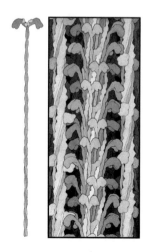

图6.2　由美国分子生物学家大卫·古德赛尔（David Goodsell）绘制的肌球蛋白水彩画。左边是一个肌凝蛋白分子，图中可以看到蛋白质的两个头从上面凸出，尾巴缠绕在一起。右边是肌球蛋白形成的粗肌丝，可以看到每个蛋白质的头部都凸出来与两边的肌动蛋白连在一起，而尾部则缠绕如粗绳索。

这些摆动的横桥如何运作呢？首先横桥会和肌动蛋白纤维结合，接上去后它还会和ATP分子结合，ATP分子提供整个过程所需的能量。当ATP接上去后，横桥会马上释放肌动蛋白，往前摆动70度（用横桥那有弹性的"颈部"），之后再次接到肌动蛋白上。接上去之后，能量耗尽的ATP就会被释放出来，而横桥也弹回原来的位置，因此把整个肌动蛋白纤维往后拉。整个循环：释放、摇摆、结合、弹回，和划船几乎一模一样，每一次都将细肌丝拉动数百万分之一毫米。ATP分子在此扮演最重要的角色，没有它的话横桥无法从肌动蛋白释放，也无法摆动，其后果就是肌肉僵直。比如动物死后就是因为缺少ATP造成死后僵直的（之后由于肌肉组织开始分解，僵直会在几天之后消失）。

肌肉横桥有许多种，但结构大致相同，但在速度上有差异。这是一个超级大家族，有上千个成员，光在人体里就有大约40种不同的横桥。肌肉收缩的速度，受到肌球蛋白种类的影响。快速肌球蛋白可以快速地利用ATP，同时加快收缩循环的运行。在每种动物体内都有好几种不同种类的肌肉，它们各自有不同的肌球蛋白，收缩速度也不同。[①] 不同物种之间也有类似的差异。目前已知最快的肌球蛋白是昆虫（比如果蝇）翅膀肌肉的蛋白，每秒钟可以完成数百次收缩循环，这比大部分哺乳动物的肌肉快上一个数量级。一般来说，越小的动物肌球蛋白的速度越快，因此一只

[①] 不同的肌肉其实含纤维的比例不同。快肌纤维依赖无氧呼吸提供能量，虽然快速但是很没效率。这种肌纤维收缩很快（含较快的肌球蛋白），但也很快疲劳。它们也不怎么需要毛细血管、线粒体或肌红蛋白，而这些都是有氧呼吸所需要的装备。缺少这些构造让肌肉呈现白色，这是白肉形成的原因。慢肌纤维主要分布在红肉中，依赖有氧呼吸（含较慢的肌球蛋白）。它们收缩较慢，但是也不易疲劳。

小鼠的肌肉收缩速度，比人类相同部位的肌肉速度要快三倍，而大鼠则比人快两倍。已知最慢的肌球蛋白是树懒和陆龟这类运动缓慢的动物的。这些肌球蛋白分解ATP的速度是人类的1/20。

虽然肌球蛋白消耗ATP的速度决定了肌肉收缩的速度，但是肌肉要停止收缩不等于要耗尽所有的ATP，否则我们每次去健身房，肌肉大概都会变得像僵尸一样，需要被抬回家。事实上，我们的肌肉是会疲劳的，这似乎是为了避免僵直而产生的适应能力。决定肌肉开始和结束收缩的是细胞里面的钙离子浓度，也正是这些离子，把肌肉收缩和伽伐尼的动物电流串联在一起。当一个神经脉冲传过来时，会很迅速地沿着微管网络扩散，并把钙离子释放到细胞里面。接下来发生一连串的步骤我们不必在意，总之最后钙离子会让肌动蛋白纤维与横桥的结合点打开，这样一来，肌肉就可以开始收缩。不久之后，细胞里面充满了钙离子，钙离子通道就会关闭，然后离子泵开始运作，把所有的钙离子打到细胞外面，以便让细胞回到初始的待命状态，准备迎接下一次任务。等到细胞里的钙离子浓度降低，肌动蛋白纤维上的结合点就会关闭，摇摆的横桥就无法与之结合，肌肉收缩因此中止。具有弹性的肌节很快就会回复到原本的放松状态。

当然这个描述其实极度简化了肌肉运作的机制，简化到了近乎荒谬的地步。随便翻开任何一本教科书，你都可以找到一页又一页的详细描述，一个蛋白质接着一个蛋白质，每一个都有精细的结构或调节功能。肌肉生物化学的复杂程度相当吓人，但是潜藏在背后的原理极度简单。这一简单原理并不只是帮助我们了解肌肉的工作方式，事实上，也是复杂生物进化的核心。在每一个不同物种身上的不同组织中，调控肌球蛋白与肌动蛋白结合的方式各不相同。生物化学细节上的差异，宛如巴洛克教堂上面的洛可可风装饰，每一座教堂单独来看，其装饰繁复，都让教堂显得极其独特精致，但是它们都是巴洛克教堂。同样，即使各种肌肉的功能在细节差异上有如洛可可风装饰，但是肌球蛋白还是接在肌动蛋白上面，而且永远都接在同一个位置，而ATP则一直扮演推动纤维滑动的角色。

比如对于平滑肌来说，它让括约肌与动脉收缩的能力，曾经让鲍曼和他维多利亚时代的同行感到非常困惑。平滑肌虽然没有骨骼肌的横纹，但仍是靠肌动蛋白与肌球蛋白收缩。平滑肌的纤维排列极为松散，不具备明显的秩序。其肌动蛋白与肌球蛋白的作用机制也相对简单，钙离子流会直接刺激肌球蛋白的头部，而不必绕那些骨骼肌里的远路。但是在其他方面，平滑肌和骨骼肌收缩的方式则非常类似，两者都是靠肌球蛋白与肌动蛋白结合来收缩，一样的循环，且都依赖ATP提供能量。

平滑肌这种简化的收缩版本，暗示了它有可能是骨骼肌进化路上的前辈。平滑肌就算缺少复杂的显微结构，仍是有收缩功能的组织。然而根据不同物种肌肉蛋白质的研究结果显示，肌肉的进化没我们想的那么简单。日本国立遗传学研究所的两位遗传学家斋藤成（Naruya Saitou）也与太田聪（Satoshi Oota）做过一项严谨的研究，结果显示哺乳动物骨骼肌里面的蛋白质和昆虫用来飞行的横纹肌蛋白质极为相似，暗示两者必定是从脊椎动物和无脊椎动物的共祖身上继承来的，这个共祖大概出现在6亿年前。这个共祖就算还没有骨骼，也必定进化出横纹肌了。而平滑肌情况差不多，也可以追溯到相同的共祖身上。所以平滑肌并不是复杂横纹肌的进化前身，它们两者走的是不同的进化路线。

这是一个值得注意的事实。我们身上骨骼肌里的肌球蛋白和在家里面四处乱飞的苍蝇所用肌球蛋白关系十分亲近，比那些控制你消化道的括约肌里的肌球蛋白还要亲。更惊人的是，横纹肌与平滑肌分家的历史还可以追溯到更久以前，可以早到对称动物出现之前（脊椎动物和昆虫都是对称动物）。水母似乎也有和人类类似的横纹肌肉。所以尽管横纹肌和平滑肌都利用类似的肌球蛋白与肌动蛋白系统，但是这两个系统，似乎是从同一个既有平滑肌又有横纹肌的共祖身上，独立进化出来的。这个共祖属于最早出现的动物之一，在那个时候水母大概就算是进化创作的巅峰了。

尽管横纹肌与平滑肌的进化历史超出预期，但是可以确定的是，众多变化万千的肌球蛋白都有同一个共祖。它们的基本结构都一样，都会和肌动蛋白以及ATP结合，而且结合在相同的位置上。它们也都执行一样的机械循环。如果说横纹肌和平滑肌的肌球蛋白来自相同的共祖，那么这个共祖应该比水母还原始，它可能既没有平滑肌也没有横纹肌，但是已经有肌动蛋白和肌球蛋白，只不过被拿来做别的事。会用来做什么呢？答案其实一点也不新鲜，早在20世纪60年代就已经被发现了，而且源自一个意外。尽管这个发现算是老古董，然而在生物学里很少有发现可以像它这样有远见，一下子就为肌肉的进化历史打开一扇大窗。它是赫胥黎通过电子显微镜发现的，肌球蛋白的头可以"装饰"到肌动蛋白纤维上。下面让我解释得详细一点。

各类肌肉纤维都可以被提取出来，然后分解为子单元。以肌球蛋白为例，它的头可以和尾巴分开，然后在试管里和肌动蛋白结合。而肌动蛋白呢，只要放在适当的环境中，它会很快地结合成长条纤维，聚集是肌动蛋白的天性。肌球蛋白的头会接到肌动蛋白纤维上，就如同在肌肉里一样。这些头排列在肌动蛋白纤维上宛如一个个小箭头，而且所有箭头都朝向一个方向，表示肌动蛋白具有极性。肌动蛋白只会用一种方式组合，而肌球蛋白永远只会接在同一个方向上，这样才能产生力量。（在肌节里，肌动蛋白聚合方向会在中线处反过来，让两边往中间拉，一整段肌节成为一个收缩单位。每一个相邻的肌节收缩，结果造成肌肉整体收缩。）

这些小箭头只会接在肌动蛋白纤维上，完全不会与其他蛋白质作用，因此我们可以在其他细胞里加入肌球蛋白的头，用来检验是否含有肌动蛋白。在20世纪60年代以前，所有人都假设肌动蛋白是肌肉特有的蛋白质，可以存在于不同物种的肌肉细胞里，但是不可能出现在其他细胞中。然而生物化学的研究结果挑战了这一常识，因为研究发现最不可能有肌肉的生物，也就是我们用来烘焙的酵母菌，也可能含有肌动蛋白。用肌球蛋白的头去找肌动蛋白纤维这样一个简单实验，像打开了潘多拉的盒子一样揭露了许多真相。赫胥黎是第一个打开它的人，他从黏菌中提取出肌动蛋白，然后加入兔子的肌球蛋白，结果发现两者可以完美结合。

肌动蛋白无所不在。所有复杂细胞里面都有肌动蛋白构成的骨架，称为细胞骨架（见图6.3）。我们体内所有的细胞，动物、植物、真菌、藻类、原虫等，全部都有肌动蛋白构成的细胞骨架。从兔子肌球蛋白可以和黏菌肌动蛋白结合这件事可以看出，不同物种差异极大的细胞中，肌动蛋白纤维的构造非常相似。该结论正确，却也很令人不解。如今我们知道，酵母菌和人类肌动蛋白的基因相似度高达95%。[①] 从这一事实来看，肌肉的进化变得非常不同。用来推动我们肌肉的纤维，其实也可以用来推动微小世界里所有的复杂细胞。它们真正的差异在于组织形式不同。

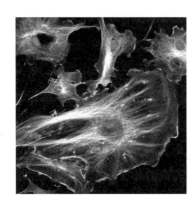

图6.3　图为经过染色的牛肺动脉内皮细胞。细胞骨架主要由微管、微丝和中间纤维构成。

　　我很喜欢音乐中的变奏曲。据说有一次年轻的贝多芬在莫扎特面前表演，莫扎特听完之后，对他的演奏反应平平，但对他的

---

① 这里的描述其实有点过度简化了：两者基因序列相似性只有80%，但是氨基酸序列的相似度却高达95%。造成这种现象的原因，是因为许多不同的密码都可以转译出相同的氨基酸（详见第二章）。这种差异所反映的，就是基因突变搭配上强力维持原始蛋白质序列的自然进化作用两种影响因素造成的结果。看起来唯一被自然进化所允许的突变，就是那些不会改变蛋白质里氨基酸的突变。这只是另外一个告诉我们自然选择发挥作用的小例子。

即兴创作能力表示欣赏——他可以将一个简单的主旋律，变幻出无尽的曲调与节奏各异的版本。随后，该技巧让贝多芬创造出伟大的《迪亚贝利变奏曲》。贝多芬变奏曲的形式其实非常严谨，就如同在他之前巴赫的《哥德堡变奏曲》一样。他会维持基本主题旋律不变，让整个作品有可被立即辨认出来的统一性。贝多芬之后，这种严谨度往往被作曲家丢弃，以便能够专注表达作曲家的情绪与想法，使作品缺乏数学之美。这让他们的作品听上去不像前人一样，他们没有把每一个隐藏的细致差别挖掘出来，没有把所有可能性都填满，作品的潜力没有发挥到极致。

音乐上既要求主题旋律变幻出无限可能，又要求严格保持各结构组成的一致性，其实和生物学很像。比如说，肌球蛋白与肌动蛋白组成的这个主旋律，通过自然进化无止境的想象力，也产生了无限的变化，在结构和功能上都发挥得淋漓尽致。任何一个复杂细胞的内在小世界，都可以见证这些不平凡机构的严谨变奏。

提供动力的马达蛋白和细胞骨架微丝之间的交互作用，担负着让整个复杂细胞世界动起来的重大责任，不管在细胞里面或外面。许多细胞都可以在坚硬的表面上轻松滑行，完全不需要费力挥舞四肢或扭动身躯。还有一些细胞会形成伪足，可以延伸出去拖着细胞移动，或者用来捕捉猎物，然后吞入体内。此外还有细胞拥有纤毛或鞭毛，它们规律的扭动可以驱动细胞四处游走。在细胞内部，细胞质会产生漩涡，不断地将内含物运至四处。在这个小小世界中，像线粒体这样的巨大物体会横冲直撞，而染色体们则跳着它们的加沃特舞曲，然后慢慢各自退场。之后细胞中间位置开始收缩隔开，最终一分为二。所有这一切运动都仰赖细胞里面的分子工具，而肌动蛋白与肌球蛋白正是其中最重要的组成元素。而这一切运动只不过是相同旋律的各种变奏曲而已。

　　想象一下把自己缩小到ATP分子的大小，这样细胞看起来就像一座未来城市。用力伸长脖子四下看看，能看多远就看多远，你会发现这里到处都是让人头晕目眩的一排排缆线，这些缆线又连接着更多的缆线。有些缆线看起来脆弱又纤细，有些看起来十分粗壮。在这座细胞城市中，重力一点意义也没有，黏度才主宰一切，原子在四处随意碰撞。你可以试试在这里移动，你将会发现自己好像陷在一团浓稠的蜂蜜里一般动弹不得。忽然间，从这个纷乱的城市里冒出一台很特别的机器，像一对机械手交替运动，以缆线为轨道急速爬行。跟在后面的则是一个巨大笨重的东西，被这对手臂拖着飞驰而来。如果你碰巧站在路中间的话，可能会以为自己要被一座飞行发电厂撞上了。不过事实上也没错，这个疾驰而来的东西就是线粒体，它正要赶往城市的另一端去执行发电任务。现在再往四处看看，其实还有好多东西也都朝同一个方向移动，有些快有些慢，但是所有东西的共通处就是都被相同的机器拖着，沿着横跨四处的缆线移动。接着，在线粒体通过之后的一瞬间，你会觉得自己被一阵涡流刮走，你会跟着打转。这阵涡流搅拌着细胞里面的所有东西，被称为胞质环流。

　　这是从纳米科技的角度，去看一个我们平常从来没有想过的复杂世界。当然在这个怪诞的未来城市中，仍然有些东西是我们熟知的。我刚刚所描述的景象很可能就是你身体里面的某个细胞，当然也可能是一个植物细胞、一个真菌，或者是一个在你家附近池塘里游泳的单细胞原虫。在细胞的世界里面有一种惊人的共通性，让我们觉得周围的一切是如此相似，似乎都是相互关联的同类。从细胞的角度来看，你只是整个身体建造计划中的众多变异之一，只不过是用许多相似的积木，搭建同一物品的众多拼法之一。但这积木多了不起呀！每个喧闹的真核细胞迷你城市（真核细胞是带有核的复杂细胞，请见第四章），都和简单的细菌内部世界有极大的差异。这差异绝大部分要归功于大量的细胞骨架，以及四通八达的交通系统持续把细胞内的物质送往迎来。如果没有这些夜以继日运作的交通系统，所有的细胞城市将会瘫痪，就好像我们的大城市缺少主要干道一样。

所有细胞里面的交通都源自各式大同小异的马达蛋白。首先该提的就是那个在肌动蛋白纤维上跳上跳下的肌球蛋白，和它在肌肉里的运作方式一样。不过差异就是，在肌肉里肌球蛋白有90%的时间与肌动蛋白纤维分开，如果它们不这样做，而是持续不断地粘在纤维上的话，就会严重阻碍其他摇摆中的肌球蛋白横桥，就像在一艘长船上其中一位桨手故意不把桨抬离水面一样。在肌肉里可以如此长时间分离，因为肌球蛋白的尾巴会缠绕成粗肌丝，从而把肌球蛋白的头部拴在非常靠近肌动蛋白的地方。但是对于那些横跨细胞的各种缆线来说，可不能这样，因为一旦马达蛋白与缆线分开之后，它就会被撞飞，很难重新抓住缆线（不过在某些情况下，电力的交互作用可以把马达蛋白拴在离缆线不远处）。

比较好的解决办法是发展出一种"前进式"马达，一边接在缆线上，一边在缆线上移动（前进）。而蛋白质也这样做了，稍微改变一下肌球蛋白的结构，就可以把自己变成一个前进马达，可以稍微离开肌动蛋白纤维却又不至于完全分开。有哪些改变了呢？首先是肌球蛋白的头颈部要稍微延长一点。还记得在肌肉里面，两个肌球蛋白头部会紧紧靠在一起吗？那是因为从颈部到尾部都被缠住，但是除此之外这两个头部其实没有什么合作关系。现在我们稍微把颈部延长一些，让两个蛋白质头部不再靠那么紧，而多一点自由空间。这样一来，当一个头部粘在纤维上时，还有一个可以摇摆，因而造就了一种"手牵手"一步一步在纤维上移动的前进马达。[1]还有其他的变异版本，包含三个甚至四个头部连在一起。当然不论是哪一种变异版本，这些肌球蛋白头部都不会缠在粗肌丝纤维上，而是可以四处移动。最后，其他东西都可以通过"耦合"蛋白接在这些马达上，每种东西有专门的耦合蛋白。如此就有了一群前进马达，可以把细胞里的东西沿着肌动蛋白轨道运往四处。

这一群了不起的蛋白质是怎么出现的？在细菌世界里并没有可以相比的东西。不过，肌球蛋白配肌动蛋白也不是真核细胞里面唯一的双人配对工具。另一组马达蛋白叫作驱动蛋白，它作用的方法和肌球蛋白差不多，也是用手牵手的方式在那些横跨的细胞骨架上移动。不过驱动蛋白所对应的缆线并非肌动蛋白纤维，而是一条充满孔洞的管子，称作微管，其蛋白质单元称为微管蛋白。微管的工作很多，其中一项就是在细胞分裂的时候形成纺锤体，把染色体拉开。当然还有其他几种马达蛋白，不过我们无须继续花时间讨论。

---

[1] 当然，这种改变实际上也会反过来发生：前进马达最后变成粗肌丝纤维。这或许解释了为何肌肉中的每个肌球蛋白分子仍有两个头，尽管它们似乎没有充分地协调运作。

所有马达蛋白与它们的高架轨道，其实在细菌里面都有雏形，不过不是那么显而易见，因为它们负责的工作不同。[①] X射线晶体学再度帮我们厘清这些蛋白质间的血缘关系，而如果只靠比对基因序列，恐怕永远也鉴别不出来。

肌球蛋白与驱动蛋白这两种最主要的马达蛋白，从基因序列上面来看，几乎没有相似之处。其中某些序列或许相同，但是长久以来科学家都认为那只是巧合或趋同进化的结果。确实驱动蛋白和肌球蛋白看起来很像典型的趋同进化产物，也就是说，两个本来毫无关联的蛋白质因为负责类似的工作，结果慢慢特化发展出类似的结构。就好像蝙蝠和鸟，也是为了适应飞行，各自独立发展出翅膀。

后来，X射线晶体学解开了两个蛋白质的三维立体结构。基因序列告诉我们的是二维的线性字母序列，如同歌词但是没有音乐。晶体学给我们展示的是蛋白质的三维空间结构，就好像完整的歌剧。瓦格纳曾说过：歌剧的音乐必定来自歌词，歌词先于一切。但是现在不会有人因为那些充满激情的日耳曼式歌词而记得瓦格纳，反而是他的音乐流传下来，启发了后代的音乐家。同样，基因序列就是大自然的文字，而真正的蛋白质音乐却藏在它的形状之中。是

---

① 细菌也会四处移动，不过是用鞭毛，这和真核细胞不同。基本上鞭毛就像葡萄酒开瓶器的螺旋钻头，由马达蛋白质驱动，绕着轴心不停旋转驱动。细菌的鞭毛也常被用来说明"不可还原的复杂"这个概念，但是关于"不可还原"的问题已经在别的地方被反驳了，所以我就不在此赘述。（译注："不可还原的复杂"是基督教对进化论的批评，他们主张生物某些复杂的器官完全没有简化的可能，所以不可能是进化的产物。）如果你想更深入地了解鞭毛，请参阅肯·米勒（Ken Miller）所写的《脱缰的鞭毛》，他是位卓越的生化学家，也是智能设计运动的天敌，更是位虔诚的天主教徒。对他而言，相信生命中分子的运作机制可以用进化解释，与相信神之间完全没有冲突。米勒认为智能设计论者是双重失败者，"在科学上失败，因为他们违背了事实；在信仰上失败，因为他们小看了上帝"。

蛋白质的形状通过自然进化的考验，才能存活下来。自然进化才不管基因序列，自然进化在乎的是功能。虽然说基因决定功能，但是功能却必须用一套我们还不清楚的蛋白质折叠规则，把蛋白质折出特定形状才能执行。因此，很多基因有可能因为分异太久太远，以至于在序列上完全没有相似性，这就是肌球蛋白和驱动蛋白。但是藏在蛋白质深处的音乐还在，有待晶体学来揭露。

根据晶体学，我们现在知道肌球蛋白与驱动蛋白，尽管基因序列差异甚大，但确实来自共同祖先。从它们的三维结构来看，许多蛋白质折叠法与结构都相同，许多关键点的氨基酸也都被保存下来，在空间上朝向同一个方向。这是进化的不可思议之处，经过好几十亿年，尽管蛋白质的成分甚至是基因序列都被时光改得面目全非，但是相同的模式、相同的形状、占据相同的空间——这一切细节却从原子等级上被保留下来。这些形状上的相似性清楚地指出，肌球蛋白和驱动蛋白是来自细菌祖先里的一个蛋白质大家族①。这些祖先确实也从事某种和运动或力量有关的工作（它们今天还是做同样的工作），比如说从一个构型转换成另一个构型，但是没有一个细菌蛋白质有移动能力。X射线晶体学让我们看清蛋白质骨架，如同X射线让我们看清鸟类的翅膀结构一样。就像翅膀祖先的骨骼与关节结构清楚地指出它们来自没有飞行能力的爬行类前肢，马达蛋白的结构也清楚地显示它们来自可以变化形状，但还没有移动能力的蛋白质祖先。

① 准确地说，它们是G蛋白，这是一大家族的蛋白转换器，负责给细胞传递信息。它们在细菌体内的亲戚则叫作GTP酶蛋白。这些蛋白质的名称并不重要，这里我们只要知道已经找到它们的祖先即可。

晶体学研究也告诉我们细胞骨架进化有趣的一面。这些由肌动蛋白和微管蛋白所组成、高悬于四处的缆线十分让人费解。你一定想问，为什么细胞会想要进化出这些高架缆线或马达蛋白的快速道路？一开始还没有这些蛋白质汽车呀，这岂不本末倒置？其实不然，因为细胞骨架本身自有用处。它们的价值来自它们的形状。所有真核细胞的形状，从细长的神经细胞到扁平的内皮细胞，都靠这些细胞骨架微丝来维持。而后来我们发现细菌也差不多。长久以来生物学家都认为细菌的各种形状（杆菌、螺旋菌、弧菌等），是因为它们有坚硬的细胞壁。因此后来在20世纪90年代中发现细菌也有细胞骨架时，着实让大家吃了一惊。这些骨架由类似肌动蛋白与微管蛋白的细纤维构成，可以帮助细菌维持各种精巧的形状。（如果让这些细胞骨架突变的话，原本形状复杂的细菌就会成为最简单的球状。）

　　就像刚刚提过的马达蛋白一样，细菌与真核细胞的骨架蛋白在基因上也很少有相似处。不过在世纪交替之际，科学家利用晶体学，解出细菌骨架的三维立体结构，结果比马达蛋白的更让人吃惊。细菌与真核细胞的骨架蛋白质，在结构上可以完全重叠，它们有一样的形状，占据相等的空间，在少数关键位置上的关键氨基酸完全相同。很明显，真核细胞的骨架来自细菌的同类蛋白质，形状与功能都被保存下来。两者如今在维持细胞形状上都十分重要，而且功能的相似不止于此。这些骨架与我们坚硬的骨骼不同，它们具有动力而且随时自我重组，如同捉摸不定的云，会在暴风雨天忽然聚集成群。它们可以施展力量，移动染色体，可以在细胞分裂时把细胞一分为二。此外，在真核细胞里它们还可以帮助细胞移动，完全不用借助任何马达蛋白。换句话说，细胞骨架自己就可以运动，这是如何办到的？

肌动蛋白纤维和微管蛋白纤维都是由重复的蛋白质子单元自动接成一条长链，或称为聚合物。这种分子聚合能力并不罕见，像塑料也是由简单的基本单元不断重复，组合成一条永无止境的分子长链。细胞骨架稀奇的地方在于，这些结构在新加入的单元和分解出来的单元之间存在一种动态平衡，不断有新的单元接上去，旧的单元解下来，永无休止。结果就是细胞骨架永远在自我重组，堆起来再拆开。神奇的地方在于，这些新单元永远只能接到一端上（它们堆起来的方式很像乐高积木，或者更像一叠羽毛球），然后只能从另一端分解。这种性质让细胞骨架产生推力，下面我来详细解释。

如果这条纤维从一端加入和从另一端分解的速度一样的话，那么这个聚合纤维的整体长度就不会变，但在这种情况下，纤维看起来像是往添加单元的方向移动。如果碰巧有物体挡在路中间的话，那这个物体就会被往前推。不过事实上，这个物体并不是被纤维推动的，这个物体其实是被周围自由运动的分子随意推挤，然后每次推挤，都会在物体和纤维顶端之间产生一点小空隙，如此一来，新的纤维单元就可以挤进来结合上去。通过这种方法，生长中的纤维可以阻止物体被推回来，因此整体来说是那些随意推挤的力量把物体往前推。

或许这种运动最明显的实例，就是当细胞受到细菌感染，骨架系统被搞乱的时候。比如说造成新生儿脑膜炎的李斯特菌，会分泌两到三种蛋白质，合在一起劫持细胞的骨架系统。如此一来，细菌就可以在被感染的细胞里面四处游走，在细菌后面就有好几条不断合成又分解的肌动蛋白纤维在推动，让细菌看起来像带着尾巴的彗星。一般认为当细菌分裂时，染色体和质粒（细菌的环状DNA）分开的过程也会发生这种运动。类似的过程也在变形虫体内发生（同时也会在我们的免疫细胞比如巨噬细胞体内发生）。细胞所伸出的延伸结构或称伪足，也是被这种不断合成又分解的肌动蛋白纤维所推动，完全无须复杂的马达蛋白参与其中。

运动的细胞骨架听起来好像和魔术一样，但是根据美国哈佛大学的生化学家蒂姆·米奇逊（Tim Mitchison）的看法，这一点也不稀奇。这一切现象的背后，只是非常基本的自发性物理反应，完全无须任何复杂的进化。本来没有结构功能的蛋白质，有时候也会因为某种原因突然聚合起来形成大型细胞骨架，可能产生推力，然后又快速地分解回复到原始状态。这种现象听起来似乎十分危险，也确实在大多数的情况下是有害的。以镰刀型细胞贫血症为例，当氧气浓度低的时候，突变的血红蛋白会自动在细胞里聚合成网状结构。这种改变导致红细胞变形，让它变成镰刀状，病名由此而来。不过换句话说，这种聚合也是一种力与运动。当氧气浓度上升时，这些失常的细胞骨架会自动分解消失，让血红蛋白回复到原来的圆盘状。这也算是某种动态的细胞骨架，虽然不是很有用。①

---

① 另外一个一样没用的例子是牛海绵状脑病，大家比较熟悉的名称是疯牛病。疯牛病是由朊蛋白引起的传染性疾病，也就是说，蛋白质本身就是传染颗粒。这些蛋白质具有改变周围其他蛋白质形状的能力。周围的蛋白质形状一旦被改变，就会聚合在一起形成长条纤维，也可以算是某种细胞骨骼。过去我们都认为朊蛋白只会致病，但是近来的研究却显示，有些"类朊蛋白"可能与长期记忆以及大脑中的突触形成密切相关。

很久很久以前，相同的事情一定也发生在细胞身上。肌动蛋白纤维与微管蛋白纤维的子单元，原本是其他蛋白质，在细胞里面做着其他工作。偶尔结构上面的小小改变，让它们有自动聚合成纤维的能力。这就像血红蛋白能突变一样，但是和镰刀型细胞贫血症的不同之处在于，这种变异应该有立即可见的好处，因此自然进化选择了它。这个立即可见的好处或许和运动没有直接关系，甚至没有间接关系。事实上，镰刀型血红蛋白也是在疟疾流行的地区被选择出来的，因为只有一个基因变异，才对疟疾有抵抗力。因此尽管需要忍受长远而痛苦的后果（镰刀型红细胞因为没有弹性，所以会堵塞微血管），自然进化还是把这个自发进行且不受欢迎的细胞骨架保留下来了。

所以这了不起的运动性，从最简单的源头到骨骼肌所展现的各种壮观的威力，都依赖于一小群蛋白质与它们无数的变奏曲。今天科学家要解决的问题是，剔除所有华丽的变奏曲，让最原始的主题展露出来，要找出最初最简单的合唱。该问题是现在领域里最令人兴奋却也最多争议的研究题目之一，因为最原始的曲调由所有真核细胞之母所吟唱，那是大约20亿年前的事了。想从如此遥远的时间长河中只利用回音去重组原始旋律充满了困难。我们不知道这个真核细胞祖先如何进化出运动性。我们也不知道细胞之间的合作关系（共生）是否占有决定性的作用，就像马古利斯长久以来认为的那样。或者细胞骨架是从宿主细胞现存的基因中进化出来的。有一些很有趣的谜题如果可以解开的话，应该会为我们指出一条明路。比如说当细菌分裂的时候，细菌用肌动蛋白纤维把染色体拉开，用微管把细胞拉紧，一分为二。但在真核细胞体内两者正好相反。真核细胞分裂时，拉开染色体的纺锤体由微管组成，收缩阶段拉紧细胞的是肌动蛋白纤维。如果我们可以知道这种反转如何发生，又为什么发生，那应该会对地球上生命的历史有更透彻的了解。

对于科学家来说，这些细节问题极具挑战性，而我们已经大致了解了整体图像。我们知道细胞骨架和马达蛋白，是从哪些蛋白质祖先进化而来。至于它们来自共生的细菌，或者来自宿主细胞本身，两者都有可能但关系不大。如果有朝一日我们解答了这些问题，那么现代生物学的基础就更加屹立不倒了。目前有一件事情是确定不疑，那就是如果缺乏运动的真核细胞——也就是不会四处移动、没有动态细胞骨架和马达蛋白的真核细胞，真的曾经存在的话，那么它应该早在盘古时代就灭亡了，如同它的祖先一般。所有现存真核细胞的共祖是可以运动的，这表示运动应该为细胞带来极大的好处。由此观之，运动的进化不只长远改变了生态系统的复杂性，还帮助地球改头换面，让地球从一个由细菌主宰的简单世界，变成现在我们眼前丰富多样的神奇世界。

第七章 视 觉

——来自盲目之地

　　95%的动物都有眼睛，眼睛也是对进化论最大的挑战，如此复杂又完美的东西，怎么能通过盲目随机的自然进化发展出来？追踪视网膜上的视觉色素，最终将看到眼睛的共祖和叶绿体的祖先有千丝万缕的联系。

视觉是一种罕见的知觉。对于植物、真菌、藻类和细菌来说，它们都没有眼睛，至少它没有传统意义上的眼睛。而对于动物界的生物来说，眼睛也绝非所有动物共通的特征。一般认为，动物界里至少存在38种不同的基本形态模式，在分类学上称为"门"，其中只有6个门的物种发展出真正的眼睛，剩下的物种在过去数亿年间，都忍受着看不到一草一木的日子，然而自然进化并没有因为缺少视觉而鞭笞它们。

但从另一个角度来看，眼睛为进化所带来的利益十分明显。并非所有的门都平起平坐，有些门比其他门更有优势。例如包括人类和所有脊椎动物在内的脊索动物门，就有4万种以上的物种；而在软体动物门，则含有蛞蝓、蜗牛和章鱼等10万种物种；至于甲壳类、蜘蛛以及昆虫所属的节肢动物门，更是有100万种以上的物种。把这几个门的物种全部加起来，则占据了现存动物物种的80%左右。相较之下，其他几个门无人问津，里面包含的怪异动物像是玻璃海绵、轮虫、鳃曳虫和栉水母，也就只有专业的动物学家能叫得出名了。这些门大多只有几十个到几百个物种，像扁盘动物门，只有一个物种。总体来看我们会发现95%的动物都有眼睛。可以说，少数几个在过去发明了眼睛的门类，最终主宰了动物世界。

或许这只是机缘巧合，或许在那少数几个生物门的形态结构中，隐藏着被忽略的优点，不过可能性实在不大。进化出具有空间视觉的眼睛，不论从哪方面来看，都比那些仅能探测明暗的简单眼睛，更彻底地改变了进化的面貌。根据化石记录，第一只真正的眼睛突然莫名其妙地出现在5.4亿年前，差不多就是进化"大爆发"要开始的时候，也就是寒武纪大爆发开始的时候。那时候动物突然留下大量化石，记录之多样，令人叹为观止。在这些现在已经寂静了不知多久的岩石中可以看到，几乎所有现存的动物门都毫无征兆地出现了。

化石记录中动物生命大爆发与眼睛的发明，这两者发生的时间是如此接近，几乎可以确定不是单纯的巧合，毕竟空间视觉必定会改变猎食者与猎物之间的相对关系。而这种关系的改变很可能是（或许根本就是）寒武纪的动物都身披厚重铠甲的原因，而这也解释了为何寒武纪动物可以留下大量化石记录。伦敦自然史博物馆的生物学家安德鲁·帕克（Andrew Parker），曾写过一本极为精彩的书（或许有些地方显得有点太过激进），很有说服力地证明，眼睛的进化如何引起了寒武纪大爆发（《第一只眼的诞生》）。至于眼睛能否在这么短的时间之内突然进化出来（或者说我们是否被化石记录所误导），容我稍后再解释。现在我们只要记得，视觉带给动物的信息远多于嗅觉、听觉或者触觉，世界上充满阳光，而我们必将被看到。生命中许多精彩的适应特征也都为视觉服务，比如花朵或者孔雀炫耀那迷人的性征，剑龙如装甲般的坚固背板，或竹节虫那般精巧的伪装术。我们人类社会更是深受视觉影响，这点实在无须赘述。

除了功能性以外，眼睛看起来如此完美，视觉的进化在文化上也充满了象征意义。自达尔文以后，眼睛就被当作一种崇拜，是对自然进化理论最大的挑战。像这样一种既复杂又完美的东西，真的可以通过那些漫无目的的方式进化出来吗？那些怀疑论者问道：半只眼睛有什么用处？要知道自然进化的作用是通过数不清的小变异累积而来，每一步都必须比上一步更优秀，否则半吊子的作品会被大自然无情地剔除。怀疑论者主张，眼睛是如此完美，就和时钟一样，是无法再简化的，只消移掉一点零件，就毫无功能。一个没有指针的时钟有什么用？同理，没有晶状体或没有视网膜的眼睛有什么用？那么如果半只眼睛是没有用的，眼睛就不可能通过自然进化，或任何现代生物学已知的机制发展出来，因而必定是神的设计。

然而这些挖苦似的观点其实并不能动摇生物学日渐稳固的根基。达尔文的捍卫者主张，眼睛其实一点都不完美，任何戴眼镜或隐形眼镜，或失去视觉的人对眼睛的不完美再清楚不过了。这么说诚然没错，但是这种理论性的观点有一个潜在的危险，那就是会掩盖住许多真正重要的细节。以人类的眼睛为例，一般都认为，眼睛的构造其实有许多设计缺陷，而这些缺陷恰恰证明进化其实毫无远见，只是把各种笨拙的东西拼凑在一起，制造出一些蹩脚产品。有人说，换作人类工程师的话，一定可以做出更好的产品，而事实上，章鱼的眼睛就是优良产品的范例。但这机智的辩词其实忽略了奥吉尔（Leslie Orgel）第二规则——虽然半开玩笑——那就是：进化永远比你聪明。

让我们先离题一下来看看章鱼的眼睛。章鱼有一对和我们很相似的眼睛，就是所谓的"照相机式"眼睛，在前方有一个透镜，也就是晶状体，在后方有一组感光膜，也就是视网膜（功用等同于相机的底片）。因为我们和章鱼分家之前的最后一个共祖，很可能是某种缺少正常眼睛的蠕虫，所以章鱼的眼睛和人类的眼睛应该是各自进化出来的，只不过为了对付环境压力，找到了类似的解决办法。仔细对比两者的眼睛构造，所得到的结论也支持这一推论。在发育上，两者由胚胎中不同的组织发展出来，其显微结构也明显不同。章鱼眼睛的组织方式看起来似乎比人类的更敏感。它们眼睛的感光细胞面向光源排列，然后神经纤维从背后延伸出去直到大脑。相较之下，人类眼睛的视网膜像装反了，是一种有点傻的排列法。我们的感光细胞并非面向光源，反而是被排在神经纤维后面，这些神经纤维迎着光线伸出去，需要掉转180°才能回到眼球后方传往大脑。所以当阳光射进来时，必须先穿过这层神经纤维丛林才能抵达感光细胞，更糟糕的是，这些神经纤维最后会集中成一束视神经，从视网膜上的一点穿出去才能连接大脑，而视网膜就有了一个看不见东西的盲点。[1]

　　不过先别太快嫌弃我们的眼睛。在生物学上事情往往比你想的要复杂。首先这些神经纤维是无色的，所以并不会阻挡太多光线，甚至在某种程度上，它们还有"波导器"的功用，也就是引导光线垂直照到感光细胞上，以使光子效率达到最大。另外一个更大的优点或许是，我们的感光细胞被一群支持细胞包裹着（叫

---

[1] 我以前的学校有几个有名的事件，其中之一是关于一个男生的，他那时候代表剑桥大学参加牛津大学的赛艇比赛。他作为舵手使得剑桥大学的长划艇直直撞上一艘驳船，然后带着整船队员一起沉了下去。事后他解释说，是因为那艘大驳船正好在他的盲点上。

作视网膜色素上皮层），这层细胞及时提供充足的血液供应。这样的排列方式，可以支持眼睛感光色素持续代谢。如果以单位质量（每克）来计算的话，人类的视网膜会比大脑消耗更多的氧气，大脑可算是人体里最活跃的器官了，所以这种排列方式是非常重要的。相较之下，章鱼的眼睛无论如何也不可能支持如此高的代谢速率。当然或许它并不稀罕，因为生活在水下，阳光强度会弱很多，也许章鱼的感光色素并不需要如此快速的代谢。

我想说的只是，在生物学上每一种安排都各有利弊，最终会在某种选择压力下达到平衡，而我们未必能轻易察觉这种平衡。那些"斩钉截铁"的观点很危险，因为我们往往只看到事情的一半。在自然界太过想当然的论述，往往禁不住验证。我和大部分的科学家一样，比较喜欢看完整的数据。最近几十年兴起的分子遗传学，就为我们提供了非常详细的信息，可以针对特定问题给出特定答案。当我们把所有的数据摆在一起之后，眼睛的进化故事就呼之欲出了，它来自一个遥远而意想不到的绿色祖先。在这一章里面我们要沿着这条线索，去看看到底半只眼睛有什么用处，晶状体又是怎么进化出来的，视网膜中的感光细胞又从何而来。把这些东西排成一个故事之后，我们就会看到眼睛的出现如何改变了进化的速度。

我们大可用玩笑轻松打发掉"半只眼睛有什么用"这种问题：哪半只？左边还是右边？我很理解道金斯那快狠准的回答：半只眼睛比49%的眼睛要好1%。但是对于我们这些一直企图拼凑出半只眼睛到底长什么样子的人来说，49%的眼睛反而比较神奇。

事实上，"半只眼睛"确实是提问的好入口。眼睛确实可以被适当地分为两半：前半部和后半部。参加过眼科医学会议的人都会发现，医师往往自动分成两类：一类专门负责眼球前半部（白内障和屈光手术外科医师，专门攻克晶状体与角膜难题），以及另一类专门负责眼球后半部（视网膜，专门攻克黄斑退化等造成失明的主要原因）。这两类医师往往很少交谈，而当他们偶尔聊起来时，好像用的不是同一种语言。不过这种差异是有迹可循的，如果我们把眼球所有的光学装备一一拆掉，眼睛就剩下一层裸露的视网膜，就是一层感光细胞层，上面空无一物。而这层裸露的视网膜正是进化的中心。

裸露的视网膜听起来很怪，但是它其实与另外一个也很怪异的环境十分相配，那就是我们在第一章曾经提过的黑烟囱海底热泉。这些热泉是一系列奇异生物的家园，这里所有的生物，不论用哪种方式生存，都要依赖此地的细菌，而这些细菌又以热泉冒出的硫化氢为生。或许所有生物中最怪异也最有名的，是那些身长可达两米多的巨大管状蠕虫。虽然这些管状蠕虫可以算是蚯蚓的远亲，却是无肠的怪物，既没有嘴巴也没有肠子，而是依赖生活在它们身体组织内的硫细菌提供营养。热泉还有其他巨大生物，比如巨大的蛤蜊和贻贝。

所有这些巨大生物都只存在于太平洋，而大西洋热泉也有它自己的怪异生物，尤其是那些成群结队的盲虾，又叫大西洋中脊盲虾，一群群聚在黑烟囱下面。盲虾拉丁文原名的意思就是"裂谷中的无眼盲虾"，很不幸这是当初发现者的错误命名。如盲虾的名字所述，以及它们居住在漆黑的海底来看，这些盲虾并没有典型的眼睛——它们并没有类似居住在浅海的亲戚那样的眼柄。不过在盲虾的背上却长有两大片薄片，而这些长条薄片虽然外表看来平凡无奇，但在深海潜艇的强光照射之下，会反射出如猫眼一般的光芒。

首先注意到这些薄片的是美国科学家辛迪·范·多佛（Cindy van Dover），她的发现是现代科学研究最值得注意的一页。多佛就像法国小说家凡尔纳（《八十天环游世界》和《海底两万里》等科幻小说的作者）笔下的主角，而且也如同她本身所研究的对象一样，都是濒临绝种的稀有动物。多佛现在领导美国杜克大学的海洋生物学实验室，身为深海潜水艇阿尔文号的首位女性驾驶员，她几乎到访过所有已知的海底热泉，许多尚未被深入探索。后来她也在其他冰冷的海底发现和热泉区一样的巨大蛤蜊和管状蠕虫，这些地方都从地底冒出甲烷，显然造成海底世界如此繁茂的背后推手，是化学成分而非热能。现在回到20世纪80年代，当年我们对许多东西都还一无所知，因此当多佛把海底盲虾的薄片组织送给无脊椎动物的眼睛专家辨识时，必定觉得紧张不安，甚至可能觉得问了个傻问题：这些可能是眼睛吗？她得到一个很简洁的答案：如果从眼睛上撕下一块视网膜，可能差不多就是这个样子。如此看来尽管这些盲虾住在漆黑的深海，缺少整套正常的眼睛装备（如晶状体、虹膜等），但是它似乎有裸露的视网膜，就是眼睛的后半部分。

随着研究越来越深入，发现的结果远远超过多佛的期望。科学家发现盲虾背上裸露的视网膜里带有感光色素，而且和人类眼睛中负责感光的色素（视紫红质）非常相近。而且尽管外观看起来并不一样，但是包着这些色素的感光细胞和普通虾眼的感光细胞也是一样的。所以，或许这些盲虾真的能在海底看见东西。多佛想，或许热泉会放出微弱的光芒？毕竟，炽热的铁丝能发光，而热泉里也充满了溶解的发热金属。

从来没有人把阿尔文号的大灯关掉过。在漆黑的深海里，这么做不只没有意义，甚至危险至极，因为潜水艇很有可能会漂到热泉上方，然后艇里的人就都被煮熟了，或者至少会烧坏仪器。多佛还没有在热泉尝试过这样做，但她成功说服了地质学家约翰·德兰尼（John Delaney）去做这件事，那时德兰尼正好要下去探险，多佛劝他把灯关掉，然后把数字照相机对准热泉。实验结果显示，尽管对肉眼来说，海底热泉是一片漆黑，但是在热泉口，照相机拍到了一圈清晰的光环，"悬浮在漆黑的背景中，像那只露齿而笑的柴郡猫"。尽管如此，第一次尝试并没有告诉我们太多光的信息，比如它是什么颜色或者强度多少。我们什么也看不见，那么这里的盲虾真的能"看到"热泉的光辉吗？

如同炽热的铁丝那样，科学家预测热泉的光应该是红色的，波长大约在近红外区。理论上，热泉口不应射出光谱上波长较短的光，比如黄光、绿光和蓝光。早期测量的方式是在镜头前面放置彩色滤镜进行拍摄，虽然方法粗糙，结果还是证实了这项假设。如果假设，盲虾的眼睛能看到热泉的光芒，那么这些眼睛应该会被调整成为适合看红光或近红外线。然而直接研究虾眼得出的实验结果却恰恰相反，这些盲虾视紫红质对绿光反应最敏感，波长在500纳米左右。当然这可能只是实验误差，但是后来直接测量了盲虾视网膜的电学反应（非常难做），结果也显示这些盲虾只看得到绿光。这真是非常奇怪。如果热泉发出红光，但是盲虾只能看到绿光，那么它们和瞎了有什么区别？所以或许这些裸露的视网膜其实和盲眼洞穴鱼的眼睛一样，只是退化之后毫无用处的器官？然而这些视网膜是长在背上而不是头上，它们应该不是退化的产物。但是要证实这个猜测可不容易。

后来科学家找到这些盲虾的幼虫，从而发现了眼睛的功能。热泉世界并不如外表看起来那样永恒不朽，这些热泉烟囱其实很容易死亡，它们会被自己的排出物堵死，寿命和人类差不多。随后新的热泉会从海底的其他地方冒出，可能在好几千米之外。热泉的生物若想存活，就必须越过这一段距离，才能从死掉的热泉来到新生的热泉。虽然大部分成虫会因为适应性的问题被困住（想想那些巨大又无口无肠的管状蠕虫），但是它们却可以在海中散布大量的幼虫。至于幼虫如何抵达新生的热泉，大概靠的是运气（由深海洋流冲走），或者是靠某些未知的器官（可以探测海中化学物质浓度梯度），这还不清楚，但是可以确定的是幼虫完全不适合生活在热泉环境。一般来说幼虫生活在较浅的海域，虽然依然算是深海，但是会有一丝阳光射入。也就是说，幼虫生活在可以用眼睛的世界。

首先被找到的热泉区生物幼虫，是一种被称为深洋热泉蟹的螃蟹幼虫。有趣的是，这种螃蟹和盲虾一样，也没有正常的眼睛，却有一对裸露的视网膜。不过和盲虾的不同之处在于，螃蟹的视网膜并不长在背上，而是长在头上，就长在平常该有眼睛的地方。而更令人惊讶的是，这些螃蟹的幼虫有完整的眼睛，至少对于一只螃蟹来说是完整的。所以当用得到的时候，这些螃蟹是有眼睛的。

接下来又找到好几种幼虫。在盲虾的旁边还有许多其他的热泉盲虾，因为它们不像盲虾会形成大聚落，所以容易被忽略。这些热泉盲虾也有裸露的视网膜，不过长在头上而非背上。和螃蟹一样的是，它们的幼虫也有完整的眼睛。盲虾的幼虫则是最后一个被找出来的，一部分原因是因为它们和其他热泉盲虾的幼虫长得很像，另一个原因是，我们一开始没想到它们的头上也有完整的眼睛。

在幼虫身上找到完整的眼睛意义重大，因为这代表了裸露的视网膜并非只是退化的眼睛，并不是经过世世代代的功能性退化之后，仅存下来为适应漆黑世界的残留物。幼虫有完整的眼睛，它们在发育的过程中失去了眼睛，那么这就和进化过程中不可逆的功能退化无关，不论失去眼睛的代价为何，这背后一定有某种原因。自然裸露的视网膜也不会是从动物的背上直接进化出来，然后在黑暗世界里逐步进化成视力极为有限、永远无法和正常眼睛匹敌的眼睛。事实上，当幼虾渐渐成熟，它们的眼睛会慢慢退化，几乎消失，那些复杂的光学系统会一步一步被有序地吸收，最后只剩下那裸露的视网膜。对于盲虾而言，成虾的眼睛整个消失了，而裸露的视网膜似乎会重新在背上生成。结果显示，在许多动物身上，裸露的视网膜似乎要比完整的眼睛有用多了，这绝非偶发事件，不是一种巧合，那么到底是为什么呢？

裸露视网膜的价值，取决于分辨率与感光度之间的平衡。分辨率是指能看见影像细节的能力。分辨率受到晶状体、角膜等的调节，这些组织可以帮助光线在视网膜上聚焦，从而形成清晰的影像。感光度则有完全相反的要求，感光度指的是能探测到光子的能力。如果眼睛的感光度很差，那就不能看见太多光线。以人眼为例，我们可以放大瞳孔，或者利用对光敏感性较高的细胞（视杆细胞）来增加感光度。尽管如此，能提高的程度有限，并且任何帮助增加分辨率的机械装置，最终都会限制我们的感光度。要让感光度达到最高的终极办法，就是拿掉晶状体把光圈放到无限大，让光线可以从任何一个角度进入眼睛。而所谓最大的光圈，其实就是没有光圈，也就是裸露的视网膜。根据上述因素，做一个简单的计算便可以算出，热泉盲虾的裸露视网膜，对光的敏感度是幼虫的700万倍。

因此，这些盲虾牺牲了分辨率，来换取探测周围极弱光线的感光度，或者至少知道光从哪个方向来，是从上面或下面、前面或后面。能够探测光线，对于这里的盲虾来说很可能是生死存亡的关键，毕竟这里不是热到可以瞬间煮熟盲虾，就是冷到冻死它们。我想不小心漂走的盲虾，大概就像在无垠外太空中和母船失去联络的航天员一样。这或许可以解释为何盲虾的眼睛长在背上，因为它们成群生活在黑烟囱的下方。毫无疑问，对它们来讲，当头埋在一大堆虾群中，能从背上探测到上方恰到好处的光线，会是最安心的。而它们那些比较独立的盲虾亲戚则对眼睛有不同的需求，所以裸露的视网膜长在了头上。

我们晚一点再来讨论为什么在这个红光世界中盲虾却只能看到绿色（它们可不是色盲）。前面所说的结论就是，半只眼睛，也就是裸露的视网膜，在某些情况下比整只眼睛都要好，更不用说半只眼睛远远胜过没有眼睛了。

这个简单的、裸露的视网膜，也就是一大片感光块，同时也是许多讨论眼睛进化的起点。达尔文本人就认为感光块是一切的起源。不幸的是在断章取义、错误引用他的意见的人中，除了那些拒绝相信自然进化的人，偶尔还有一些科学家企图解决"达尔文也无能为力的难题"。下面就是达尔文曾经写下的内容，一字不差：

> 眼睛具有不能模仿的配置功能，可以对不同距离调节其焦点，容纳不同量的光和校正球面像差和色彩的色差，如果说眼睛能由自然选择进化出来，我也承认，这种说法好像是极其荒谬的。

然而紧接着的下一段文字却常常被忽略，而这一段清楚地指出，达尔文并不认为眼睛不能被解释：

> 理性告诉我，如果能够证明从简单而不完全的眼睛，到复杂而完全的眼睛之间，存在无数个阶级，并且和已观察到的实际情形一样，每级对于它的所有者都有用处；如果眼睛也如已观察到的实际情形那样曾经发生过变异，并且这些变异是能够遗传的；同时如果这些变异，对于处于变化的外界环境中的任何动物是有用的；那么，我相信完善而复杂的眼睛，能够通过自然选择而形成。虽然这在我们的想象中似乎难以实现，却不能认为这可以颠覆我的学说。

简单来说，如果某些眼睛比其他眼睛要复杂一些，而如果这些视觉差异是可以遗传的，又如果视力不良是个不利的条件，那么达尔文认为，眼睛就会进化。上述条件其实都存在。首先这世上充满了简单又不完美的眼睛，从简单的眼点或视窝，到缺少晶状体的眼睛，到具有相当程度的复杂性、一部分或全部吻合达尔文所谓的"不能模仿的配置功能"。当然大家视力都不一样，有些人近视戴眼镜，有人不幸失明。如果看不清楚的话，我们会更容易成为狮虎的盘中餐，或被公交车撞到。同时，所谓"完美"是相对的。好比老鹰眼睛的分辨率比我们高4倍，它可以看清一两千米以外的东西。而我们眼睛的分辨率又比许多昆虫高大约80倍，它们看到的画面充满马赛克，称为艺术品还差不多。

尽管我可以假设大部分人都能毫不迟疑地接受达尔文所列的条件，但是一般人恐怕还是难以想象，中间的过渡阶段是什么样子。套用幽默作家伍德豪斯（P. G. Wodehouse）的话说就是：就算不是无法克服，也远非可以克服。[①] 除非每一个阶段都各有用处，否则就如前述，眼睛不可能进化。不过事实上，整个过程可以轻易实现。瑞典的两位科学家，丹-埃里克·尼尔森（Dan-Eric Nilsson）和苏珊·佩格尔（Susanne Pelger）利用计算机模型，模拟出一系列进化步骤（见图7.1）。模型中每一步都略有改进，从最简单的裸露视网膜开始，直到非常接近鱼眼的眼睛（和我们的也相去不远）。当然它可以继续改进下去（事实也确实如此）。我们还可以加上虹膜，让瞳孔可以扩张收缩，用来控制进入眼睛的光线量，从而适应

---

① 伍德豪斯的原句是："我看得出来，他即使没有不满，也远非满意了。"

各种情况，从明亮的日光到昏暗的夕阳。我们也可以在晶状体上加肌肉，用来推或拉它改变形状，让眼睛可以对不同距离的物体进行聚焦。不过很多眼睛都没有这些微调机关，而且只有在眼睛进化出来之后，才有可能把它们加上去。因此，本章的目的先放在进化出可以成像的眼睛上，尽管这离配置完备还有点远。[①]

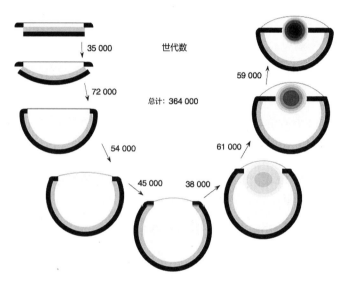

图7.1 根据尼尔森与佩格尔所推测的进化出一只眼睛所需要的连续步骤，以及每一步需要花大约几代来产生。假设每一代是一年，那么整个过程只需要大约不到40万年就可以完成。

眼睛进化过程中最关键的一点在于，即使是最原始的晶状体也要比没有晶状体好（当然是对黑烟囱海底热泉以外的环境来

---

① 你知道吗？绝大多数的哺乳类动物（除了灵长类以外）的眼睛都没有调节功能，也就是说，不能调整眼睛从远处聚焦到近处。

说），模糊的影像还是比没有影像要好。但是和前面一样，在分辨率与感光度之间又要斟酌一番。比如说，就算完全没有晶状体，光靠针孔也可以形成清晰的影像。也有少数物种使用这种针孔式眼睛，代表者是鹦鹉螺，它是古生物菊石类存活至今的亲戚。[1] 但是对鹦鹉螺来说，感光度就是个问题，因为光圈要很小才能形成清晰的影像，因此能进入眼睛的阳光就很少。而在暗处本来光线就少，影像会因为太暗而难以辨析，这正是鹦鹉螺的问题，它恰好就住在不见天日的深海中。英国萨塞克斯大学的神经学家迈克尔·兰德（Michael Land）是动物眼睛界的权威，他曾经计算过，如果给同样大小的眼睛加上晶状体，可以让感光度增加400倍，分辨率增加100倍。因此，任何能够进化出某种晶状体的方式，都能带来很大的好处，这个好处就是可以立刻增加存活率。

　　三叶虫很可能进化出了第一只真正能成像的眼睛。这些节肢动物身着片状铠甲，宛如中世纪的欧洲骑士一般，而它们的众多亲族足足在海底遨游了3亿年之久。最古老的三叶虫眼睛发现于目前已知最古老的三叶虫化石，大约有5.4亿年历史，我们在本章之初提过，那时寒武纪大爆发刚开始没多久。虽然和3000万年以后全盛时期的眼睛相比，这只眼睛相当朴素，但是眼睛就这么突然地出现在三叶虫化石中，就引出了一个问题：眼睛真的可以如此快速进化吗？如果是这样，那很可能就像帕克所主张的，视觉的进化引发了寒武纪大爆发。但如果不是，那么代表眼睛早就形成

---

[1] 菊石大约和恐龙同时灭绝，所以在侏罗纪岩层中留下许多令人惊艳的螺旋状外壳。我最喜欢的一个菊石，位于英国西南方多塞特郡斯沃尼奇镇，嵌在一个令人望之晕眩的海崖边，那里即便对于攀岩老手来说也是梦寐以求却遥不可及之处。

了，只不过因为某种原因没有形成化石，而这样一来，眼睛就不可能引起任何生物大爆发。

绝大多数的证据都指出寒武纪大爆发之所以会出现，是因为当时环境发生了某些改变，让生物挣脱了体型大小的限制。绝大多数寒武纪动物的祖先们，可能都长得又小又软（缺少坚硬的组织），这是它们没留下什么化石的主因。同样的原因也会阻碍眼睛的进化，因为立体视觉需要够大的镜头、延伸开来的视网膜，以及可以处理输入信息的大脑，只有够大的动物才能满足要求。生活在寒武纪之前的小型动物，或许已经具备了大部分的基础设施，比如裸露的视网膜，或简单的神经系统，但是小尺寸的身体注定会阻碍它们更进一步发展。几乎可以肯定，当时大气与海洋中氧气浓度的升高可以促成大型动物出现。只有在高氧气浓度的环境下，才可能有大型动物和猎食行为（因为没有其他的环境可以提供足够的能量，请参见第三章），而大气中的氧气浓度，就在一系列被称为"雪球地球"的全球大冰期事件之后，也就是在即将进入寒武纪之前，迅速升高到和现在浓度一样。在这个充满氧气、令人振奋的新环境里，有史以来第一次大型动物可以靠猎食生存。

到目前看起来一切都很好，然而，如果说在寒武纪之前并不存在完善的眼睛，那么原来的问题就再度出现，而且似乎更加棘手，那就是自然进化果真能让眼睛进化得如此之快吗？在5.44亿年前，世上一只眼睛也没有，紧接着400万年后马上就有了发展完整的眼睛。看起来，化石证据似乎并不利于达尔文理论的支持者，也就是无法证明眼睛曾有无数中间过渡形态，每个过渡品对于它的所有者都有好处。不过我们也可以用时间尺度的差异来解释这个问题。这个差异存在于我们所熟知的生命寿命时间尺度和漫长的地质时间尺度之间。当我们测量的尺度是数亿年时，任何发生在百万年以内的事情都像突变一般；但是对于活着的生物来说，这段时间仍然漫长单调。比如说现在我们家养的小狗，全都是由狼进化而来的，在人类的帮助之下，整个过程只用了百万年的百分之一。

从地质时间尺度来看，寒武纪大爆发不过转瞬之间，也就是数百万年而已。但若从进化的角度来看，却是很长的时间。40万年的时间就足够让眼睛进化出来了。尼尔森和佩格尔提出眼睛进化过程模型时，也计算了进化所需要的时间（见图7.1）。他们的计算很保守，假设每一次对特定构造的改变都不超过1%，比如某次稍微改一点点眼球，下次稍微改一点点晶状体，诸如此类。当他们把所有的步骤加起来后，惊讶地发现竟然只需要40万次改变（和我随便乱猜的需要100万次也相去不远）就可以从一个裸露的视网膜发展出构造完整的眼睛。接着，他们假设每代只发生一个改变（这也是保守估计，其实每代可以同时发生好几种改变）。最后他们假设一个海洋生物平均一年繁殖一次。综合上述推测，他们得到的结论就是，要进化出一只眼睛所需的时间不到40万年。[1]

如果上面的假设正确，那么眼睛的出现确实有可能引发寒武纪大爆发。如果这就是事实，那么眼睛的发明绝对是地球生命历史上最重要、最戏剧性的事件之一。

---

[1] 三叶虫眼睛进化的最后一步，并没有显示在图中。最后一步是复制现有结晶刻面来形成复眼。不过这不是什么难题，因为生命很善于复制现有的零件。

尼尔森与佩格尔预测的进化过程中有一个比较麻烦的步骤，那就是制造晶状体。一旦有了原始晶状体，自然进化就可以轻易改造升级。然而，晶状体所需的各种成分一开始是怎么组合在一起的呢？如果构成晶状体的各个成分本来并无用处，自然进化难道不会在它们有机会组合起来以前就将其全部丢掉？这会不会正是鹦鹉螺从来不曾发展出晶状体的原因？尽管晶状体对它来说应该很有用处。

其实，这不构成任何问题。尽管目前鹦鹉螺恐怕必须继续长着那对成因不明的怪异眼睛，而其他的物种却纷纷找到各自的出路（包括现存与鹦鹉螺最接近的亲戚：章鱼和乌贼），其中有些方法非常有创意。虽然晶状体是特化程度很高的组织，但组成成分却出人意料的稀松平常。它的基本构成材料几乎唾手可得，只需要一点时间，东凑一点西拼一点，从矿物晶体到酶，甚至可以加入一点点细胞。[1]

三叶虫算是投机主义的最佳范例。你真的会被它们的石头眼睛吓到，因为三叶虫的眼睛非常特别，是由一种矿物晶体，也就是方解石所组成。方解石是一种碳酸钙矿物。石灰石也是，不过石灰石是不纯的碳酸钙。白垩则是比较纯的碳酸钙。英国东南沿岸城市多佛附近的白色峭壁，几乎都是白垩，因为它们的结晶排列稍微有点不规则，使阳光往四处散射，因此让白垩土看起来呈

---

[1] 我最喜欢举的例子是一种叫作*Entobdella soleae*的扁形动物，它的晶状体是由好几个线粒体融合而成的。一般来说，线粒体是大型复杂细胞的"发电厂"，可以产生我们生存所需的能源，而绝对毫无任何光学特质。甚至还有些扁形动物，就把线粒体聚集起来直接当晶状体用，连融合都免了。显然群聚在一起的细胞成分就可以折射光线了，而且好到足以带给生物某些优势。

现白色。而如果晶体成长很慢（通常在矿脉处就是如此），方解石就会形成细致透明的结构，它会形成略倾斜的立方体，这就是冰洲石。冰洲石因其原子几何排列方式，获得了十分有趣的光学性质——除了某个特定角度的光线可以直直穿透晶体以外，其他任何一个角度射进来的光线都会产生偏斜。如果光线刚好就从这个特定角度射进来（这个方向轴称为c轴），它会如同被红毯引导般从晶体中直直通过不受阻碍。三叶虫就将这种光学特性转为它眼睛的特点。它的众多小眼睛里，每一只小眼都有自己的方解石晶状体（见图7.2），配合每个结晶独特的c轴，让每一个方解石晶状体接收到的光线正好打在位于下方的视网膜上。

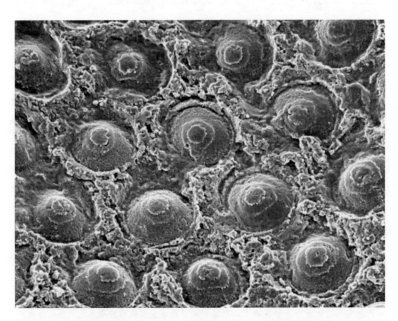

图7.2 小达尔曼虫（一种三叶虫）的结晶式晶状体。这是发现于捷克共和国波西米亚奥陶纪岩层中的化石，图中显示晶状体的内面，直径大约是0.5毫米。

三叶虫到底如何长出这些方解石晶状体，并让所有晶状体面向对的方向，这一直是个谜，恐怕永远都是，因为最后一只三叶虫已死于2.5亿年前的二叠纪大灭绝事件中。但是尽管三叶虫被时光的洪流所谋杀，并不代表我们没有其他方法去探索眼睛的形成。2001年科学家从一个意料之外的地方得到了重要线索。看起来三叶虫的眼睛并不是独一无二的，现今仍存活的动物，如海蛇尾，也用方解石做晶状体。

　　现今大约有2000种海蛇尾，每种都长着五只腕足，就像它们的海星亲戚一样。但是和海星不同的是，海蛇尾那五只细长华丽的腕足往下垂，如果往上拉的话就会断掉，这是它们英文名称的由来（海蛇尾的英文名就是易碎的星星，brittlestar）。所有海蛇尾的骨骼都由互锁在一起的方解石板组成，这也形成它们腕足上的刺，可以用来抓紧猎物。大部分的海蛇尾都对光不敏感，但是其中一种名叫文氏栉蛇尾的海蛇尾却让观察者十分困惑，因为它在猎食者接近时会先一步迅速躲入漆黑的岩缝中。问题是它没有眼睛，至少没有大家想的那种眼睛。后来一组来自贝尔实验室的研究人员，注意到在它的腕足上排着些方解石，看起来很像三叶虫的晶状体。后来他们证明这些方解石确实和晶状体一样，可以让阳光聚焦在下面的感光细胞上。[1] 所以就算海蛇尾没有什么称得上是大脑的东西，但是它们却有眼睛。如同美国《国家地理》的

---

[1] 贝尔实验室的研究人员真正感兴趣的，其实是微棱镜的商业用途，他们想知道如何把它用在光学与电子仪器上。与其尝试用普通且有缺陷的激光技术去制作这种微棱镜阵列，研究人员决定以自然为师，用术语来讲就是"仿生"，让大自然帮他们想办法。他们的研究成果发表在2003年的《科学》上。

报道所描述的:"大自然的古怪产物,海里的星星有眼睛。"

虽然我们还不完全了解海蛇尾的眼睛是怎么长的,不过大体上和其他矿物化的生物结构一样,比如海胆的刺(也是由方解石组成)。整个过程始于细胞内部,首先高浓度的钙离子会和细胞内的蛋白质作用,然后固定住成为"晶种",晶体就会开始在上面生长,过程像排队一样,一个人等在店外面,慢慢地就会排出一条人龙。一个人或一个蛋白质,一旦固定不动了,其他的单元就会凑过来。

可以用简单的实验来证明,把负责结晶的蛋白质提取出来然后涂在一片纸上,再把纸放到高浓度的碳酸钙溶液中,纸上就会长出完美的晶体,形成冰洲石,每个结晶的光学c轴都朝上,就好像三叶虫的晶状体一样。我们也掌握了一些反应的线索。虽然不知道具体是哪一种蛋白质,这其实不是太重要,重要的是这个蛋白质要有许多酸性侧链。1992年,也就是发现海蛇尾晶状体的十年前,以色列的生物矿物学家里亚·阿达迪(Lia Addadi)与斯蒂芬·维纳(Stephen Weiner)就曾用从软体动物壳中取出来的蛋白质,在纸上结出非常漂亮的方解石棱镜,而这些壳没有任何视觉能力。换句话说,尽管结果很神奇,但是其实只要把平常的蛋白质与平常的矿物质混在一起,整套过程就会自动发生。虽然神奇,但并不比天然洞穴,像墨西哥剑洞中发现的钟乳石更稀奇。

不过尽管方解石眼睛可以产生锐利的视觉,但它终究是死路一条。三叶虫眼睛的重要性在于它的历史价值,因为这是第一只真正的眼睛,但却不是进化中最值得被纪念的眼睛。也有其他生物利用其他的天然晶体做各种用途,特别是鸟嘌呤(也是构成

DNA的一个元素），一样可以形成聚焦光线的结晶。鸟嘌呤晶体可以让鱼鳞产生银亮的七彩色泽，因此也被加在许多化妆品中。它也存在于鸟粪里（因而得名，也称其为鸟粪嘌呤）。类似的有机结晶可以作为生物性镜子，其中最为人熟知的就是猫眼中的"反光膜"了。它可以将阳光再次反射到后方的视网膜上，让视网膜有第二次机会多抓住一些微弱的光子，因而可以强化夜间视觉。还有其他的生物性镜子，也可以让影像在视网膜上聚焦。比如扇贝类漂亮众多的眼睛，会从壳边缘的触手间伸出偷窥，它们利用视网膜下方的凹面镜来聚焦。至于许多甲壳纲动物，包含虾、盲虾和龙虾的复眼，也是靠着反光镜来聚焦，这些眼睛用的也是鸟嘌呤形成的天然晶体。

总体看来，进化的核心目标与最了不起的成就，应该是由特化蛋白质所组成的晶状体，类似我们的晶状体。这些晶状体也是投机取巧的组合吗？也是利用身体中在做其他事情的材料，随便拼凑出来的吗？虽然我们常说进化是一种带有历史学性质的科学，所以无法通过反复重现来证明，但有时候还是可以验证一些特定的预测。以晶状体进化为例，理论预测晶状体的组成蛋白质，是来自现存于身体里另有用途的蛋白质。这样预测基于一个理由，那就是特化的晶状体蛋白质，不可能在没有晶状体以前就开始进化。

人类的晶状体当然是高度特化的组织，它透明，没有血管，细胞几乎失去了所有正常细胞该有的功能，取而代之的是把蛋白质浓缩成液晶阵列，以便可以弯曲阳光然后在视网膜上成像。还有，晶状体可以调整形状，以调整焦距。而且它的变形方式可以让阳光通过晶状体各处时弯曲的程度不一，这样可以避免产生球面像差之类的误差（球面像差是指通过透镜中心和边缘的光线聚焦在不同点上）。综合上述内容我们很容易猜想，能制造这种精密阵列的蛋白质，应该十分独特，因为光学特性绝不存在于那些随处可见的蛋白质身上。但如果我们真这样想，那可是大错特错。

人类晶状体里的蛋白质叫作晶体蛋白，如此命名正是期望它具有独一无二的特质。这些蛋白质占据晶状体全部蛋白质的90%左右。因为不同物种之间的晶状体非常相似，不管从外观或功能上来说都是如此，所以很自然地假设它们都由类似的蛋白质组成。然而在20世纪80年代初期，比对蛋白质组成序列的技术变得成熟普及之后，结果出乎意料。科学家发现晶体蛋白并不是一种结构蛋白，而且大部分也非晶状体独有，它们在身体很多部位都有各自的职责。更让人吃惊的是，后来发现很多晶体蛋白其实是一种酶（生物催化剂），在身体许多不同地方扮演着"管家"的角色（housekeeping，负责维持细胞生存）。比如说，在人类晶状体里面含量最多的晶体蛋白是 α-晶体蛋白，它和果蝇体内的一种应激蛋白（细胞在受到生存压力时会工作的蛋白质）类似，现在则知道除了果蝇以外，很多动物体内也含有该蛋白。在人体里，它还是一种"分子伴侣"，用来保护其他蛋白质免受伤害。因此，它不只在眼中，还在脑、肝、肺、脾、皮肤和小肠里。

直到现在，我们已经分辨出11种晶体蛋白，其中只有三种是所有脊椎动物眼睛共有的，其他的则不是，这表示它们是各自独立被"征召"到眼球里工作的，和我们的预测一致。我们无须在此细究这些蛋白质的名称与功能，但是不得不惊讶于这一群蛋白质，原本各有各的工作，却可以从各地强拉来去做毫不相干的活儿。就好像一支军队，只征召商人或其他社团成员组成一支常备部队。不管原因为何，这种现象虽然奇怪，但征召蛋白质来晶状体倒是没什么困难。

所以晶状体的蛋白质毫无特殊之处，它们就是从身体其他地方拉出来做别的工作而已。既然所有的蛋白质都透明无色，那颜色就不成问题（只有带着色素的蛋白质如血红蛋白，才有颜色）。至于晶状体的光学性质，比如让通过的阳光弯曲成特定角度（折射），可以通过改变蛋白质浓度来实现。这部分功能当然需要进化来微调，不过在原理上不是什么大问题。至于为何这么多晶状体蛋白都是酶，这有没有什么特别的用途，目前还不知道，但是自然一开始并没有什么灵感给晶状体设计完美的蛋白质。

有一种海中的原始的无脊椎动物，在解答晶状体如何出现的问题上，给了我们一些线索。它的名字并不起眼：海鞘（准确说是指玻璃海鞘，学名是Ciona intestinalis，意思是一堆肠柱，林奈当初恐怕也想不到更好的名字了）。海鞘的成虫将它的身世藏得很好，它只剩下一个半透明袋子粘在岩石上，伸出两根浅黄色的虹吸管随波摇曳，水可以从这两根管子进出。它们在英国沿岸极为常见，数量多到仿佛害虫肆虐。不过它的幼虫却透露出许多祖先的秘密，让我们知道它比害虫要有价值多了。玻璃海鞘幼虫长得有点像蝌蚪，会到处游来游去，它们有简单的神经系统，还有一对原始而缺少晶状体的眼睛。一旦幼虫找到合适的场所，就会紧紧粘上去，接下来既然已经用不上脑子，脑子就会慢慢被吸收掉〔英国进化学家史蒂夫·琼斯（Steve Jones）曾打趣说道，这项特技必定会让许多大学教授钦佩〕。

尽管成熟的海鞘看起来和我们一点关系也没有，但是它的幼虫却泄露了些许秘密：海鞘是原始的脊索动物，它有脊索，而脊索是脊椎的前身。该特征让海鞘一下子排到脊索动物最古老的分支之中，因此也早于所有的脊椎动物。事实上，脊椎动物在还没有进化出晶状体以前就和它分家了。或许海鞘那些简单的眼睛可以告诉我们脊椎动物的晶状体是怎么进化出来的。

事实也是如此。2005年时，英国牛津大学的动物学家塞巴斯蒂安·施迈德（Sebastian Shimeld）和他的同事发现，海鞘就算没有晶状体，却仍有晶体蛋白。它的晶体蛋白不在眼中，而是藏在大脑里。我们不知道它在海鞘脑中的功能，不过这不重要。重要的是，控制脊椎动物晶状体发育的基因组，也会调控这个蛋白质的活性，而在海鞘体内，这组基因同时在脑中和眼中作用。所以，建造晶状体的整套设备，早在海鞘与脊椎动物分道扬镳之前，就已经出现在它们的共祖身上了。在脊椎动物身上，只要一个小小的改变，就可以让这个蛋白质从脑中转移到眼睛里。我们可以假设，其他的晶状体蛋白，大概也是通过类似占便宜的偷袭手段，从身体各处被征召到眼睛中。有一些是在共祖身上就被召唤来，其他的则较晚才发生。为什么海鞘并没有好好利用这种转变，我们并不清楚。或许是因为就算没有晶状体，岩石也不难找到。尽管如此，海鞘还是个怪胎。大部分的脊椎动物都成功地转移了蛋白质，而且至少发生了11次。所以整体看来，生成眼睛的一连串步骤里，没有哪一步特别困难。

相较于各种动物眼睛晶状体多样的成分，比如蛋白质、晶体与矿物质，视网膜里的蛋白质显得十分特别。其中有一个特别的蛋白质负责感光，也就是视紫红质。还记得住在热泉口的裂谷盲虾吗？它有裸露在外的视网膜。尽管它生活在奇异的海底热泉世界，尽管它的视网膜诡异地长在背上，尽管它可以看到我们看不到的微光，尽管它依靠硫细菌而生存，然后流着蓝色的血液又没有骨骼，又尽管我们的共祖远在6亿年前，远早于寒武纪大爆发，尽管有这一切的尽管，这种盲虾还是和我们用一样的蛋白质来看东西。这种超越时间与空间的密切关联，究竟只是巧合，还是有更深层的含义呢？

盲虾的蛋白质和我们的其实并不完全一样，但是它们长得如此相像，以至于如果有个法庭，而你想在法庭上说服法官，说你的蛋白质并不是抄来的，那很可能会败诉。事实上，你更有可能成为大家的笑柄，因为视紫红质也非盲虾和人类所独有，它普遍存在于整个动物界。举例来说，尽管我们对于三叶虫眼睛内部的作用机制知之甚少，因为它们除了方解石晶状体以外，几乎没有留下什么东西。不过基于对它们亲戚的充分了解，我们大致可以确定，三叶虫的眼睛里面应该有视紫红质。除了极少数例外，绝大多数的动物都依赖视紫红质。想说服前面那位法官，说你的视紫红质不是从别人身上抄来的，就如同宣称你的电视机和别人的本质上完全不同，而理由是你的电视比较大还有平面屏幕。

有几种可能的假设可以解释如此惊人的一致性。比如它可能暗示所有人都从同一个共祖身上继承了同样的蛋白质。当然在过去6亿年间，这个蛋白质发生了许多小小的改变，但是很明显仍然是同一个。另一个解释则是，能探测光线的蛋白质，设计条件严苛，以至于大家最终都进化成同一个样子。这有点像用电视或者电脑看电视节目，一样是个箱子，但是内部技术不完全相同，不过最后大家都会有相同的解决方案。或者这个分子曾被许多物种传来传去，像强盗掠夺而不是继承来的。

第三个解释很容易被淘汰出局。不同物种间确实存在基因剽窃的行为（比如说病毒感染就会把基因带来带去），不过这在细菌以外十分罕见，而且一旦发生会十分明显。不同物种的同类蛋白质之间的差异，和这些物种的亲缘关系相关联。所以如果人类的蛋白质曾经被偷走，然后放到盲虾体内的话，那它看起来应该会像个非法移民，也就是说，它应该会和人类的蛋白质比较接近，而不太像盲虾的其他蛋白质。相反，如果蛋白质是随着时间，在盲虾的祖先体内慢慢累积变异的话，那么盲虾体内的蛋白质，应该会与它的亲戚们比较相似，比如虾或龙虾，而和较远的亲戚差很多，比如我们人类。实际也是如此，盲虾的蛋白质更像虾，而不是人。

如果视紫红质不是偷来的，那么它有可能是为了满足某种需求，重新被发明出来的吗？这很难讲，确实有可能，似乎只有一次重新发明。以两个非常相似的蛋白质来说，盲虾的视紫红质和我们的算是相差最多的了。在这两个视紫红质中间可以放入一堆中间型蛋白质，但是这些中间型蛋白质却并非呈现连续变化。它们大致可以分成两组，碰巧可以和脊椎动物和无脊椎动物（包括盲虾）对应。除此之外，感光组件在各方面也大为不同，强化了两组间的差异。不管在脊椎动物或无脊椎动物里，感光细胞都是一种变形的神经细胞，但两者相似之处仅止于此。在盲虾和其他的无脊椎动物体内，视紫红质插在细胞膜上，让细胞膜往外凸出，看起来就像一堆直立的毛发（微绒毛）。在脊椎动物体内，则是在细胞膜上面往外像无线电天线般伸出一根（纤毛）。这根天线还会盘叠起来，整体结构看起来就像一叠放在细胞表面的盘子。

而在细胞内部它们引起的生化反应也不一样。在脊椎动物里，视紫红质在吸收阳光之后会引起一系列的反应，增加细胞膜表面的电荷。在无脊椎动物里面则完全相反，一旦吸收阳光后，它会让细胞膜失去电荷，然后激发神经开始给大脑传递"有光"的信号。结论就是，两种大致相似的视紫红质却存于两种完全不同的细胞里。这是否意味着，感光细胞曾经进化过两次，一次在脊椎动物体内，一次在无脊椎动物体内呢？

非常有可能，而且直到20世纪90年代中期整个学界都深信不疑。但是很快，一切都改观了。前面找到的证据当然都没有错，但是后来科学家发现，故事只讲了一半。现在看起来大家之所以都使用视紫红质，纯粹因为大家都是从同一个共祖那里继承来的。最早的眼睛原型，似乎只进化了一次。

瑞士巴塞尔大学一位勇于突破传统的生物学家瓦尔特·格林（Walter Gehring），是提倡这种观点的关键人物。格林是众多hox基因（负责调控身体基本构架的重要基因）的发现者之一，这是生物学上最重要的发现之一，此后，于1995年，他又做了另一个生物学上最令人吃惊的实验，树立了第二个里程碑。实验是这样的，格林的团队把一个老鼠身上的基因转移到果蝇体内。这个基因可不寻常，它可以调控眼睛的生长。在它的误导之下，果蝇竟然开始在全身各处长出眼睛，而且是完整的眼睛，长在脚上、翅膀上甚至触角上。当然这些从特定地方慢慢萌发的眼睛，并非我们所熟知的人类或老鼠的照相机式眼睛，而是昆虫或甲壳动物典型的复眼——带有数组小眼。这个有点恶心的实验从本质上证明，在老鼠或在果蝇体内，指挥眼睛发育的基因是一模一样的。这个基因，从无脊椎动物和脊椎动物的最后一位共祖开始到现在，经过了6亿年的进化时间，竟然几乎没有改变，而且它们到现在还可以在物种间交换。把老鼠的基因放到果蝇身体里，不管放在什么地方，它都可以指挥果蝇的系统，启动一整套基因程序，就地长出眼睛来。

哲学大师尼采曾在巴塞尔大学任教。或许是出于崇敬，格林把这个老鼠的基因称为"主人基因"（尼采提出主人—奴隶道德说）。但我认为叫作"大指挥家基因"或许更为恰当，当然这样一来名字就没那么响亮，不过含意或许更为丰富。如同管弦乐团的指挥，自己从来不曾演奏半个音符，却可以引导出优美的音乐一样。这个基因也是通过引领众多独立基因，每个都负责一部分工作，一起完成整个眼睛的生长。通过观察不同基因突变的结果，科学家已经在果蝇、小鼠和人类身上找到了同类基因。小鼠和果蝇的类似基因分别叫作小眼和无眼基因。名称来源于少了这个基因时会产生的缺陷，遗传学家偏爱这种相反命名的方式。该基因发生突变会导致无虹畸形症，也就是虹膜会无法发育。虽然这样会导致失明，已经很惨了，但是奇怪的是，它的损害范围竟然如此有限，因为理论上"主人基因"应该是负责整个眼睛发育才对。不过这只是一个基因缺陷的影响，如果一对基因都损坏或缺失的话，整个头部都会无法发育。

自从格林做了那个极具启发性的实验之后，事情又变得复杂了。他当初所称的"主人基因"现在叫作Pax6，不但功能比以前了解的更强大，而且也没有过去想象的那样孤单。几乎所有脊椎动物与无脊椎动物（包含盲虾）体内都有Pax6，甚至在水母体内也找到一个十分相近的基因。现在更证明Pax6不只是形成眼睛的幕后功臣，也控制了绝大部分的脑发育，这就是为何当一对基因同时缺失时，头部无法发育。除此之外，Pax6并非独一无二。还有其他基因也可以诱发果蝇眼睛发育，如今这个实验做起来轻而易举。这些基因彼此间关系密切，而且也都非常古老。大部分都是脊椎动物与无脊椎动物体共有的，不过职能和所处位置略有差异。唯一让人感到遗憾的是，这部优美的生命乐章，原来不是由一位指挥家负责，而是由一个小行政委员会负责。

这里最重要的结论就是，控制脊椎动物与无脊椎动物体内眼睛的发育的竟是同一个委员会。和视紫红质不一样，因为这里并没有什么功能上的理由，需要同一组基因来控制眼睛的发育过程，它们不过就是一堆行政官僚罢了，理应可以用各种不同的官僚替代才对。同一组基因同时存在于不同动物体内，透露了这组基因形成的久远历史（前述构成晶状体各式各样不同的蛋白质则相反，表明它们是后期各自发展的），说明这是偶发事件，而非必要事件，也说明感光细胞只在脊椎动物与无脊椎动物的共祖身上进化了一次，然后一直由同一小群委员控制。

还有另一个理由让我们相信感光细胞只进化过一次，这次由活化石做见证。这个古老的幸存者就是一群属于阔沙蚕属的海生沙蚕，是一种身长只有数毫米，长满刚毛的虫子。它是淤泥河口的常见居民，也是最好用的鱼饵，但有多少人知道它的外表和形态，从寒武纪至今几乎没有改变呢？这种虫子正是脊椎动物与无脊椎动物的共祖，和所有的脊椎动物，以及大部分的无脊椎动物一样，外表两侧对称，而不像海星。所有两侧对称动物比如昆虫、你和我都是对称的。严格来讲海生沙蚕其实比两侧对称动物出现得更早，可以说它蕴藏着发展成现在多彩多姿世界的潜力。它是远古时代两侧对称动物的活化石，是原始的两侧对称动物。这就是欧洲分子生物学实验室的科学家戴列夫·阿伦特（Detlev Arendt）对它的感光细胞感兴趣的原因。

阿伦特和他同事知道海生沙蚕的眼睛，从结构设计到使用的视紫红质，都比较接近无脊椎动物，而和脊椎动物不同。不过2004年，这支团队在海生沙蚕的大脑里找到了另一种感光细胞。这群感光细胞完全不是用在视觉上面，而是被当作生物钟，也就是负责生物睡眠与清醒、区分白昼与黑夜的时钟，甚至连细菌也使用这种生物钟。这群生物钟细胞不只使用视紫红质，它们本身看起来甚至非常像脊椎动物的感光细胞（至少对阿伦特这样的专家来说是如此），之后的生化与遗传学实验也证实了两者的相似性。阿伦特因此认为，这些原始两侧对称动物体内同时带有两种感光细胞。也就是说，这两种感光细胞并非源自两条完全独立的进化之路，它们更像在同一个生物身上一起进化出来的姊妹细胞，而这个生物，就是原始两侧对称动物的祖先。

当然，如果说这个脊椎与无脊椎动物共祖，同时带有两种感光细胞，那人类或许也继承了它们，但是还不知道长在哪里。后来科学家发现，我们确实也有两种细胞。就在海生沙蚕秘密宣布的第二年，美国圣地亚哥研究所的生物学家萨钦·潘达（Satchin Panda）与他的同事开始研究人类眼中的细胞——视网膜神经节细胞，它们会影响人的生物钟。这些细胞并非用来看东西，但一样有视紫红质。这种视紫红质十分特殊，叫作视黑质。后来科学家还发现这些视网膜神经节细胞很像典型的无脊椎动物感光细胞。最值得注意的是，我们的生物钟视紫红质在结构上更像盲虾的视紫红质，而不是人类用来视物的视紫红质。

所有证据都表明，脊椎动物与无脊椎动物的感光细胞，来自同一个源头。它们不是独立发明，而是有相同母亲的姊妹细胞。这个母亲，这个远古的感光细胞，同时也是所有动物眼睛细胞的祖先，她，只进化过一次。

现在眼前浮现出来的景象更大更完整了。一开始，有个带有视觉色素视紫红质的感光细胞，从脊椎动物与无脊椎动物的共祖身上进化出来，而操纵它的是　小群基因委员会。不久之后这个感光细胞一分为二，两个姊妹细胞开始分家并各自专精于不同的工作，一个在看世界，另一个负责生物钟。很可能只是因为偶然的机缘，脊椎动物与无脊椎动物各自选择了相反的细胞来执行这两项工作。其结果就是，在这两种动物体内，眼睛会从不同的组织中发育出来。这就解释了为什么人和章鱼的眼睛极为相似，但胚胎发育过程完全不同。完整眼睛的进化起点是裸露的视网膜，也就是要先有一片感光细胞构成的薄片，随进化分支不同，动物会选择不同的感光细胞。某些物种至今仍保有这种简单而扁平的裸露视网膜，其他物种则把视网膜内缩到一个凹洞中，并可以根据阴影来计算光的方向。随着这个凹陷越来越深，最后动物会陷入感光度和分辨率的两难问题，并且达到一种"任何形式的晶状体都比没有晶状体要好"的情况。于是各种意想不到的原料像矿物或酶，都会被抓来利用。同样的过程发生在不同物种身上，因此到最后出现了各种杂七杂八的晶状体形式。但是要建造一只有用的眼睛存在光学技术的限制，所以在整体结构上虽有千差万别，但内部分子变异性局限在较小的范围内，最后产生了从人类的照相机式眼睛到昆虫的复眼一系列绚烂多彩的眼睛。

当然整个过程里还有太多细节没有交代，不过眼睛大致上就是这样进化出来的。既然我们和热泉盲虾都从同一个共祖身上继承了眼睛，那么我们都使用一样的视紫红质就一点都不稀奇了。不过在本章最后，还有一个大问题尚未解决。这个祖先是谁？又一次，基因可以告诉我们答案。

让我们回到海底热泉。光线的问题一直困扰着多佛。她研究的盲虾明明对绿光敏感，使用和我们相似的视紫红质，但是之前的研究指出，热泉并不会发出绿光，这到底是怎么一回事呢？

曾经有一位杰出的研究人员，在他的退休演讲上，给年轻研究人员提出一个诙谐的忠告：无论如何都不要去重复一项成功的实验，因为结果注定会让人失望。[①] 相反，去重复一个失败的实验可能就没那么沮丧，而多佛有充足的理由去重复过去的实验。因为她认为，就像法医常说尸体不会骗人一样，视紫红质也不

---

① 英国普利茅斯海洋生物协会实验室的领导人埃里克·登顿（Sir Eric Denton）爵士，在晚年的时候也讲过类似的忠告："当你做实验得到很好的结果时，赶快在重复它之前先去好好吃一顿晚餐，这样至少你还享受受了一顿大餐。"

会说谎。如果它会吸收绿光，那么在海底深处就一定有绿光可以被吸收。或许，早期实验所使用的仪器，还没有盲虾的视网膜敏感。

后来，美国太空总署投入了一台更先进而且更复杂的测光仪。毕竟他们是探测暗黑外太空中各种光线的老手。这台机器名为"爱丽丝"（环境光成像和光谱系统，Ambient Light imaging and Spectral System，简称ALISS，爱丽丝）。爱丽丝的确在海底看见了其他波长的光线。在海底热泉的仙境里，爱丽丝在它的光谱仪绿色波段处画出了一个小波，其强度高于理论预测。随后这个新的测量结果很快地在其他的热泉口得到了验证。虽然目前还不知道绿光的来源，但是各家天马行空的理论已纷纷出炉。比如说，有人提议从热泉冒出的气泡，在被海底的高压压碎的瞬间会放出可见光，或者在高温高压的环境下被压碎的晶体可以发光。

虽然多佛对视紫红质吸收绿光充满信心，但她其实只是在赌运气而已。视紫红质适应环境的能力十分惊人。我们常形容大海是深蓝色的，那是因为在水里，蓝光可以比其他波长的光穿透得更深。红光很快就会被水吸收掉，走不了太远，黄光可以穿透得深一点，橘光再深一点。但是到了20米深时，剩下的阳光多半就是绿光和蓝光，而且越深越模糊。蓝光会四处散射，因此让深海中每件东西看起来都蓝影幢幢。鱼眼中的视紫红质就变得很适合吸收这种蓝光，这种现象叫作光谱微调（根据背景环境调节吸收光波的范围）。我们还会发现，在水深80米左右的地方，鱼眼中的视紫红质特别适合吸收绿光（波长约520纳米），但是到了200米的深处，在残余不多的微光里，鱼眼中的视紫红质变得适合吸收蓝光（波长约450纳米）。很有趣的是，前面我们提过的热泉螃蟹，却和上述变化趋势相反。这种螃蟹的幼虫生活在比成年螃蟹更浅一些的海水中，它的视紫红质特别适合吸收蓝光，波长450纳米。但是随着成年螃蟹往更深处下降，裸露视网膜里面的视紫红质，却专门吸收波长490纳米的光线，更接近绿光。虽然只有40纳米左右的偏移，却十分耐人寻味。既然盲虾的视紫红质更适合吸收波长500纳米左右的绿光，多佛有理由特别关注这一点点偏移。

人类的彩色视觉也依赖视紫红质光谱微调的能力。在我们的视网膜里有两种感光细胞，视杆细胞和视锥细胞。严格来说只有视杆细胞才有视紫红质，而每种视锥细胞含有三种视锥蛋白的一种。不过这种区分对我们来说并没什么用处，因为其实上述所有这些视觉色素的基本构造都一样，原则上都是一个很特别的蛋白质，叫作视蛋白，它嵌在细胞膜上来回折叠数次，然后和一种叫作视黄醛的分子结合。视黄醛是维生素A的衍生物，它是一种色素，同时也是唯一真正负责吸收光线的分子。当视黄醛吸收了一个光子，分子会被拉直变形，这种变形足以启动一系列的生化反应，最终会把"有光"的信号送进大脑。

虽然视黄醛吸收光线，但是真正影响"光谱微调"能力的，其实是视蛋白的结构。只要稍微改变一下视蛋白的结构，就可以让它吸收的光波从昆虫和鸟类可见的紫外线（波长约350纳米）移动到变色龙可见的红光（波长约625纳米）。所以，只要结合许多视蛋白，每种结构略有差异，吸收不同光线，那就可以组成彩色视觉。我们人类的视锥视蛋白可以吸收的光线绝大多数都介于光谱上蓝光（433纳米）、绿光（535纳米）和红光（564纳米）之间，这些颜色综合起来就形成了我们的可见光。[1]

虽然所有视蛋白的结构都大同小异，但是它们彼此之间的小差异却泄露了生命迷人的过往。所有视蛋白都是来自同一个基因的复制品，只不过之后走上各自不同的道路，所以可以往回追踪到最古老的祖先基因。我们发现有些视蛋白是最近才出现的。比如说我们的"红色"和"绿色"视蛋白就十分接近，该基因应该是在灵长类共祖体内才被复制出来经过分异后，让灵长类动物有了三种视锥视蛋白而非两种，因而让我们大多数人有三色视觉。有些人很不幸地丢掉了某个基因，结果就变成红绿色盲，如同绝大多数非灵长类的哺乳类动物那样，只有双色视觉。哺乳类祖先的这种视觉缺陷，或许反映了那还不算太长的夜行生活历史，它们需要花很多时间藏匿以躲避恐龙。为何灵长类会"重新获得"三色视觉？原因众说纷纭。主流的理论认为可以帮助动物区分红色果实和绿色树叶。而比较另类，同时也比较社会行为取向的理论则认为，三色视觉有助于区分情绪反应，比如愤怒或性交信号，我们需要辨认满脸通红和面不改色的差别（很有趣的是，所有具三色视觉的灵长类动物脸上都没有长毛）。

虽然我说灵长类"重新获得"三色视觉，不过相较于其他的脊椎动物，我们的视力仍然很差。爬行类、鸟类、两栖类和鲨鱼，它

---

[1] 眼尖的人或许已经注意到，红色视锥细胞最大吸光值为564纳米，但这其实一点都不红，反而在光谱上介于黄绿之间。事实上，尽管红色看起来如此鲜明，但它其实完全是一个大脑想象出的颜色。当我们"看见"红色时，那是因为大脑没有接到来自绿色视锥细胞的信号，同时又接到来自黄绿视锥细胞微弱的信号，综合在一起做出红色的判断。这个例子只是单纯告诉你想象力的力量。下一次当你女友和你争执关于两个浓淡不同的红色是否相配时，提醒她没有所谓"对的"答案，所以她一定是错的。

们全都有四色视觉，而根据推测，脊椎动物的共祖似乎也有四色视觉，它们应该可以看到紫外线。[①] 美国纽约雪城大学的施永胜和横山彰三（Shozo Yokoyama），曾经用精巧的实验来验证这件事。他们先比对了所有现存脊椎动物的基因序列，然后推测出脊椎动物祖先的基因序列。不过就算知道基因，我们还是完全无法直接观察到这个最古老的视紫红质所能吸收的确切波长是多少。但这难不倒施永胜和横山彰三，他们利用基因工程技术做出了这个蛋白，然后去测量它的吸光值，结果它可以吸收的紫外线波长恰好是360纳米。

　　比较有趣的是，昆虫可以看到紫外线，因此很多在我们看来是白色的花，在昆虫眼里其实充满了不同颜色与模式。这也就是为何世上有这么多白色的花朵，因为对于传粉者来说，它们其实充满了各种条纹。

　　前面我们已经讲过，视蛋白进化最古老的一个分异点，是在脊椎动物和无脊椎动物之间。但是即使是现存最古老的活化石——海生沙蚕，都还有两种视蛋白，刚好就由脊椎动物和无脊椎动物继承。那所有动物视蛋白的伟大祖先，到底该长什么样子，它又从何而来呢？关于这问题目前尚无确切答案，但许多科学家已有各种不同的假设。不过最终仍要依赖基因的指引，而目前我们已经利用它追踪回到6亿年前，我们还可以再走多

——————————

① 所有的狗仔队都知道，镜头越大，拍得越清楚，这原理也适用于眼睛。反之镜头越小越不清楚，所以晶状体的尺寸会有最低限度，最低限度差不多就是昆虫复眼的一个小眼。不过这问题不只单纯取决于晶状体大小，同时还和光线波长有关。波长越短的光看到的分辨率越好。这或许就是为何现在的昆虫，以及早期的（小型的）脊椎动物，都可以看到紫外线，因为对于小眼睛来说，紫外线可以带来较佳的分辨率。人类因为有较大的晶状体，所以不需要看到紫外线，因而可以舍弃这一段在光谱上来说对眼睛有害的波段。

远？根据德国雷根斯堡大学的生物物理学家彼得·西格曼（Peter Hegemann）与他同事的看法，基因确实可以告诉我们答案，而且答案出人意料。他们认为眼睛最古老的祖先应该来自藻类。

藻类和植物一样，都是光合作用的大师，也很擅长组成各种复杂的感光色素。很多藻类都会把这些色素放在眼点里面用来探测阳光强度，或者，有必要的话用来做些其他的事情。比如说一种在阳光下看起来极为漂亮的团藻，它们会形成一种直径达1毫米的中空球体，里面带有数百个绿藻细胞。每一个细胞都有两条鞭毛，像桨一样从旁边伸出。这些鞭毛在黑暗中会不断拍打，有光的时候就停下来，这样就可以驾驶整个球体往有光的地方移动，以寻找最适合进行光合作用的环境，而控制鞭毛停止的是眼点。令人惊讶的是团藻眼点中的感光色素正是视紫红质。

更意想不到的则是，团藻的视紫红质看起来似乎就是所有动物视蛋白的祖先。在团藻的视紫红质上面，视黄醛与蛋白质连接的地方，有许多部分和脊椎动物与无脊椎动物的蛋白质片段一模一样，或者更准确一点，是两者的混合体。而团藻视紫红质的整体基因结构，同时混杂了编码与非编码序列（术语称为外显子与内含子），一样指出它们和脊椎动物与无脊椎动物的古老亲缘关系。这些当然都算不上证据，但是这正是我们期待中两个家族共有的祖先模样。也就是说，在所有的可能性中，所有动物眼睛的远古母亲，最有可能是进行光合作用的藻类。

不过这个结论显然避开了最重要的前提，藻类的视紫红质怎么可能会跑到动物身上去？这个可爱的团藻很明显不可能是动物的直系祖先。但是如果看一下团藻眼点的结构，或许就会有线索了。它们的视紫红质是嵌在叶绿体的膜上面，而叶绿体则是藻类和植物体内负责光合作用的中心。在好几十亿年以前，叶绿体的祖先曾经是自由自在生活的光合作用细菌，也就是蓝细菌，后来被其他的大细胞吞掉（详情请见第三章）。这历史也就是说，眼点这种东西不必然是团藻所独有，它其实属于叶绿体，甚至算是属于叶绿体的祖先蓝细菌。[1] 而很多其他细胞都有叶绿体，有些原虫也有叶绿体，而其中有些正是动物的直系祖先。

原虫是单细胞生物，其中最广为人知的就是变形虫。17世纪列文虎克首次在显微镜下看到它们时，还拿来和自己的精子比较，这点让他印象深刻。他将变形虫定义为"微动物"，把它们和同样微小的藻类区分开来。藻类则被他归类为植物，被认为基本是不会动的。当然这种简单的二分法带有许多缺陷，比如说如果把这些所谓的微动物放大到人类这么大，那我们一定会被这些一半猛兽一半植物的怪物吓到，而它们回望我们的样子，大概像意大利画家阿尔钦博托的诡异肖像画。正经说，许多四处游走追逐猎物的原虫带有叶绿体，因而它们有藻类的性质。而事实上，这些原虫获得叶绿体的方式和藻类一样，都是通过吞噬其他细胞而来。有些时候这些被吞掉的叶绿体会继续工作，还可以供应宿主细胞日常所需。但是其他时候叶绿体会被分解，留下独特的膜状构造与基因，如同辉煌历史的残缺遗迹，又好像补铁匠工房里乱七八糟的零件。这些零件或许有机会再拼凑出新的发明，比

---

[1] 细菌的视紫红质十分常见，它们的结构和藻类与动物的视紫红质十分相似，基因序列则和藻类的视紫红质有关系。细菌不只用视紫红质来感光，也用它进行某种形式的光合作用。

如眼睛可能就是发明之一。有些科学家猜测（特别是格林，又是他！）正是这种拼凑出来的微小嵌合体，而非团藻，藏有所有动物眼睛之母的秘密。

然而哪一种微小嵌合体才是呢？目前还不知道。我们还有许多有趣的线索等待研究。有一些原虫（像双鞭毛虫类）具有复杂得让人惊叹的迷你眼睛，包含了视网膜、晶状体和角膜，所有东西通通包在一个小细胞里。这些眼睛似乎是由叶绿素降解而来，它们也用视紫红质。动物的眼睛究竟是不是从这个狭小拥挤又鲜为人知的微生物中直接或间接（比如共生）发展出来，至今仍是个谜。而它们的发展，是遵循着某些可预测的规则，或只是中了头等大奖，我们也无法回答。但是像这种问题，既独特又普遍，正是科学的典型特征。我希望这些有趣的议题，能够启发下一代的明日之星。

第八章 热 血
——冲破能量的藩篱

　　热血反映新陈代谢速率，而新陈代谢速率反映我们的生活节奏。如果我们想知道自身快节奏生活的原因，就要看到整个生命进化史，看到极端气候起决定作用的时候。那时哺乳动物的祖先在地下气喘吁吁，恐龙正称霸一方。

有一首美国童谣这样唱："你是一个火车驾驶员，时光从旁快速飞逝。"很多人可能还记得一些儿时情景，你或许曾坐在爸爸的汽车后座，感觉时光一分一秒过去，缓慢到让人抓狂，好像永远到不了终点。于是你不停地问："爸！我们到了没呀？"又或许很多读者也还记得，曾担忧地看着自己的祖父母或父母渐渐年迈，举止缓慢像蜗牛，到最后坐在那里一动不动，数小时对他们似乎只不过数分钟。这两种极端是我们生活中会体验到的时间节奏。

你不需要是爱因斯坦，也能知道时间是相对的。不过爱因斯坦所建立的时间与空间定律，用在生物学上更让人印象深刻。英国著名主持人克莱门特·弗洛伊德（Clement Freud）曾说："如果你下定决心戒烟、戒酒、戒女人，你并不会活得更久，只不过感觉活了比较久。"[①] 但实际上儿童时感到的时光飞逝与老年时感到的时间蜗行都是真实的。这和我们的内在设定有关，也就是说，和我们的新陈代谢速率、心跳速率与我们细胞燃烧食物的速率有关。就算在成人也存在活跃的与懒散的差异。大部分的

---

① 克莱门特·弗洛伊德，英国自由党的政治人物，是奥地利精神分析大师弗洛伊德的孙子。有一次在中国旅行时，他惊讶地发现同行一位较年轻的同事分配到一间更大的套房。后来别人告诉他说，那位年轻同事是丘吉尔的孙子。弗洛伊德事后回忆道："那是我唯一一次感受到，我是名人之后这件事被人忽略了！"

人都会慢慢改变新陈代谢速率。我们的行动渐渐趋缓，身体渐渐变胖，这些现象完全取决于新陈代谢速率，而每个人的速率都不同。两个人就算吃一样的东西，运动量也一样，但是在休息的时候所燃烧的卡路里量还是会不同。

不过恐怕没有任何差异，比热血动物和冷血动物两者新陈代谢速率的差异更大了。虽然我用的这几个词语，常让生物学家敬而远之，不过它们对大众来说却十分生动清晰，准确性一点不输那些拗口的专业术语，比如"恒温"或"变温"。我注意到一件令人好奇的事，就是在生物学里很少有其他特征如热血动物这般让我们感到自豪。比如在期刊或网络上，常常可见各种针锋相对的争论，争辩恐龙究竟是热血动物还是冷血动物，激烈程度根本无法用理性去解释。或许，对某些人来说这种区分，关乎我们生而为人的尊严，关乎我们对抗的只是巨大的蜥蜴，还是一种聪明狡猾、移动迅速的怪兽，以至于每天必须提心吊胆、绞尽脑汁才能存活。看起来，我们哺乳类对于过往那段悲惨岁月仍心怀怨恨，那时我们还只是毛茸茸的小动物，必须为躲避当时的头号猎食者而被迫蜷缩于地底。但无论如何，那也是1.2亿年前的事了，不论如何衡量都很遥远。

所谓热血动物讲的就是新陈代谢速率，也就是生命的节奏。热血好处多多，所有的化学反应，温度越高反应越快，维持生命的生化反应自然也不例外。在对生物有意义的温度区间里，大概0~40℃，生化反应在动物体内的表现有天壤之别。在这段区间里，温度每升高10℃，氧气的消耗量多两倍，按理来说就可以多提供两倍的耐力与力量。所以一个动物体温若是37℃，就比27℃

的力量大两倍，就比17℃大四倍。

不过在很大的程度上，温度本身并没有太大的意义。所谓热血动物并不一定比冷血动物更热，因为大部分的爬行类都有一套吸收太阳能的办法，可以把它们的核心温度增加到和哺乳类与鸟类一样高。当然爬行类无法在晚上维持这样的高温，但是哺乳类和鸟类到了晚上一样需要休息。虽然它们也可在夜间降低自己的核心温度来节省能量，不过哺乳类与鸟类很少这样做，就算做了也降得不多（蜂鸟倒是经常处在昏迷状态以节省能量）。在这个节能减碳的年代里，哺乳类的行为恐怕会让环保主义者气得跳脚，我们的恒温器被定在37℃，不管需要还是不需要，一天24小时，一年365天，天天如此。其他替代能源想也别想，我们无论如何不可能像蜥蜴一样利用太阳能，我们永远只能利用内在的煤炭火力发电厂来生产大量热能，因此我们留下大量的碳足迹。哺乳类天生就是环保不良分子。

或许你会认为，哺乳类到了晚上仍然火力全开，是为了保持一大早就头脑清醒取得先机。但是蜥蜴将体温升高到可以活动的程度也花不了多少时间。举例来说，美洲的无耳蜥蜴在头顶有一个血窦，通过它可以很快地加热全身的血液。每天早晨无耳蜥蜴会把头伸出洞穴外晒太阳，同时张大眼睛保持警戒，看看有无猎食者，一有危险它们就会迅速缩回洞里。大概只用半个小时，就加热到能出外探险的程度了，这样开始一天的工作倒不失为一种惬意的方式。通常来说，自然进化不会只满足于一种功能。有一些蜥蜴头顶的血窦和眼睑连接，一旦被猎食者抓到，它们会奋力把血液射向猎食者，比如狗之类的动物，而这味道对猎食者来说，并不好受。

维持体温的另一种方式就是体积。你不需要是一名去非洲打猎的猎人，就可以想象出，两张动物皮毛伸展开来铺在地上所盖住的面积大小。假设其中一张的长和宽都是另一张的两倍，这样一来比较大的那只动物盖住的面积，就会是较小的四倍（2×2＝4），不过它们的体积会差8倍，因为它的高度也会比小的那只大两倍（2×2×2＝8）。也就是说，长宽高各增加一倍，表面积与体积的比就减少一半（4÷8＝0.5）。假设每千克的重量都会产生相等的热量，大型动物会因为更重，所以产生较多的内在热量。[①] 同时它们散热也会比较慢，因为它们的表面积相对较小（体积与表皮相对大小）。所以动物越大体温越高。按这种趋势，冷血动物也可以和热血动物一样热。好比说像短吻鳄，严格地来说算是冷血动物，但是它可以长时间维持接近热血动物的体温。就算它在晚上只产生很少的内在热量，但一夜过后核心温度也只下降了几摄氏度而已。

很多恐龙都可以轻易地超过这个体积临界值，让它们和热血动物几乎一样，特别是在那段美好的远古时期，气候温暖舒适，整个地球上的生物都过得十分惬意。那段时期没有冰河，大气中二氧化碳的浓度是现在的十倍左右。换句话说，根据以上讨论的简单物理条件我们就可以知道，不管恐龙的代谢状态如何，它们

---

① 这并不一定是对的。其实大型动物单位体重所产生的热量，低于小型动物，也就是说，体积越大，新陈代谢的效率越低。原因为何至今众说纷纭，我并不打算在这里详述。想知道更多的人，请参阅我的另一本书《能量、性、死亡》。不过，就算大型动物单位体重产热比小型动物低，它们的保温能力还是比小动物来得好。

270

都可能是热血的。就算对巨大的草食恐龙来说，如何散热恐怕也比如何产热更加麻烦。它们有些具有奇特的解剖构造，比如剑龙的巨大背板，或许次要功能就是散热，这和现在大象的耳朵差不多。

如果事情就这么简单，那么恐龙到底是不是热血动物就没有什么好争议的了。根据上面的狭义定义，恐龙当然是热血动物，或者至少有很多恐龙是。对于那些喜欢卖弄学术咬文嚼字的人来说，这叫作"惯性内热"。恐龙不只可以持续维持体内高温，它们甚至和现代哺乳类一样，可以靠燃烧碳来产生内在热量。所以，到底是根据哪种定义，认为恐龙不是热血动物？不过或许依然有一些恐龙能满足定义，我晚一点会解释。这种定义关乎哺乳类和鸟类热血的独特性，现在让我们回头去看看小型动物，看看那些低于"热血临界值"的小动物是怎么一回事。

想想蜥蜴吧。根据定义，蜥蜴是冷血动物，也就是说，蜥蜴在晚上无法维持体内温度。鳄鱼之类的动物或许还可以，但是体积越小的动物就越不可能维持体温。其他如毛发或羽毛之类的保暖装备，充其量只能起到一点补充作用，而且有时候甚至会阻碍动物从环境里吸收热能。所以如果你帮蜥蜴穿上一件毛大衣的话（不消说，严谨的科学家早就试过了），蜥蜴只会越来越冷，因为它既无法顺利从太阳吸收热量，也无法在体内产生足够的热量。这和哺乳类或鸟类非常不同，也将带我们找到热血的真正定义。

哺乳类和鸟类比起相同体积的蜥蜴来说，可以多产生10～15倍的内在热量。不管外在环境如何，热血动物都会持续产热。如果你把蜥蜴和哺乳类动物放在一个令人窒息的炎热环境中，哺乳类动物仍然会一直产生10倍于蜥蜴的热量，甚至有害也不会放弃。因此哺乳类需要透透气，它需要喝水、泡水，它会气喘吁吁，它会找块阴凉乘凉，要扇风，喝点鸡尾酒，或打开冷气。而蜥蜴呢？它只会舒舒服服地待在那里。无怪乎蜥蜴或者大部分的爬行类，都可以在沙漠里混得很好。

反过来说，如果把两者放在冷环境里，比如冷到结冰的地方，蜥蜴会把自己埋到树叶堆里蜷起来睡觉。老实说，很多小型哺乳类也会干一样的事情，不过这并不是我们的默认程序。我们的默认程序刚好相反，我们会燃烧更多食物。哺乳类在寒冷气候中生存时，要比蜥蜴多花100倍的代价。就算在温带好了，20℃的环境，大约和欧洲宜人的春天差不多，两者的成本差异还是很大，大约差30倍。要维持哺乳类惊人的新陈代谢速率，它们必须烧掉比爬行类多30倍的食物。这可不是一次，而是它们每天都要吃掉爬行类一个月的食物。既然天下没有免费的午餐，这样的消耗量真的是非常大。

所以现在的情况是，做一只哺乳类或鸟类所要付出的代价，比做一只蜥蜴要多了至少10倍，而且常常远高于此。如此昂贵的生活方式到底为我们带来什么？最明显的答案就是生态位扩张。热血或许不适合在沙漠中生活，但是可以让动物在夜间巡弋，或者在冬季以及温带地区活动，而这对蜥蜴来说都不可能。另外一个优点则是智力，虽然表面上看起来关联没有那么明显。相较于蜥蜴来说，哺乳类的脑容量与体积比，显然大了很多。虽说更大的脑袋并不保证一定更聪明或者更机智，不过看起来更高的新陈代谢才能支持更大的脑容量。也就是说，假设哺乳类和蜥蜴都需要花3%的资源给大脑，而哺乳类可以支配比蜥蜴多10倍的资源，它就可以维持比蜥蜴大10倍的脑袋，实际情况也是如此。附带提一下，灵长类动物，特别是人类，往往给大脑分配更多的资源。就人类而言，我们有大概20%的资源供给大脑，尽管大脑只占了身体重量的百分之几。不过我猜，智力可能只是某种附加价值，对热血动物的生活方式来说，这只是在不增加额外负担的情况下发展出的附带能力。要养一个大脑袋其实有其他更便宜的方法。

不过简而言之，用生态位扩张、夜间活动和超发达的智力去换取热血动物代价高昂的新陈代谢，其实并不怎么划算。我们一定忽略了些什么。从成本方面来看，不断地吃、吃、吃付出的代价可不只是肚子痛而已。动物要花大量的时间与精力去寻找粮食、打猎或种植蔬果，这让它们大部分的时间暴露在猎食者或竞争者的威胁之中。再者，食物会吃光，会枯竭，而且你吃得越快，就越快吃光。另外你的族群数量也会减少，根据经验，代谢速率会控制族群大小，爬行类的数量往往是哺乳类的10倍左右，而且哺乳类的子代数量也比较少（不过它们也因此可以给每个子代个体较多的资源）。就连寿命也会随着新陈代谢速率而不同。英国人弗洛伊德的笑话虽然适用于人类，但可不适用于爬行类。爬行类的生活或许无趣而缓慢，但是它们真的活得比较久，比如巨龟就可以活好几百年。

所以保持热血要付出的代价十分巨大。热血动物生命周期短，还要花很多时间在危险中饮食。它们只能产生少量子代，维持较小的族群，而这两个特性都很容易受到自然进化的无情抹杀。我们换回来的是可以在晚上的冷风中外出，这交易看起来真是糟透了，特别是晚上我们还要睡觉。但是在生命的圣殿里，我们还是会习惯性地给哺乳类与鸟类最高评价。到底什么东西是我们有而爬行类没有的？而这东西最好够格。

一个最简洁且让人信服的理由是"耐力"。蜥蜴或许可以在速度或肌肉力量上面与哺乳类一较高下，而且在短距离之内还可能会胜过哺乳类，但是它们很快就会筋疲力尽。试试去抓一只蜥蜴，它会用最快的速度钻进视力能及的最近掩蔽物中，一溜烟就消失不见。不过接下来它就开始休息，而且经常休息数小时，才能从刚才的奋斗中慢慢恢复。问题就在这里，蜥蜴的身体并非为了舒适而设计，而是为了速度。[1] 这方面蜥蜴和人类短跑选手一样，依赖的是无氧呼吸，就是说运动时无须担心呼吸的问题，但是无法持久。它可以非常快速地产生能量（比如ATP），但是反应过程也会很快被乳酸阻滞，结果让动物因为肌肉酸痛而动弹不得。

这种差异来自肌肉构造的不同。之前我们在第六章曾讲过，肌肉有许许多多不同的形式。这些不同形式的肌肉，都是为了取得肌纤维、毛细血管以及线粒体三者间的平衡。简单来说，肌纤维会收缩来产生力量，毛细血管可以带来氧气，同时把废物搬

---

[1] 这里我要向知名布鲁斯歌手"嚎叫野狼"致歉，为偷用他的歌词："有些人长得这样，有些人长得那样。但是我的长相，你不应该用肥胖形容我。因为我并非为速度而设计，我是为了舒适而设计的。"

走，而线粒体则可以利用氧气来燃烧食物，产生收缩所需的能量。但问题是，每样东西都会占据宝贵的空间，所以如果你想装入越多的肌纤维，留给毛细血管和线粒体的空间就越少。一条紧紧包满纤维的肌肉会非常有力，但是很快就会用光收缩所需的能量。这是两种最典型的抉择，力气大但是耐力低，或力气小但是耐力高。比较一下壮硕的短跑选手和苗条的长跑选手，你就会了解这两者之间的差异。

我们每个人都有不同比例、各种形式的肌肉，具体比例视居住环境而定，比如说你住在海平面附近或高山上就会有不同的比例。此外生活形态也会影响比例。接受短跑训练，你就会长出许多"快缩肌"，力量惊人但是耐力低。接受长跑训练则相反。因为这些差异存在于不同个体与种族之间，当由环境主宰一切时，它们就会被一代一代筛选出来。这就是为什么尼泊尔、东非和安第斯山脉印第安人都有许多类似的身体特征，他们适合生活在高海拔地区，而适合低海拔生活的人往往长得比较壮硕笨重。

美国加州大学欧文分校的两位生物学家阿尔伯特·本尼特（Albert Bennett）与约翰·鲁本（John Ruben）在1997年发表的一篇经典论文中指出，会形成这种比例差异的主因正是热血。他们认为，热血动物与冷血动物的差异与耐力有关而和温度无关。他们的理论现在被称为"有氧能力"假说，尽管或许并不全对，但是改变了整个领域对生命的看法。

有氧能力假说有两点主张。第一，自然进化所筛选的并非体温，而是活动力，增加活动力在许多环境下都有直接好处。本尼特和鲁本写道：

增加活动力所造成的选择优势绝非无关紧要，而是
生存与繁衍的核心优势。耐力较高的动物有以下优势：
在寻找食物或逃避敌人时，它们可以持久搜索或搏斗；
在保卫领土或夺取领土时也会让它们占优势；求偶交配
时它们也更容易成功。

这些主张看起来无可争辩。波兰的动物学家帕维尔·科特加
（Pawel Koteja）则为这个假设添加了一些有趣的润饰，他强调父
母可以更持久地照顾子代，比如哺乳类和鸟类可以持续照顾子代
数月甚至数年，让它们和冷血动物显得截然不同。这种投资需要
极大的耐力，也是提高动物最脆弱时期的存活率的功臣。不过有
氧能力假说的第二部分，才是更有趣但也更有问题的地方，问题
就是似乎无论如何耐力与休息之间都有联系。本尼特和鲁本认为
"最大代谢速率"与"静息代谢速率"之间有必然的关联。让我
来解释一下。

最大代谢速率是指当我们全力冲刺到极限时的氧气消耗量。
它受到很多因素影响，比如身体状况好坏，当然还有基因。但从
根本上来说身体里决定最大代谢速率的是终端功能者——线粒体
的氧气消耗量。它们耗氧越快，最大代谢速率就越快。但随便想
想也能想到，其中必定涉及许多相互关联的因素。决定代谢速率
的因素有：线粒体的数量、毛细血管数量、血压高低、心脏的大
小与形状、红细胞的数量、运送氧气的血红蛋白形状、肺的大小
与形状、气管的直径大小、横膈膜的力量等等。任何一个因素有
缺陷，最大代谢速率都会下降。

因此，挑选耐力高的个体，等于挑选最大代谢速率较高的个体，然后又可以简化成挑选整套呼吸系统的各种特征。[①] 根据本尼特与鲁本的看法，提高最大代谢速率也会同时"拉高"静息代谢速率。换言之，一只高耐力的哺乳类动物，天生就有较高的静息代谢速率，就算它躺下来休息什么也不干，还是会持续呼吸大量的氧气。这一主张其实是根据经验得出的。他们说，不知为何，所有动物不论哺乳类、鸟类或爬行类，其最大代谢速率都差不多是静息代谢速率的10倍左右，因此选择高的最大代谢速率，也会选择高的静息代谢速率。如果最大代谢速率提高10倍，那静息代谢速率也会提高10倍——根据已有记录，这确实差不多正好是哺乳类与蜥蜴两者的差距。此时，一只动物会因为产生大量的内在热量，结果一不小心就变成"热血动物"。

　　这个理论非常让人满意，而且直觉上也觉得没问题，但是如果仔细分析一下就会发现，这两者并没什么理由必须共同进退。最大代谢速率就是要尽量把氧气送给肌肉，但是在休息时肌肉的氧气消耗量并不多，反而大脑和许多内脏，比如肝脏、胰腺、肾脏、小肠等，才是此时的耗氧大户。那为什么在提升肌肉耗氧能力时，肝脏也会跟着提高消耗量？这让人想不通。至少我们可以假设有一种动物，同时具有高有氧能力和低静息代谢速率，也就

① 如果你还是不太理解这么多种特征，怎么可能一次就全选出来，那请观察一下你周围的朋友。有些人的运动细胞明显比其他人要好，有一小群人甚至有奥运会运动员的水平。或许你自己不想被筛选，不过如果成立一个计划，让运动员和运动员配在一起去产生运动员后代，然后从中挑选最适者，几乎可以保证绝对会制造出"超级运动员"。用大鼠做的实验可以证明这一点，在做糖尿病研究的时候，科学家发现只需10代就可以让大鼠的有氧能力改善350%（因此也降低得糖尿病的概率）。这些大鼠的寿命也会延长6个月，差不多延长了大鼠生命周期的20%。

是一种结合了两者优势的强化蜥蜴。又或许，恐龙正是这样一种动物。但是说来惭愧，我们至今仍然不知道为何在现代的哺乳类、鸟类和爬行类身上，最大代谢速率与静息代谢速率两者的高低趋势总是连在一起，我们也不知道是不是在哪一种动物体内可以打破关联。[①] 当然，某些活动力非常高的哺乳类，比如叉角羚羊，有极高的有氧能力，大约是静息代谢速率的65倍，暗示了两个代谢速率还是有可能无关的。同样的现象也可以在少数爬行类身上观察到，比如美国短吻鳄，它的有氧能力起码是静息代谢速率的40倍。

尽管很多东西还不清楚，本尼特和鲁本的假设也可能是对的。或许，两种代谢速率之间的关联，与大部分热血动物产生热血的来源有关。动物有很多种方式产生热量，但是大部分的热血动物对这些方法不屑一顾，热血动物的热量都不是直接产生的，而是间接的，是新陈代谢的副产物。只有容易流失热量的小型哺乳类比如大鼠，才会直接产热。大鼠（以及许多哺乳类幼年的时候）会利用一种称为褐色脂肪的组织来产热，组织里塞满了产

---

① 澳大利亚卧龙冈大学的两位进化学家艾尔斯和胡伯，曾大力提倡一个有趣的观点，他们认为这种关联和细胞膜的脂质组成有关。因为较高的代谢速率，会需要一个能让物质快速通过的细胞膜，这样的细胞膜通常含有较高比例的多元不饱和脂肪酸，因为它们扭曲的链状结构可以保有较大的流动性，就像是猪油和色拉油的差别。如果一只动物被筛选成具备高有氧能力，那么它一定会倾向保有较多的多元不饱和脂肪酸。如果内脏含有较多这种脂肪酸的话，那静息代谢速率就会被迫升高。但这理论的缺点在于，动物理应可以根据组织的不同去改变细胞膜的组成，而在某种程度上也确实如此，所以我并没有被这假设说服。此外，它也没有解释为何热血动物的内脏需要有较多的线粒体。这一现象暗示着这些内脏的高新陈代谢速率是被刻意筛选出来，而非仅是细胞膜脂质组成改变所造成的意外。

热线粒体。褐色脂肪的机制也很简单。一般的线粒体利用质子穿过膜产生的电流制造ATP——细胞的能量货币（详情请见第一章）。整个反应机制依赖一块完整的膜，把内外环境隔离开。如果膜上有漏洞，就会造成质子流短路，然后本该产出的能量以热能的形式发散。褐色脂肪就是如此，它的线粒体膜上有许多蛋白质刻意制造的孔洞，如此一来线粒体就会漏电。此时无法产生ATP，反而会产热。

　　所以，如果想要产热，只需要一个会漏电的线粒体。如果所有的线粒体都像褐色脂肪里的一样，那么所有吃进来的食物能量就都会直接转换成热量。该办法简单有效，也不占体积，只需少量组织就可以有效产热。不过一般动物并不这么做。在哺乳类、鸟类和蜥蜴体内，线粒体漏电的程度都差不多，没有什么差异。热血动物和冷血动物真正的差异，在于内脏的大小和线粒体的总数上。比如说，一只大鼠肝脏的体积比同体积的蜥蜴要大很多，同时里面塞的线粒体数目也多很多。热血动物的内脏像装了涡轮推进器一般威猛。它们平时会消耗大量的氧气，但不是为了产热，而是为了更好工作。热只是伴随而来的副产品而已，是后来才被慢慢发展出的隔离层（比如毛发和羽毛）包在体内，变成有用的东西。

　　现在关于动物发育过程中热血起源的研究，倾向支持热血多半与提高器官机能有关，而和体温无关。澳大利亚悉尼大学进化生物学家弗兰克·塞巴赫（Frank Seebacher）的研究主题就是，在鸟类胚胎发育的过程中，参与编码热血生理的基因有哪些。他找到了一个"主人基因"（该基因编码的蛋白质叫作PGC-1α），该基因会促使线粒体复制，从而提高内脏的机能。内脏也一样，可以通过类似的"主人基因"来控制，只需要适当地调整细胞复制和凋亡的速度，就可轻易改变其大小。一言以蔽之，要给器官加装涡轮推进器，在遗传上并不难，只需几个基因。问题在于这种配备成本极高，唯有在能回本的情况下，才能被自然进化选择。

现在整个有氧能力假说的脚本，看起来比较合理了。热血动物无疑比冷血动物更有耐力，一般来说，它们多了10倍左右的有氧能力。不论是哺乳类还是鸟类，提高的有氧能力都和提供涡轮加速的静息代谢速率共进退，也就是两者都需要大号的内脏以及强力的线粒体，而这些设计本来的目的并非产热。至少对我而言，高有氧能力同时伴随着被强化的器官，看起来相当合理。而这假设也很容易被检验，我们可以试着繁殖出高有氧能力的动物，而它们的静息代谢速率应该也会随之提升，或两者至少会有某种程度的相关，尽管或许很难证明它们为什么相关。

不过自从有氧能力假说大约在30年前被提出后，情况一直胶着，许多科学家曾经尝试用实验去证明这个假说，但得到的结果并不一致。虽然一般说来，最大代谢速率和静息代谢速率之间，确实有一定程度的关联，但除此之外就再无其他，更别说还有一大堆例外。或许这两个生理参数在进化上曾经真的连接在一起，但并没有生理上连在一起的理由。如果没有更详细的进化史料，恐怕也难下定论。幸运的是，这一次解谜的线索或许就藏在化石记录中。这两种代谢速率中间失落的环节可能无关生理学，而是由偶然的历史造成。

热血和内脏的效率有关，比如肝脏等器官。但是柔软的组织往往禁不起岁月的摧残，毛皮等物也很少被保存在岩石中。因此，要从化石记录中寻找热血动物的起源，结果常常有如大海捞针。即使在现在，各家理论也常常彼此争得面红耳赤。但是根据化石记录去重新评估有氧能力假说是可行的，因为骨骼结构可以透露许多信息。

哺乳类和鸟类的祖先大概可以追溯到三叠纪的年代，大约开始于2.5亿年前。三叠纪紧跟在我们行星史上规模最大的灭绝事件之后，也就是二叠纪大灭绝。据称那次大灭绝一下子就抹去了地球上约95%的物种。在少数幸存下来的动物中，有两种爬行类：一种属于兽孔类（也就是像哺乳类的爬行类），它们是现代哺乳类动物的祖先；一种属于主龙类（希腊原文意思为"主宰的蜥蜴"），是现代鸟类和鳄鱼的祖先，也是恐龙和翼龙的祖先。

鉴于恐龙后来兴起，成为地球上的优势物种，有件事或许会让你很惊讶，就是在三叠纪早期，兽孔类的动物才是地球上的优势物种。虽然后来它们的后代，也就是哺乳类，反而变成体形娇小的动物，必须躲到地洞中以逃避恐龙的追杀，但是在三叠纪早期，最重要的一个兽孔类物种就是水龙兽，它们是一种体形和猪差不多的草食动物，长着两颗粗短的大牙，短而宽的面部，桶状的胸膛。我们并不清楚水龙兽确切的生活状态。长久以来科学家一直把它们当作一种两栖野兽，长得有点像小型爬行版的河马。不过现在我们认为它们应该住在比较干燥的环境中，可能还会挖地洞，这是许多兽孔类动物都有的习性。关于挖地洞的重要性，晚一点我再谈，现在要关注的是，水龙兽曾经主宰三叠纪早期的世界，但是后来却消失得无影无踪。[①] 一般认为在三叠纪早期，地面上95%的草食动物都是水龙兽。就如同美国自然学家兼诗人赫里斯托夫弗·柯金诺所说："想象一下，如果有一天起床，到外面去走一圈之后发现，全世界只剩下松鼠的样子。"

水龙兽都是草食动物，或许在那个时代也只有它们一种草食动物，还无须害怕任何猎食者。后来在三叠纪中出现了另一种兽孔类群的亲戚，被称为犬齿兽，它们渐渐取代了水龙兽的地位，以至于在三叠纪结束时水龙兽完全灭绝。犬齿兽大家族中既有草食动物也有肉食动物，可以算是哺乳类的直系祖先，而哺乳类大约出现在三叠纪晚期。犬齿兽有许多高有氧能力的特征，比如发展出硬腭（这样可以将呼吸道与嘴巴分开，让动物在咀嚼时也可以呼吸）、由改良的肋骨所围成的宽阔胸腔，还可能已经有了肌肉构成的横膈膜。而且它们的鼻腔也变大了，里面有一种非常细致的骨质结构，也就是"鼻甲"。犬齿兽甚至可能全身覆盖着毛发，不过它们还是和爬行类一样需要下蛋。

这样看来，犬齿兽应该已经有颇高的有氧能力了，这必定赋予它们相当强的耐力，那它们的静息代谢速率又是多少？它们是热血动物吗？根据鲁本的看法，鼻甲算是少数可以证明静息代谢速率提升的证据之一。这种构造可以降低水分流失，对于需要持续呼吸的动物来说相当重要，如果只进行短暂的活动就不需要。爬行类因

---

① 美国古生物学家埃德温·阿尔伯特（Edwin Colbert）于1969年在南极洲发现了水龙兽化石，有助于证明在当时还充满争议的板块构造说，因为当时已经在南非、中国和印度等地发现水龙兽了。南极大陆后来才漂走的解释，应该比矮胖的水龙兽会游泳来得可信。

为静息代谢速率极低，它们休息时的呼吸非常轻微，几乎不需要限制水分流失。因此，所有现今已知的爬行类都没有鼻甲。相反，几乎所有的热血动物都有鼻甲，除了灵长类以及某些鸟类例外。老实说，鼻甲就算不是绝对必要，也非常有帮助，而在化石里找到这种结构，确实是证明热血动物起源最好的线索。再加上犬齿兽很可能覆盖着毛发（但这多半是出于猜测而非真正从化石记录中观察到的），看起来它们确实是在变成哺乳类的半路中进化出了热血。

不过尽管如此，犬齿兽还是很快就被超越了，最后在三叠纪晚期，主龙类征服者逼迫其蜷缩在一旁变成可怜的夜行动物。如果说，犬齿兽进化出了热血，那这些征服者呢？这些很快就会进化成恐龙的主龙类动物又是怎样的呢？现存主龙类时代的最后生还者是鳄鱼和鸟类，两者一个冷血一个热血。显然主龙类动物是在变成鸟类的路上进化出热血的。但问题是什么时候？又是为什么？包括恐龙吗？

这些问题让情况变得十分复杂而且很多时候充满矛盾。和恐龙一样，许多科学家也对鸟类持有各种情绪化的观点，很多时候都不像科学。以前鸟类一直被认为是某种恐龙的亲戚，特别是和一群称为兽脚类的恐龙关系密切（霸王龙就是兽脚类恐龙），在20世纪80年代经过系统性的解剖学研究后（也就是分支学研究），甚至直接将鸟类归类到兽脚类恐龙下面。那次研究的结论是鸟类不只和恐龙关系密切，它们根本就是恐龙，精确地来说是会飞的兽脚类恐龙。虽然大部分的科学家都同意该观点，但是有一小群以古生物学家阿兰·费德西亚（Alan Fedducia，任教于美国北卡罗来纳大学）为首的科学家们，坚持鸟类应该是来自兽脚类恐龙之前另一支不为人知的动物。根据他们的观点，鸟类不是恐龙，它们自成一派，应该单独归类。

在我写本书时，这一系列研究的最新结果，碰巧也到了最精彩的阶段，不仅涉及形态分析，还进入了蛋白质层级。在2007年，美国哈佛大学医学院的助理教授约翰·阿萨拉（John Asara），发表了一篇惊人的论文。他们找到一块特别的霸王龙骨骼，大约来自6800万年前，里面仍保有一点点胶原蛋白，这是骨骼的主要有机物质。阿萨拉的研究团队成功地测出几块胶原蛋白的氨基酸序列，并把它们拼凑在一起，得到了霸王龙一部分的蛋白质序列。2008年他们把这段序列拿去与哺乳类、鸟类和美洲短吻鳄相对应的蛋白序列比对。当然这段序列很短，所以结果可能会有误差。然而当他们面对比对结果时，却惊讶地发现，与霸王龙最亲近的现存生物，首先是温驯的鸡，紧接着是鸵鸟。毫不意外，该结果受到各方媒体欢迎，他们马上谈论霸王龙肉排的滋味到底如何。然而该研究更重要的意义其实应该是，胶原蛋白比对的结果大致证实了分支学的研究，也就是鸟类是一种兽脚类恐龙。

鸟类的另一个争论来源则是羽毛。费德西亚等人一直坚持认为，鸟类的羽毛是为飞翔而进化出来的，羽毛赋予鸟类一种令人震撼的完美感。既然羽毛是用来飞翔的，那在不会飞的兽脚类恐龙比如霸王龙身上，就不可能存有羽毛。虽然根据费德西亚的说法，它们应该没有羽毛，但是过去10年内，在中国发现了一系列带着羽毛的恐龙的化石，像嘉年华游行般地大摇大摆走上舞台，大部分的科学家已经相信，不会飞的兽脚类恐龙，包括霸王龙的祖先，有可能长着羽毛。

反对者则认为，恐龙的羽毛是一种"假象"，它们只是一堆压扁的胶原蛋白纤维，但这一观点总觉得像诡辩。如果羽毛只是胶原蛋白纤维，那我们很难解释为何它通常都出现在兽脚类恐龙的一个类群身上，也就是驰龙类身上，这一类恐龙中最有名的就是受电影《侏罗纪公园》的影响而家喻户晓的伶盗龙了。为何它们身上的羽毛，长得和同一地层中羽翼丰满的鸟类化石一模一样？不单单羽毛长得像，某些驰龙类恐龙，像小盗龙，看起来甚至可以在树枝之间滑翔，它们所依靠的就是从四肢长出的茂密羽毛（或者，更适当的词就是，翅膀）。我很难相信这些化石中漂亮的羽毛不是羽毛，即使是费德西亚也不得不承认这一点。至于这些在树丛间滑翔的小盗龙，是不是鸟类的起源，或者与鸟类的近亲始祖鸟之间有何关系，依然成谜。

其他那些研究羽毛胚胎发育过程的实验，也支持羽毛在兽脚类恐龙身上进化出来的时间，早于动物会飞翔的时间。特别是羽毛和鳄鱼皮肤的胚胎发育过程关系密切。别忘了，鳄鱼是活生生的主龙类群动物，也就是那些首先出现在三叠纪时代称霸一方的蜥蜴。鳄鱼和恐龙（包含鸟类）大概在三叠纪中期开始分道扬镳，也就是2.3亿年前。尽管这两种动物很早就分异了，但是鳄鱼的身上已经埋下了羽毛的种子。即使是今天，鳄鱼和鸟类在胚胎上仍保有一模一样的皮肤层，只不过鸟类的皮肤层后来会发育出羽毛。鳄鱼和鸟类也有一模一样的蛋白质，称为"羽毛角蛋白"，是一种轻盈、有弹性又强韧的蛋白质。

鳄鱼的羽毛角蛋白，主要存在于某些皮肤胚层上，这些组织从蛋中孵化出来后会蜕掉，露出下面的鳞片（而残迹仍可在成年鳄鱼的鳞片中找到）。鸟类在后肢上也有类似的鳞片，发育过程和鳄鱼一样，也是在孵化后把皮肤外层蜕掉后才露出来。意大利博洛尼亚大学羽毛进化发育学专家洛伦佐·阿里巴蒂（Lorenzo Alibardi）表示，鸟类的羽毛，也是从同一个胚层，就是鳞片形成时蜕掉的那个胚层发育而来。胚胎期的鳞片会拉长变成管状的纤维，或者叫作羽支。这些羽支是像头发一样的管状，但是中空的，外面包着从皮肤胚层长出的管壁，这些管壁细胞仍是活的，所以可以在伸长的过程中，从任意点长出分支。[①] 最简单的羽毛，也就是绒羽，基本上就是从一个定点长出来的一丛羽支，而飞羽的羽支则会随后融合成一根中心羽轴。围绕着这些羽支的管壁，会留下角质蛋白然后退化掉，最终露出由角质蛋白组成的分支结构，也就是羽毛。鳄鱼皮肤和鸟类羽毛一样，不仅带有会长羽毛的皮层、蛋白，连制造羽毛发育的基因也可以在鳄鱼身上找到。从这一点来看，这些基因应该早就存在于这两种主龙类动物的共祖身上了，不同的只是发育程序。在鸟类身上有一种非常怪异的突变，会使腿部的鳞片变成羽毛，让鸟腿四处长出羽毛，这也解释了羽毛和鳞片在胚胎上的相似性。不过到目前为止倒是还没见过长着羽毛的鳄鱼。

从这个角度来看，最早期的主龙类动物皮肤上，可能已经长着一丛丛原型羽毛，因此在兽脚类恐龙身上开始冒出这些"皮肤附加物"也就不足为奇。这些羽毛的形态或许简单如鬃毛（像翼龙身上的），也可能有简单的分支结构，像绒羽一样。但是如果

---

① 根据美国耶鲁大学进化生物学家理查德·普伦（Richard Prum）的看法，羽毛基本上是管状物。从胚胎学的角度来看，管状这个概念十分重要，因为管状物有许多"轴"：管状物直立起来可以区分成上端下端，或从横切面来看，可以分成里面外面。化学信号分子沿着这些轴会产生浓度梯度，沿着轴线扩散下去。这样不同浓度的分子，就会沿着轴线启动不同的基因，如此可以控制胚胎发育。对于胚胎学家来说，身体，基本上也是一种管状物。

不用来飞翔，那会有什么用处？科学家提出过许多可能而相互不冲突的假设，比如用来吸引异性、提供感觉功能、起到保护作用（毛发可以放大动物体积，也可能变成像豪猪一样的刺），当然也可能用于保温。兽脚类恐龙身上的羽毛，增加了它们是热血动物的可能性，就像它们现在仍存活的鸟类亲戚一样。

还有其他证据也指出兽脚类的恐龙可能十分有活力，或至少很有耐力。证据之一来自心脏。鸟类与鳄鱼和蜥蜴这种大部分爬行类的特征在于，它们有一颗非常有力的四室心脏。根据推测，所有主龙类的动物都应该继承了这种四室心脏，恐龙应该也是。四室心脏的重要性在于，它可以把循环系统一分为二，其中一半送给肺脏，另一半送给身体各处。这种构造有两个重要的好处。第一，如此一来身体可以用高压把血液打到肌肉、大脑等器官，而不会伤害到脆弱的组织比如肺脏（可能会导致肺水肿，甚至死亡）。很明显，较高的血压，才有可能支持较高的活动力以及较大的体积。如果没有四室心脏的话，大型恐龙是无论如何不可能把血液一路打到它们的大脑里的。第二，把循环系统分成两半，代表着充氧血和缺氧血不会被混在一起。心脏可以立刻把从肺脏充氧回来的血，用高压送到身体各处，让任何有需要的地方获得最多的氧气。虽然四室心脏并不保证动物一定是热血的（毕竟，鳄鱼到头来还是冷血动物），但是没有它动物几乎不可能维持高有氧能力。

兽脚类恐龙的呼吸系统也和鸟类一样，看起来足以应付活动所需的效率。鸟类的肺和我们的很不一样，它们的肺在低海拔地区比我们的效率高，在高海拔地区的效率更是高出许多。在空气稀薄的地方，鸟类的肺可以榨取比哺乳类多两三倍的氧气。因此，迁移中的雁可以飞到比珠穆朗玛峰还高好几百米的高度，而哺乳类在比这低很多的地方就已经上气不接下气了。

人类的肺的构造有点像一棵中空的大树。空气会由中空的躯干（就是气管）进入，接着一直分权，最后到达一条死巷般的细枝（微气管）。不过这个细枝的终点，倒不是死路，而是长满了可以半膨胀的气球，也就是肺泡。肺泡壁上布满细致的网状毛细血管，这里就是气体交换的场所。血红蛋白会在离开这里之前释放出二氧化碳，然后抓住氧分子迅速带回心脏。整套气球系统在呼吸时，会像风箱一样充气膨胀或泄气扁掉，呼吸的动力则是来自周围肋骨上的肌肉，和下方的横膈膜肌肉。这种构造有个无可避免的缺点，就是在这些树枝状死巷的终点，空气很难流通，而这里恰恰是最需要新鲜空气的地方。就算吸进来的空气是新鲜的，它们也会直接和正要被呼出去的不新鲜的空气混在一起。

相较之下，鸟类那改良过的爬行类肺就完美多了。典型的爬行类肺，构造非常简单，就是一个结结实实的大袋子，里面由许多被称为"隔膜"的片状组织分开。和哺乳类的肺一样，爬行类的肺也像风箱一样工作，有些是在肋骨围成的空腔内扩张吸气。比较特别的，比如鳄鱼，它们的横膈膜和肝脏连在一起，像个活塞一样，而横膈膜肌肉的另一端则固定在后方耻骨上，这样肌肉收缩时可以把横膈膜往后拉。所以鳄鱼的肺部构造有点像针筒，横膈膜则像针筒的气密活塞，当横膈膜被往后拉时，可以让空气注入肺中。这已经是很有效的呼吸方式了，而鸟类则更进一步，几乎把半个身体都改良成十分复杂且互相连接的气囊群，进行单行道式的呼吸。鸟类在呼吸的时候，空气并不直接进入肺中，而是先进入气囊，最终才会通过肺全部呼出去。这种系统可以让空气持续在肺部流通，避免了我们那种死巷式的肺泡产生的问题。鸟类在呼气和吸气的时候空气也会经过膈膜（类似的构造，不过更加精巧）。呼吸由后方肋骨以及后面的气囊系统控制，所以鸟类没有横膈膜。而且鸟类呼吸时气体单方向循环，血液循环则刚好是反方向，造成对流交换，使气体利用效率达到最大（见图8.1）。[1]

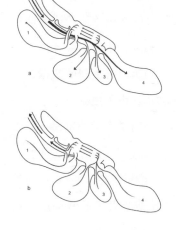

图8.1　鸟类在吸气（上图）和呼气（下图）时的气流。图中气囊名称：1. 锁骨气囊；2. 胸前气囊；3. 胸后气囊；4. 腹气囊。空气会持续从同一个方向通过肺部，而血液则向相反方向流，这种逆流气体交换可以提高效率。

　　数十年来在学术领域里争执不休的问题是，兽脚类的恐龙有哪一种肺？是像鳄鱼那种活塞式（因为肝脏和横膈膜连在一起，又称肝活塞式），还是像鸟类那种直流式？要知道鸟类的气囊分

----

[1]　身为一个戒烟者和登山者，我以前不管在哪个高度都会气喘吁吁。我只能大约想象一下鸟如果吸烟的话会怎么样。以它们那种效率极高持续渗入的气体交换系统，一定会马上头晕目眩。

布区域，不仅限于腹腔和胸腔的软组织，甚至还进入了骨骼中，包括肋骨和脊椎骨。而我们一直都知道，兽脚类恐龙的骨骼是中空的，区域分布也和鸟类一样。在20世纪70年代，激进的美国古生物学家罗伯特·贝克（Robert Bakker）就根据这个证据，加上其他佐证，重新把恐龙塑造成是活跃热血的动物。这个革命性的观点给作家迈克尔·克莱顿（Michael Crichton）提供了灵感，写成小说《侏罗纪公园》，后来被拍成电影。而鲁本和他的同事，则根据一两个化石中依稀可见但备受争议的横膈膜活塞痕迹，建构了另一种比较接近鳄鱼的恐龙版本。鲁本他们并不否认兽脚类恐龙骨骼中会有气囊，不过却不认同这些气囊的功用。他们认为这些气囊并非用来呼吸，而是另有他用，比如减轻重量，或者可能是两足站立的动物用来维持平衡的工具。因为没有更新的数据，这些争执持续不断，僵持不下。直到2005年，由美国俄亥俄大学的帕特里克·奥康纳（Patrick O'Connor）与哈佛大学的里昂·克莱森（Leon Claessens）共同在《自然》上发表了一遍文章，才暂时平息了这场争论。这篇文章算是非常重要的里程碑。

奥康纳与克莱森首先对鸟类的气囊系统做了非常彻底的研究。他们研究了数百只现代鸟类样品（或者，根据他们的说法，是从野生动物保育员和博物馆回收再利用的样品）。他们把乳胶打入这些鸟类的气囊中，以便更深入地了解鸟的呼吸系统。他们的第一个发现是，鸟类的气囊远比当初想象的分布广泛。气囊不但部分深入颈部与胸腔，还占据了大部分腹腔，并延伸进入脊椎下半部。这个发现对于解释兽脚类恐龙的骨骼系统至关重要。这个后方的气囊才是驱动鸟类整套呼吸系统的关键。在呼气的时候，这对气囊会收缩，把空气从后面挤入肺部。当吸气时，气囊则从连接着的胸颈气囊吸气。这些气囊被称为呼吸泵。它有点像风笛，不停缩胀让气流可以不间断地通过风笛的音管。

奥康纳与克莱森试着把他们的发现，应用在兽脚类恐龙的骨骼化石上，包括巨大的玛君龙，这种大型兽脚类恐龙充其量只能算是鸟类的远亲。过去大部分研究的重点，都放在化石前半部脊椎以及肋骨上，这次他们特别注意化石后半部脊椎里的空腔，因为这是兽脚类恐龙腹腔内曾有过气囊的证据，而他们真的在对应于鸟类骨骼的位置上，找到了空腔。另外，根据脊椎、肋骨和胸骨的解剖学资料，这些空腔符合构成呼吸泵的条件，胸骨和下肋骨非常灵活，可以让尾部胸气囊压缩，像鸟类一样将空气由后方注入肺部。所有的证据都指出，兽脚类恐龙极可能和鸟类一样，有着全部脊椎动物里最有效率的呼吸系统（见图8.2）。

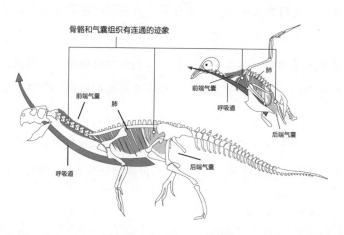

图8.2　重建恐龙的气囊系统与现代鸟类对比。在两种动物体内，肺脏都由前气囊与后气囊支持。恐龙骨骼中的痕迹和现代鸟类的非常相似。这些气囊运作起来就像风箱，让空气可以通过不会收缩的肺。

这样一来，兽脚类恐龙有了羽毛，有一颗四室心脏，还有气囊系统来支持直流式肺脏，所有数据都暗示着它们的生活应该十分活跃，且具有耐力。不过，这种耐力是否可以支持有氧能力假说的主张，让它们无可避免地发展成正宗热血动物呢？或者，它们其实仅发展到半路，介于现代鳄鱼和鸟类之间？虽然它们的羽毛，很有可能只是用来保温，但是也可能有其他的用途。而其他的证据比如鼻甲，还不确定它是否存在。①

鸟类和哺乳类一样，大部分都有鼻甲。不过，不同于哺乳类的鼻甲是硬骨，鸟类的鼻甲是由难以保存的软骨组成。至今并没有迹象证明兽脚类恐龙曾有过鼻甲，因为没有保存良好的化石留下证据。不过鲁本他们注意到一件事，鸟类的鼻甲总是和扩大的鼻腔并存。这或许是因为，鼻甲这种精巧的螺旋状构造，在一定程度上会阻碍气流通过，而扩大的鼻腔可以补偿这个缺点。但是恐龙并没有特别大的鼻腔，这显示了恐龙很可能确实没有鼻甲，而不是因为化石没有保留。那么，如果恐龙没有鼻甲，它们还可能是热血动物吗？怎么说呢，我们人类也没有鼻甲，但是我们还是热血动物，所以关于这点，理论上来讲是可能的，但它确实造成了一些问题。

虽然鲁本的有氧能力假说主张高有氧能力和热血是连接在一起的，但是鲁本又认为，恐龙确实有很高的有氧能力，却不是热血

---

① 根据兽脚类恐龙的头骨显示，它们的大脑大，或许高代谢效率才可能支持这样的大脑。不过大脑的体积很难说，因为很多爬行类颅腔里面塞的不全是大脑。兽脚类恐龙头骨化石上的痕迹指出，供应脑部血液的脑血管是贴在头骨上，这显示它们的大脑很可能充满颅腔，但也不完全肯定。另外，还有很多比使用热血更方便的方法去供应大体积的脑袋，所以这两者之间并没有必然的关系。

动物。尽管到目前为止我们仍然没有足够的证据来下定论，但是在一定程度上大家都认同，兽脚类的恐龙或许曾有较高的静息代谢效率，但还不是真正的热血动物。不过这些都只是化石告诉我们的故事，然而在岩层中还记录着比化石更多的事情，包括古代的气候与大气。而在三叠纪的大气里确实有些蹊跷，我们需要重新看待这些化石记录。新的视角不但有助于解释犬齿兽和兽脚类恐龙的高有氧能力，还解释了为何恐龙到后来会一跃成为主宰者。

大部分关于古生物生理学的讨论，都基于对历史的某种不成文的假设，那就是过去和现在的环境是一样的，选择压力不会变，这就好像引力不会改变一样。但是事实完全不是这样，过去的大灭绝可以见证。所有大灭绝里面最严重的一次发生于二叠纪结束时，大约在2.5亿年前，一下子就揭开了下一个新的时代，占据主宰地位的蜥蜴无可避免地兴起，然后接踵而来的则是恐龙时代。

二叠纪大灭绝经常被看作生命史上最大的谜团，暂且不论该主题可以吸引一大堆研究经费，我想说，其实我们对它发生的环境背景有一些大概认知。事实上，这并不是一次大灭绝，而应分成两个阶段，中间隔了大约有1000万年，在此期间是毫无止境的绝望，而且情况越来越糟。这两次大灭绝分别对应两次持续性的火山活动，这是地球史上最大、影响最深远的火山喷发，大量熔岩倾泻而出，覆盖了大部分的地表，几乎把整个大陆都埋在深厚的玄武岩层之下。这些熔岩侵蚀地表，形成了阶梯状的地形，我们称为"暗色岩"。第一次火山活动大约发生在2.6亿年前，喷发漫流形成中国的峨眉山暗色岩。接着800万年之后有了第二次规模更大、涌出更多岩浆的火山活动，那一次造成了西伯利亚暗色岩。有一件很重要的事情就是，不管是中国峨眉山或西伯利亚的火山活动，岩浆通过的地层和岩石，都富含碳酸盐和煤矿。这些炽热的岩浆与碳反应时都会释放出大量的二氧化碳与甲烷，每天每次都是如此，而这样的喷发整整持续了数千年。[1] 正是这些气体改变了气候。

许多人都试图揪出造成二叠纪大灭绝的凶手，他们提出各种强力的证据指出全球暖化、臭氧层消失、甲烷释放、二氧化碳造成窒息、有毒的硫化氢等因素，都在嫌犯名单中。不过目前唯一一个可以排除的因素大概就是陨石撞击。相较于2亿年之后造成长期主宰地球的恐龙王朝落幕的陨石撞击事件，这次几乎没什么撞击的痕迹。其余的因素都非常有可能，而过去几年内关于这方面的研究有了长足的进展，我们现在知道这所有的因素，都无可避免地紧密连接在一起。任何一种足以形成峨眉山暗色岩的火山活动，都可以引发一连串的事件，就像一列停不下来的火车一般，过程让人心寒。类似的连锁反应列车，如今也正威胁着我们的世界，虽然尚未到达可比拟的程度。

这些火山喷出大量的二氧化碳、甲烷以及其他的有毒气体进入大气中的平流层，破坏了臭氧层，最终导致地球又热又干。干燥的气候横跨整片原始大陆，此前石炭纪和二叠纪所留下来的煤炭沼泽也开始干涸，煤炭被风吹入大气中。这些碳原子被氧气消

---

① 所有这些证据，都以"同位素标记"的形式留在岩层中。想知道更多的人，我会推荐我在《自然》期刊上所写的文章，标题是《阅读死亡之书》（2007年7月刊）。

耗掉，降低了大气里的生机。往后的1000万年间，大气中的氧气浓度就像慢动作坠机般一点一点降低，从原本的30%跌到15%以下。暖化的海水（会降低氧气溶解度）、低迷的大气含氧量以及高浓度的二氧化碳三者共同作用，让海里面的生物慢慢窒息。只有细菌越活越兴盛，就是那些在动植物出现的年代之前，曾经主宰地球的有毒菌种，它们现在在海中大量释放出有毒的硫化氢，让海水变成黑色，了无生机。渐渐死亡的海中所冒出的气体又让大气更加腐败，让存活在海边的生物也接着窒息。然而直到此时，一直要等到此刻，命运之槌才真的敲响了丧钟，就是那造成西伯利亚暗色岩的火山开始喷发。这次喷发再次给所有生物致命的一击，让地球近乎死亡，持续了足足有500万年。在这500万年或更久的时间中，海中和陆上几乎都毫无动静，之后生命才透露出一点点恢复的迹象。

谁存活下来了？在陆上和海里答案都一样，活下来的都是最会呼吸的动物，是最会对付低氧气、高二氧化碳以及混合有毒气体的生物。活下来的动物是那些尽管气喘吁吁，但是还可以活动的；是那些可以躲在洞穴中的；是那些住在烂泥沼泽中，或躲在沉积物下面的；也有那些在不毛之地，靠腐食捡破烂儿维生的。有成千上万条滑腻的蠕虫活下来（语出《苦舟子咏》），我们也是其中之一。因此，水龙兽成为第一群从大灭绝后的死寂之地复活的动物，这件事具有重要的意义，因为它们是挖洞穴居者，具有宽阔的胸腔、肌肉做的横膈膜、硬骨的上颚、宽阔的气道以及鼻甲。它们上气不接下气地从充满恶臭的洞穴中出现，渐渐移居四处，最后像松鼠一样填满这片空寂的大陆。

这个了不起的故事以化学的形式记载在岩层之中，前后持续了约数百万年。这就是三叠纪的标志。后来尽管毒气慢慢消失，二氧化碳却一直上升，最后浓度大约比现在高出10倍。氧气浓度则持续低迷，维持在15%的程度，气候则是无止境的干燥。那时即使是在接近海平面的低处，动物也必须挣扎着喘气，每一口气里氧气都稀薄得像今天的高山地区一样。这就是第一只恐龙诞生时世界的样貌。它用两只后脚站立托着身体，这样可以让肺有较大的空间呼吸，而且不像四足爬行蜥蜴一样无法一边行走一边呼吸。再加上呼吸气囊和呼吸泵的帮助，恐龙的兴起就变得势不可当。美国西雅图华盛顿大学的古生物学家彼得·沃德（Peter Ward）曾写过一本书《走出稀薄空气》，非常详细地描述了恐龙兴起的故事。沃德说（而且我相信他）：主龙类的动物取代了犬齿兽，主要是因为它们有被膈膜隔开的肺，蕴含了未来成功的秘密，因为它将来可以被转变为鸟类那种了不起的直流式肺。兽脚类的恐龙是当时唯一不需要气喘吁吁过活的动物，它们不怎么需要鼻甲帮助。

现在我们知道耐力不只是一种附加价值，它是当时的保命仙丹，是在那个可怕年代标有存活号码的彩票。不过在这里我只同意沃德的部分观点。我承认，在那时高有氧能力必定影响动物存活，但是这一定会同时拉高静息代谢速率吗？沃德似乎认为会拉高静息代谢速率（他曾引述过有氧能力假说）。然而看看现在住在高海拔地区的动物，却不是这么一回事。事实上，它们的肌肉分量会降低，使身材苗条的动物更容易胜出。它们的有氧能力或许会提高，但是静息代谢速率却未必会一同提高，甚至还有可能降低。通常在困苦的环境中，生理机制会非常吝啬，不可能挥霍度日。

现在回到三叠纪，存活是当时的第一要务，动物有可能会提升没必要的静息代谢速率吗？听起来就不太可能。兽脚类的恐龙似乎进化出了高有氧能力，但却未必变成热血动物，至少在一开始时不是。反而被消灭的犬齿兽好像进化成了热血动物。它们是为了与优秀的主龙类动物竞争才进化出热血，或者热血是为了帮助它们在缩小体形然后转变成夜行生活后仍然能够活动而进化出来的？这些假设都有可能成立，不过我个人更偏好另一种说法，它甚至可以告诉我们恐龙为什么会反其道而行，进化成巨无霸。

对我来说，我总觉得素食主义者应该比我要神圣些，当然这或许只是来自一个肉食主义者的罪恶感。2008年，一篇重量级论文悄悄发表在《生态学通信》上，文中说素食主义者有很多可以骄傲的事情，比我所称赞的要多很多。如果不是素食主义者，或者应该说如果不是有他们的草食动物祖先，我们很可能永远都不是热血动物，也不会过着快步调的日子。这篇论文由荷兰生态学研究所的马塞尔·克拉森（Marcel Klaassen）与巴特·诺莱特（Bart Nolet）发表，他们用准确的计算（术语为化学计量法）比较了素食和肉食之间的差异。

提起"蛋白质"这个词，大部分的人会想到的就是一口鲜嫩多汁的牛排，确实不停放送的烹饪节目和数不清的饮食指南，让这两者在我们脑中产生强烈的连接。我们吃肉是为了摄取蛋白质，而素食主义者则要吃足量的坚果、种子或豆类。一般来说，素食主义者会比肉食主义者更注意饮食成分。摄取蛋白质是为了确保饮食中有足够的氮元素，有了它才能帮我们的身体制造新的蛋白质和DNA，这两者都需要大量的氮元素。其实就算我们是素食主义者，要维持均衡的饮食也不是一件难事，但是问题是我们还是热血动物。根据这个特性，我们需要吃很多很多。克拉森和诺莱特指出，冷血动物完全不是这样。它们吃得很少，但这给它们带来一个十分有趣的问题。

现在世上只有很少的蜥蜴是草食动物，而在2700种蛇类里面，没有一种是草食动物。当然，少数蜥蜴是草食性的，不过它们往往体积较大，比如鬣蜥，或者比起其他肉食性蜥蜴来说活动力较大，体温也较高。肉食蜥蜴的体温降低得很快，而且可以在需要的时候随时倒下，进入休眠状态。相较之下草食蜥蜴就没这么会变通，它们必须一直运动下去。过去这种行为被归咎为植物成分难以消化，所以动物需要依赖肠道中细菌来发酵分解难缠的植物纤维，而这些反应在高温下效率更高。不过根据克拉森与诺莱特的看法，其实还有另外一个原因，与典型植物成分中的氮原子含量有关。他们清查了食物中的氮原子含量，证明草食性蜥蜴的确存在严重的问题。

假设你只吃素，但蔬菜中没有太多氮元素，那你要怎样才能从饮食中摄取足够的氮呢？或许你可以吃得多样化一点，吃一点杂粮，吃些谷类坚果之类的东西，尽管如此，你可能还是会很快陷入匮乏状态。还有另一个简单的方法，就是多吃。假设每吃一大桶叶子只能获得日常生活所需氮元素的五分之一，那就吃五桶叶子好了。但是这样做的话，你会同时摄入过量的碳原子，因为植物里面含碳量很高，所以一定要想个办法摆脱它们。怎么办呢？克拉森和诺莱特说：就把它们烧掉！严格的素食饮食其实非常容易造就热血动物，因为我们要随时随地烧掉一大堆碳，但是冷血动物就无须这样做。了解这些之后，我们再回头来看看草食动物水龙兽，和混合了草食与肉食动物的犬齿兽。犬齿兽进化成为热血动物，会不会就是因为它们已经具备了高有氧能力（这在那个贫瘠的年代是存活的先决条件），再加上饮食中富含植物？一旦进化成为热血动物，它们大可马上开始利用这些多余的能量让身体迅速补充能量，以便在三叠纪那不毛的土地上长途跋涉寻找食物，甚至可以帮助它们逃离其他猎食者。而猎食者虽然没有维持热血的饮食需求，却不得不和这些装了涡轮推进器的草食动物竞争，与之匹敌。或许，猎食者被迫进化成热血动物是为了追上逃跑中的素食红皇后（关于红皇后理论，请参见第五章）。

那么巨型恐龙呢？那些史上最有名的巨大草食动物又是怎么一回事？它们是否利用另一种策略达到相同的目的？想想如果你吃了五大桶叶子却不能把它们烧光，那只好把它们存在身体某处，也就是变大！变成巨人！巨人不只可以存比较多的东西，它的新陈代谢速率也必定比较低，也就是说，蛋白质与DNA替换速率比较慢，对饮食中氮元素的需求也比较低。因此，要应付富含蔬菜的饮食，有两个可行的方案：一是大体积搭配较低的新陈代谢速率，二是小体积搭配快速的新陈代谢速率。今天草食性蜥蜴所采取的正是第一种策略，它们受限制于先天性的低有氧能力，并没有变成真正的热血动物。（关于这些草食性蜥蜴如何从二叠纪大灭绝中存活下来，这是另一个故事了，在此不赘述。）

不过，为什么恐龙可以长到这么巨大？关于这个问题，纵然经过很多人尝试，至今尚未有令人满意的答案。美国生理学家贾里德·戴蒙德的研究团队，在2001年所发表的论文中曾稍微提到一点，指出该问题的答案，或许可从当时大气中的高二氧化碳浓度中略窥一二。高二氧化碳浓度会提高初级生产力，也就是说，植物会生长得较快。不过戴蒙德的主张中所缺乏的，正是克拉森与诺莱特提出的有关氮元素的洞见。高二氧化碳浓度确实会提高产量，但会降低植物的含氮量。关于这方面的研究越来越多，因为越来越高的二氧化碳浓度对全球粮食造成的影响，正是现在日渐严重的问题。而当年犬齿兽与恐龙所面临的问题，要比现在我们所面对的问题更尖锐直接。它们要想从饮食中获得足够的氮，就要吃掉更多绿叶。严格的素食主义者的食量大到吓人。

这或许可以解释为什么兽脚类恐龙不需要变成热血动物，因为它们是肉食性动物，所以没有缺氮的问题。不像气喘吁吁的犬齿兽，被迫和加了涡轮推进器的草食动物竞争，这种兽脚类的恐龙凌驾于一切之上。它们有高效率的直流式肺脏，可以抓住任何移动中的猎物。

直到很久之后的白垩纪，才开始有奇特的驰龙类恐龙变成素食主义者。这种转变首先发生在手盗龙类的恐龙身上，有一种叫作犹他铸镰龙的手盗龙，在美国犹他州被研究人员发掘出，于2005年被正式发表在《自然》上。该论文的作者之一，美国古生物学家林德西·扎诺（Lindsay Zanno）曾私底下表示，这种恐龙"极度奇怪，看起来像鸵鸟、大猩猩和剪刀手爱德华三者的混种物"。然而它正是那个失落的环节，它是半个盗龙类恐龙、半个草食动物，又同时生活在差不多是第一棵美味的开花植物出现的时候，那时候素食主义式的生活有着前所未有的吸引力。不过在本章中，从我们的观点来看，关于这些恐龙最重要的，应该是铸镰龙算是手盗龙的一个分支，而一般认为鸟类是从手盗龙进化出来的。所以有没有可能，鸟类之所以进化成热血动物也是因为饮食习惯偏向素食，因此需要大量摄取食物来满足氮元素需求？这并非不可能。

至此，本章将在疑问中结束。但是一旦想象跃入未知领域，疑问就很容易转变成假说，一如诺贝尔奖得主彼得·梅达沃（Peter Medawar）所言，这是一切优秀科学的基础。本章所提到的东西还有太多需要被推敲验证，但是如果我们想知道现在自身快节奏生活的原因，或许需要看得比生理特征更远，需要看到过去整个生命进化史，要看到我们行星历史上，极端气候起决定性作用的时候。或许这比较像历史而非科学，就像过去那些事件未必如此发生，但是它们就是碰巧发生了。如果二叠纪大灭绝不曾发生，或者如果在那之后氧气浓度永远持续低迷，那有氧能力还会是决定生死的关键吗？生命还会费力去超越原始爬行类的肺结构吗？如果少数高有氧能力的动物不曾转变成为草食动物，热血动物还会出现吗？或许这些事件都属于历史，但是阅读这段遥远的过去的却是科学，同时也可以帮助我们更加了解自身。

第九章　意　识
——人类心智的根源

我们总觉得自己的意识有些"非物质"，但当有了基本的情绪、动机、痛觉等知觉，其他的高级认知，如语言，都只不过是一堆复杂的脑回路，被设定在复杂的社会中工作而已。那我们的大脑是如何产生意识的呢？

1996年教宗约翰·保罗二世（Pope John Paul II）曾经给梵蒂冈宗座科学院写了一封非常有名的信，在文中他承认进化论不只是个假说。"经过不同知识领域里的一系列发现，该理论渐渐被所有研究人员接受，确实值得注目。所有独立研究的结果到后来都渐渐趋同，而非刻意或捏造，这就是对进化论最强烈的支持。"

并不令人惊讶的是，教宗也没打算就此因小失大。他认为，人类的心智，将永远超乎科学的范畴。"众多进化理论以及启发它们的哲学思想，都认为心智来自生物物质的某种力量，甚至只将其视为这些物质引起的附加现象，这些均与生而为人的事实不符。同时它们也无法树立生而为人的尊严。"他接着说道，人类的内在经验、自我体认，所有这些我们用来与上帝交流沟通的形而上机制，都远非科学客观的量测所能窥见，因此这一领域将由哲学与神学继续统治。简而言之，尽管他承认进化论的真实性，却谨慎地将教会的教导权区分出来，置于进化论之上。[①]

这不是一本讨论宗教的书，我也无意冒犯任何人虔诚的信

---

① 美国神经生理学家迈克尔·加扎尼加（Michael S. Gazzaniga）在他的书《社交大脑》里曾提到，他的老师罗杰·斯佩里（Roger Sperry）从梵蒂冈参加完会议回来后，提起教宗时说过（就算不是一字不差，但基本大意如此）："科学家可以拥有大脑，而教会可以拥有心智。"

仰。然而，教宗因为关注进化论而写下这段话（教会的教导权与进化论有直接关系，因为它们都关乎"人"的概念），基于同样的理由，科学家也关注心智问题，因为它关乎进化论的概念。如果心智不是进化的产物，那它是什么？它又如何与大脑互动？大脑显然由物质组成，因此和其他动物的大脑一样应是进化的产物，并且有许多（就算不是全部）相似的结构。心智是否随着大脑一起进化？比如说在过去数百万年内，是否随着人科动物头骨的扩大而进化（这已不是科学争论的重点）？物质与精神要如何在分子层面交流？它们必定会交流，否则脑伤或药物就不会影响人的意识了。

美国著名进化学家史蒂文·杰伊·古尔德（Steven Jay Gould）曾经乐观地认为科学与宗教这两大权威可以互不相干。然而事实上，在某些地方这两个领域不可避免地会相遇，意识就是首要的阵地。这些议题的历史相当久远，当年笛卡儿主张精神与物质一分为二的二元论，其实就是将自古以来教会所赞同的想法形式化了而已，身为一位虔诚的天主教徒，他可不希望和伽利略一样被教会定罪。定义精神之后，笛卡儿解放了身体甚至大脑，将其交给科学去研究。然而现在很少有科学家是彻头彻尾的笛卡儿二元论支持者，深信精神与物质可以互相区分。不过这个概念并不可笑，而且我上面所提出的问题都可以由科学探索。比如量子力学就是通往神秘心智宇宙的一扇大门，等下我们会看到。

我在这里引述宗教的内容，是因为我认为他所说的内容其实超越了宗教的范畴，进入了自我概念的核心。事实上，就算没有宗教信仰的人，都可能会觉得自己的精神层面多少有点"非物质"，是人类独有的而且超越科学的。很少有读者阅读到这里还认为科学对于意识问题无权置喙，不过恐怕也很少有读者会认为进化学家比其他不同领域的专家，比如机器人科学、人工智能学、语言学、神经学、药学、量子力学、哲学、神学、冥想、禅宗、文学、社会学、心理学、精神分析、人类学、行为学等等，更有资格宣称自己别有洞见。

我要在此声明，这一章与本书其他章节不同。不同之处在于科学不仅不知道问题的答案，甚至根据已知的物理、化学或信息科学的定律，也不能预测答案应有的样子。关于神经活动如何引发强烈的个人感受，其工作原理如何，在学界都没有一致的看法。

然而这正是我们最应该去问的"科学能给我们怎样的答案？"以及"科学在哪里遇到了瓶颈？"。教宗的观点对我来说还是有一定道理的，毕竟到目前为止我们都不知道"物质"如何产生可感知但却非物质的心智，我们甚至不知道这些物质是什么，它们为何存在，为何不是空无一物？（在某方面来说有点像在问：为什么会有意识？而不只是无意识的信息处理？）然而我认为，或者应该说我相信，进化论可以解释心智这个最捉摸不定的伟大杰作。[①] 已知的人类心智的运作过程如此了不起，是不了解的人无论如何也想象不到的，我们完全有理由将生而为人的尊

---

① 我在这里借用二元论的说法，假设心智和大脑两者间有根本的区别，虽然我并不认为这两者一定有什么差异，但我这样做的部分原因，是想要指出这种二元论的概念，是如何深深烙印在我们的语言里面。另一部分的原因，则是要反映将来在解释时会面临的难题。如果说心智和大脑两者其实根本就是同一回事儿，那我们注定要解释为什么感觉它们不一样，光用"这是一种错觉"来打发并不是很好的解释。这种错觉的分子基础又是什么呢？

严建立在生物大脑之上。

此外还有另一个更迫切的理由，需要科学接受心智的挑战。人类的心智并不总是我们所珍视的强大器官，大脑疾病会剥夺它的功能。阿尔茨海默病会残酷地剥下人的外表，最终显露出他们不成人的内在。重度抑郁症也常常发生，这种恶性抑郁会从内在消耗我们的心智。精神分裂症会引发真实磨人的幻觉，癫痫发作的时候则一下子将意识抽离，暴露出如同僵尸般的内在。这种种症状都显露出心智的脆弱，不但吓人而且让人印象深刻。克里克曾说过一句名言："你不过是一大堆神经而已。"他大可再加上一句，还搭成了一座脆弱的纸牌屋。不论是社会还是医学，如果不急于去了解并且治疗这些疾病，就等于否定了慈善的价值，而教会是如此重视这个价值。

科学上要解释意识，遇到的第一个问题就是定义，对每个人来说，意识代表的意义都不同。如果我们把意识定义为知觉存在于世界中的自我——根植于个人过往经验，在社会、文化与历史情境中定义个人，同时带有对未来的希望与不安，并且可用深思熟虑的语言符号把这一切表达出来——如果这是对意识的定义，那么人类当然是独一无二的。人类和动物之间有个巨大的鸿沟，没有动物使用语言，就连我们的祖先和小孩也没有。

或许这个观点发展到极致促成了一本奇怪的书：《二分心智的崩塌：人类意识的起源》，作者是美国心理学家朱利安·杰恩斯（Julian Jaynes）。杰恩斯很巧妙地总结了他的理论："在过去某个时期以前，人类的本性本来是一分为二的。有一个管理者我们称为神，以及另一个追随者我们称为人。这两部分都没有意识。"让人惊讶的是,杰恩斯把这个时间定得很近,大约在两本古希腊史诗《伊利亚特》与《奥德赛》创作完成之间(当然,杰恩斯认为这两本很不一样的史诗,应该是由两位不同的"荷马"所写,其间相隔了好几百年)。对于杰恩斯而言,所谓的意识从根本上讲是社会与语言的产物,因此意识是最近的产物。只有当我们的心灵察觉到它是有意识的时候,它才有意识,也就是在它突然觉醒的那一刻,意识才产生。作为一个理论,这没什么问题,不过任何一个理论如果把条件设得过高,高到把所有《伊利亚特》以前的作者都排除在外,那未免也太高了。如果较老的那位荷马没有意识,难道他会是某种无意识的僵尸吗?如果不是的话,那应该有个什么意识连续谱之类的东西,在连续谱上最高级的一群人应该有自主意识,同时具有读写能力,而剩下低级的就只有纯粹的反应。(基本上杰恩斯认为早期人的心智分为两部分,就像政治上的两院一样,众议院接受来自参议院的指令,很自然地认为这是神的指示,而不知道这是自己大脑的意识,直到后来受到文化语言影响,两院崩解,才忽然觉醒产生自主意识。)

大部分的神经科学家会把意识分成两种形式,这是有大脑结构支持的。这两种形式的名称和定义或有不同,不过基本上"扩展意识"包含了人类心智活动的所有殊荣,构筑了语言、社会。而"主要意识"或"核心意识"则比较一般,更像动物,比如情绪、动机、痛觉、基本的自我感觉(但缺乏过往经验或死亡之类的思考)、对周遭物体的知觉。以狐狸为例,当它被捕兽器夹住后,会咬断自己的脚逃跑。杰出的澳大利亚生物学家登顿曾观察到这种现象,记载在他写的一本关于动物知觉的书《原始的情绪》中。他说，动物当然知道自己被陷阱咬住，并且企图重获自由。它能意识到基本的自我，而且有一定的计划。

有趣的是，扩展意识相对来讲反而比较容易解释，当然"容易"这个词可能需要斟酌一下。这里我的意思是，考虑到有了初级的"知觉"之后，扩展意识就没有什么超越我们理解的部分。它们只是一堆让人望而却步的脑电回路，被设定在复杂的社会中工作而已。举例来说，社会本身并没有什么特别神奇的地方。一个小孩如果在一个与世隔绝的山洞里面长大，那他只会具备最基本的意识，但同理我们也可以假设一个克罗马农人（一种晚期智人）小孩，若是活在当代巴黎，那他的举止应该会与法国人无异。语言也一样，虽然大部分人都会同意，如果没有语言，任何人或任何生物都无法发展出扩展意识，这么讲当然没错。但是语言本身也没有任何神奇之处。我们可以把语言用程序写入一台聪明的机器体内，让它可以通过某些智力测验（比如图灵测试），但机器本身并不需要变成"有意识的"，甚至连基本知觉的能力都不必有。记忆也是一样，可以被程序化，感谢老天，我的电脑可以记住我打出来的所有字。就算是"思考"都可以程序化——只需要想一想下棋的计算机程序"深思"（根据小说《银河系搭车客指南》命名）以及它的后继者"深蓝"，曾在1997年击败当年的世界象棋冠军加里·卡斯帕罗夫（Gary Kasparov）。[1] 如果人

---

[1] 初代深蓝在1996年首次与卡斯帕罗夫交手，尽管赢了一局，但最后还是输给棋王。后来的升级版，也就是昵称为"更深蓝"的版本，则在1997年击败了卡斯帕罗夫。但卡斯帕罗夫事后表示，有时候他从计算机的路数中可以感觉到"智慧与创造力"，因此控告IBM作弊。但是反过来说，如果一群计算机程序设计师可以在棋局中击败天才，那结果也好不到哪里去，可以算是群体智慧的胜利。

类可以将这些东西程序化，毫无疑问，自然进化也能做到。

我并不想轻视社会、记忆、语言及人类的思考能力，意识当然需要这一切东西，但重点在于，要产生意识，还要依赖另一个更深刻的前提，那就是情感。我们可以假设有一台机器人，具有"深蓝"一样的脑力、语言能力，有可以察觉外在世界的传感器，甚至还有近乎无限的记忆力，但是没有情感。它没有欢乐，没有忧伤，没有爱也没有离别的悲伤；它没有理解之后的狂喜，没有希望，没有信念也没有慈悲；不会因诱人的香气或透亮的肌肤而身心荡漾；不会因阳光照射在颈背上感到温暖；不会为了第一次离家过圣诞节而感到失落。或许有朝一日，机器人可以感受到上述一切，但是至少到目前为止我们还不知道怎么把失落的感受程序化。

而这正是被教宗圈起来，划分为教会教导权所管辖的内在世界。差不多在同一时间，澳大利亚哲学家大卫·查莫斯（David Chalmers）提出了意识的"难题"。从那时候开始，很多人试图解决意识问题，有些人看似成功，但没有一个人真正解决查莫斯的"难题"。当代重要的美国哲学家丹尼尔·丹内特（Daniel Dennett），甚至否认这是个问题，在他1997年的著作《意识的解释》中干脆绕过了这个问题。他在该书最后一章感质（主观意识）的结尾处问道，为什么神经信号不会让我们感受到些什么呢？是呀，为什么不呢？但这岂不是在玩循环论证？（循环论证为逻辑学名词，意指在问题中先预设结论。在这个例子里，直接问：为什么神经信号不会让我们感受到些什么？就把"神经信号会让我们感受到些什么"当成前提。）

我是一个生物化学家，而我知道生物化学的局限。如果你想知道语言在塑造意识中所扮演的角色，请参阅心理学家史蒂文·平克（Steven Pinker）的著作。我并没有把生物化学列为专攻意识研究的学科。事实上，几乎没有生物化学家曾经严肃探讨过意识问题。克里斯蒂安·德·杜维或许算是一个例外。然而查莫斯的"难题"绝对是一个生物化学问题。神经信号为何会引起我们"感受到些什么"？为何当钙离子流过细胞膜时会让我们看见红色，或者感到害怕，或者愤怒，或者爱？先记住这些问题，等下我们要先探讨核心意识。为什么扩展意识一定要建立在核心意识之上？又为什么核心意识会产生感觉？即便我无法回答这些问题，但至少希望先厘清这些问题，以便让我们知道从哪里着手寻找答案。答案不在天边，应该就在眼前，和花鸟虫鱼一样在地球上。

首先要做的事，就是放弃过往对意识的概念，不要以为意识就是你以为的那样，它不是。举个例子来说，意识看起来似乎是一个整体，并没有分散成许多小意识。我们感受到的，并不是许多分开的信息在脑中乱窜，而是完整的信息，一个完整但不断变化的信息，每分每秒都在改变，从来没有尽头。意识像一部电影，在我们脑中播放，而且不只有配音，还加入了气味、触觉、味觉、情绪、感受、想法等，所有东西都结合在一起成为自己的知觉，把自我和经验紧密结合起来。

不过你不需深思很快就可以想到，大脑一定需要用某种方法，把所有感觉信息整合起来，我们才可能感觉到这样一部无缝衔接的电影。来自眼、耳、鼻、触觉、记忆或肠子的各种信息，会先进入大脑的不同区域，经过处理之后才被整合成为统一的颜色、触觉或饥饿感。所有的信息都不是"真实"的，它们都只是神经信号而已，但是我们几乎不会把"看"的感觉和香味或声音搞混。就算在视网膜上真的投射着外界的倒影，但这些影像也绝对不会在大脑里面像在电影屏幕上一样播放，它们会被视神经转换成为一系列神经信号，像传真机一样。听觉和嗅觉也类似，外界的东西从来没有真正进入我们脑内，进来的只有神经信号。胃痛也是，除了神经信号以外什么也没有。

为了让我们每分每秒都能体验这一切如同在脑中不停播放的多媒体电影，大脑必须将外界传进来的密码般的长短信号，重新转换成一个"真实的世界"，包含一切外在的影像和气味。但是我们不会觉得重建的世界存在于大脑内，我们会把它们再次投射回它们原本存在的地方。世间万物都像我们透过一个装在头颅前面的单眼装置看到的一样，这些明显都是幻觉，都是神经安排的骗局，而这些神经纤维极为重要。如果切断视神经，人就会变成瞎子，如果把一个微电极阵列植入盲人大脑的视觉中心加以刺激，他们就会看见大脑直接产生的画面，不过到目前为止，能看到的只是非常原始粗糙的影像。这些就是人工视觉的基础原理，虽然技术尚未成熟，但是可行的。电影《黑客帝国》的剧情也是根据相同的原理，所有体验都可以通过刺激脑而产生。

到底神经设计了多少骗局？从历届神经医学病史中所记载的各种奇异病例中，我们可以略知一二。众多神经学家如奥利弗·萨克斯（Oliver Sacks）等人细心地整理记录的病例，呈现在我们大部分人眼中，不免会惊叹地发出"我安然无恙真是老天保佑"的感叹吧。"错把妻子当帽子"或许是萨克斯最知名的一个病例，故事曾经被作曲家迈克尔·尼曼（Michael Nyman）改编成室内歌剧，后来甚至被拍成电影。这位有问题的病人，被称为"P博士"，是位杰出的音乐家，他遭受一种称为"视觉失认症"的疾病困扰，他的视力完全正常，但他辨识物体与正确指认出的能力失灵，特别是正确辨识脸部的能力。当他接受萨克斯的检查时，曾把自己的脚当成鞋子，稍后想要拿帽子时，却把手伸向太太。这是因为他脑中负责处理视觉信号的区域退化（源于一种罕见的阿尔茨海默病），以至于视觉世界被简化成为一堆毫无意义的抽象形状、颜色和运动，但无损于他的文化修养和音乐技能。

幸好这种退化症非常罕见，不过从神经学家的角度来说，幸好这不是唯一的一种。另一种类似的疾病，称为替身综合征，也是因为大脑里面某一块区域受损所造成的。这种疾病的患者可以识别人，但奇怪的是他们会认为眼前的配偶或父母亲等人，并非本人，而是某个骗子装扮的。患者对于其他人的辨识力都没有问题，问题只出现在辨别自己的亲人与朋友时，也就是说，情感上非常亲近的人。在该病例中，问题出在大脑里连接视觉中心与情绪中心（比如说杏仁核）的神经上，中风或其他局部损伤（比如说肿瘤）会把连接切断，因而即使视觉看见原本亲密的人，却不能激起该有的情绪反应。测谎器可以探测出这种情绪反应。如同著名神经学家拉马钱德兰（V. S. Ramachandran）的所说：就算你不是一个听话的犹太小男孩，看见妈妈出现还是会手心流汗。流汗会改变皮肤的电阻，这样就会被测谎器记录下来。但是替身综合征的患者看到亲人时却不会流汗，尽管眼睛告诉他们眼前的这位是母亲，可是情绪中心却无法收到这种印象。这种情感匮乏似乎就是该疾病的根源。因为信息缺乏一致性，大脑只好总结出一个荒谬但合理的判断，那就是眼前的这个人是个骗子。显然情感的力量比理智更大，或者较恰当的说法是，情感是理智的基础。

科塔综合征就更怪了。这种患者的缺陷更大，几乎所有的感觉都与大脑情绪中心失去连接，让情绪成为一条死寂的直线。如果外界的所有刺激都激不起任何情绪反应，那大脑唯一能做的，就是做出一个十分诡异，尽管仍然非常"有逻辑"的结论，那就是自己必定过世了。他们的理性为了迎合情绪而被扭曲。科塔综合征的病人会说自己已经死了，甚至还会宣称闻到腐肉的味道。如果你先问他们，他们会同意死人应该不会流血，但是如果用根针刺他们一下，他们首先会非常惊讶地看着自己，然后会改口说，其实死人还是会流血的。[1]

我要说的就是，特定的脑损伤（损伤病变）会造成特定的症状。因此，不同人的相同部位的大脑损伤，会导致一样的疾病，甚至在动物身上也是。在某些案例里面，脑损伤会影响患者的视觉处理过程，造成"动盲"现象，这又是另一个奇特症状。病人无法探测到物体的移动，在他们眼中世界有如被夜店舞厅的频闪灯照射，这让他们几乎无法判断车辆的移动速度，他们甚至无法倒一杯酒。在其他的病例里，类似的损伤会影响意识。比如得了短暂性全面失忆的病人，无法计划也记不得任何事情，他们的意识只能触及此时此刻。患了安东综合征的病人，尽管看不见却否认自己眼盲。患有病觉失认症的病人会告诉医生他一切正常，但

---

[1] 对于想要了解更多这类特殊疾病的读者，我会强力推荐拉马钱德兰写的书，这些优秀书籍的内容，在神经学或进化学方面的基础都十分扎实。

是病人实际患有严重的病状，比如肢体瘫痪，但他会说："医生，它只是在休息。"患有示痛不能的病人可以感到痛觉，但是无法体验随之而来的不舒服感，或者说他们"不觉得痛"。而患有盲视的病人并没有意识到自己看得到（他们就像真的眼盲），但是如果你提问的话，他们又可以正确地指出物体在哪儿。而对于盲视现象，可以在实验中训练猕猴看见（或者没看见）物体时做反应，从而证明猕猴身上也存在盲视。这是众多优秀的头脑所提供的实验心理学的案例之一，通过动物实验证明了任何动物的共通之处。

上述种种疾病说有多怪就有多怪，经由百年来（或者更久）神经学家细心的研究，这些疾病的真实存在、可重复出现以及它们的病因（源于大脑里特定部位损伤而影响到有限的知觉），都慢慢地被揭露开来。同样神奇的是当大脑特定部位被电极刺激时，会产生某些奇特的失联效果。这些实验多半都是好几十年以前，在数百个无法治疗的癫痫病人身上做的。这些癫痫病人发病时会产生全身性抽搐，让病人失去意识，有时甚至会造成痴呆或瘫痪。许多病人自愿接受神经外科癫痫治疗，也就是自愿做实验白老鼠，将他们的感觉口头报告给外科医生。因此，我们现在知道刺激脑内特定部位会让人产生压倒一切的忧郁感，而刺激一停止感觉马上就消失；刺激另外一个地方则会让病人产生视觉，或想起一段音乐旋律；刺激某个特定的地方会产生灵魂出窍的感觉，让人觉得灵魂似乎飘浮在天花板某处。

最近，另一个较复杂的法宝也被应用在类似的研究上，这是一个可以产生微弱磁场的头盔，能够不经手术就改变大脑特定部位的电流。这种头盔在20世纪90年代中期曾恶名昭著，加拿大劳伦森大学的神经学家迈克尔·波辛格（Michael Persinger），曾用头盔刺激人的颞叶（大约在太阳穴和鬓角的位置），结果发现可以在约80%的人身上引起某种奇异幻觉，让他们感到房间里存在上帝或恶魔。因此该头盔就被大家称为上帝头盔，不过后来有个瑞典的研究团队曾质疑他们的结果。2003年英国一家电视台的科学纪录片节目《地平线》，曾半开玩笑地把著名的进化学家与无神论者理查德·道金斯，打包送到加拿大，去体验上帝头盔。但结果令人失望，头盔完全没有让道金斯感受到任何神秘体验。波辛格对此的解释是，道金斯在一项针对大脑颞叶敏感度的测验中得分很低。换句话说，他大脑里负责宗教感觉的脑区，在大多时候都没什么反应。但是另外一位著名的实验心理学家兼作家，苏珊·布莱克摩尔（Susan Blackmore），她的经验就让人印象深刻，她说："当我走进波辛格的实验室然后开始实验程序后，我感受到前所未有的绝妙体验……如果告诉我这只是安慰剂效应，我是不会相信的。"附带一提，波辛格本人曾极力强调，物理力量引出的神秘体验，并不能作为否认上帝存在的证据，他说本来就存在其他的"实质机制也能够传递超自然体验"。

这里的重点是，大脑，也就是心智，可以被分割成许多特异区域，但我们感觉不到这些内在分区。许多可以影响心智的药物都能做证，这些药物可以精确作用于特定目标。一些迷幻药比如麦角酸二乙胺（LSD，由黑麦的某种菌类所合成的物质）、裸盖菇素（某种毒菇的成分）等药全部都作用于某一类特定的神经受体（血清素受体），而这些受体只存在于大脑特定区域（大脑皮质第五层）的特定神经元（椎体神经元）上。根据美国加州理工学院的神经学家赫里斯托夫·科赫（Christof Koch）的观察，这些药物并不会把大脑整体的信号全部搞乱。同样，许多抗抑郁药物或精神病药物，也都有非常专一的目标受体。这意味着意识也一样，它并非在大脑工作时，像某种"场域"般全面地浮现出来，而是大脑上某些区域的特质，这许多特异区域彼此合作无间，像一个整体一样。不过关于这件事，我们可以说目前学界几乎没有什么共识，神经科学家们看法各不相同，然而我将试着在往后的章节里阐述我的观点。

视觉比它看起来的复杂，但如果只用内省的方式，"去想想"我们如何看到，又看见什么，那可能永远都不清楚视觉有多复杂，这不是哲学式的逻辑思考能预测的。我们有意识的心智无法了解视觉背后的神经机制。视觉信息到底被分割成哪些基本元素，在过去几乎无法想象，直到20世纪50年代大卫·胡贝尔（David Hubel）与托斯坦·威塞尔（Torsten Wiesel）两位科学家，在美国哈佛大学做了一系列先驱实验之后，我们才开始了解。他们两人也因此获得了1981年诺贝尔生理与医学奖（共同获奖的还有罗杰·斯佩里）。他们把微电极插入麻醉后的猫的大脑中，发现不同的神经元群会被同一幅图像里的不同特征激活。现在我们知道每幅图像大概可以被分解成30种信号，某一些神经元只在看到特定朝向的线条时才会反应，比如说看到对角斜线、直线或水平线。另一些细胞则对强弱对比有反应，另外的有些对深度、对特定颜色、对特定方向移动的物体之类有反应，以此类推。这些视觉特征在视野中的空间位置也对应脑中不同位置的神经元，因此在视野左上角出现的黑色横线会激活特定一群神经元，而同样的黑线如果出现在视野右下角，则会激活另一群神经元。

大脑里的视觉区域就是如此一块一块地拼凑出外在世界的投射图。最后组合起来，整个投射图才展现出真正的意义，可怜的P博士就缺少这种能力，让他一看便知，"哇！老虎！"，视觉信息必须一点一滴地整合回去，而且应该分成好几个步骤。先把一些线条和颜色结合成条纹，然后从不完整的轮廓中识别出俯卧的外形，接着根据过去的经验，才完全认出那是一只蹲在树丛后面的老虎。所有步骤中只有最后一步才代表了意识，而大部分的视觉处理过程都被排除在意识之外不见天日。

这些分割成碎片的场景如何再度整合起来成为一个完整的影像呢？这仍是神经科学界最引人入胜的问题之一，并且还没有一个让众人都满意的答案。不过大致上来讲，就是神经元同步激活——同时发放信号的神经元会结合在一起。激活时间是关键。20世纪80年代晚期，德国法兰克福马克斯·普朗克脑研究所的沃尔夫·辛格（Wolf Singer）团队，首先发现了一种新的脑电波，可以被记录在脑电图上。该波现在被称为 γ 波。[①] 他们发现有一大群神经元会一起同步激活，发射出类似的频率，大约每25毫秒发出一个

---

① 脑电波的产生，是由神经细胞产生的节奏性的电生理活动所致。若有足够的神经细胞一起产生一致的活动，那它们就可以被记录下来形成脑电图。当神经元发放信号时，它会去极化，也就是说，钙离子或是钠离子之类的离子涌入细胞内，造成细胞膜内外的电位差暂时减小。如果神经细胞随机或不规则地发放信号，那么脑电图就无法记录下什么东西。但是如果分布于大脑各处的众多神经细胞，同时有规律而一波又一波地去极化又再极化，那么这结果就会被记录下来形成脑电图。40赫兹的脑电波所代表的意义就是，有许多神经细胞一起同步发放信号，频率大约是每25毫秒发射一次。

信号，也就是每秒发出40个信号（40赫兹）。（事实上，这些神经的频率介于30～70赫兹之间，这点很重要，晚一点我们会讲。）

这种同步信号正好就是克里克在寻找的。克里克因解开DNA之谜而闻名世界之后，接着就用他过人的心智来解决意识问题。他一边和科赫合作，一边寻找和意识有关的神经信号模式，他称这种模式为"意识神经"，英文缩写为NCC。

克里克和科赫注意到，我们并不会意识到大部分的视觉处理过程。这让意识的问题变得更有趣了。因为所有的感官知觉都以神经信号的形式进入大脑，但是我们会意识到某些神经信号，我们会注意到颜色，或注意到一张脸，但是其他的信号则没有（所有那些无意识的视觉信号处理过程，比如线条、对比或距离等等）。这两种信号有什么差异？

克里克和科赫认为，如果我们不知道哪一种神经和意识感知有关，哪一种无关，那我们将永远也不可能了解差异在哪里。他们希望能够找到的，就是当一个物体被注意到的瞬间（比如说看见一只狗），会一起发出信号，而注意力一转开，又马上熄火的神经元。克里克和科赫假设，和意识感知有关的神经信号总会和别的神经元不一样。他们提出的问题，也就是寻找意识神经，已经变成神经科学界的圣杯。那个40赫兹的脑电波攫取了他们的注意和想象力，因为这个脑电波（其实现在也还是）刚好给他们提供了一个概念上的答案。同时间一起激活的神经，横跨了整个大脑。这些平行的回路形成一系列随时间变化的输出信号，而意识也随着时间不停地改变，就好像管弦乐团里面的乐器一样，不同的乐器旋律会在不同时刻和谐共鸣。一如诗人艾略特所说，只要余音未绝，你就是音乐。

整个概念听起来颇让人着迷，如果你仔细想想，会发现它十分复杂。首先它需要结合很多层次的信息，不仅仅是视觉系统。大脑里面的其他意识似乎也用相同的方式工作，比如记忆。英国神经学家史蒂文·罗斯（Steven Rose）在他写的《记忆的产生》里回忆道，当记忆在脑中像烟雾一样消散掉时，他曾感到多么气馁，它们完全不像"固定"在任何特定区域。后来他发现这是因为记忆也会分成许多元素，和视觉一样。比如说，让小鸡啄食不同味道的珠子，每个味道都用一种颜色标记。罗斯发现，小鸡很快就会记住要避开代表辛辣味道的颜色的珠子，但是它们的记忆是分开存放的，和颜色有关的记忆存在一个地方，和形状有关的在另一个地方，和辣味相关的又在别的地方，以此类推。这些元素要重新结合在一起才能形成一致的记忆，同时还需要重现整合时的激活状态。最近的研究也显示，整合记忆中各成分时，需要产生和实际体验时相同的神经元激活模式。

美国神经学家安东尼奥·达马西奥（Antonio Damasio）则在"自我"中融入更多的神经投射。他把情绪和感觉区分开来（有些人认为他未免分得太过仔细了）。对达马西奥而言，情绪是非常实在的身体经验，比如害怕会引起肠胃搅动、心跳加速、掌心流汗、眼睛睁大、瞳孔放大、嘴角扭曲等身体状态。这些都是无意识的行为，大部分都不是我们可以控制的，而对于许多已经安于城市生活的人来说，甚至是难以想象的。在我个人的攀岩经验中，大概只有两三次感受过这种动物本能般的害怕，强烈程度真的让我胃肠翻搅。就算只感受过一次，我也绝对不会忘记，那体验真的让人胆战心惊。达马西奥认为，所有的情绪，就算是比较高级的情绪，也都是设定在身体里的反应。而身体和心智是分不开的，是绑在一起的。因此，所有的身体状态都会通过神经或激素回馈到大脑，而这些身体状态的改变则一点一点、一个器官接一个器官、一个系统接一个系统地在脑中投射出来。这些投射整合的过程，大部分都在脑部较古老的地方执行，包含脑干和中脑，所有脊椎动物都完整保存了这些部分。这些心智的投射就组成了感觉，也就是对于身体情绪反应的完整神经投射。这样的神经投射（就是神经信号组合）如何造成主观感觉仍是一个悬而未决的问题，我们等一下再来讨论。

不过对达马西奥而言，只有感觉是不够的：在我们感觉到自己的感觉以前，在知道这些感觉以前，我们都不算有意识。了解身体状态需要很多的投射。初级神经投射遍布全身各系统——肌肉张力、胃液酸度、血糖浓度、呼吸速度、眼球移动、脉搏、膀胱压力等信息，它们不断探测全身每一刻的变化。达马西奥认为我们对自我的感知，就是来自这些身体信息，一开始它们仅是没被意识到的原始自我，只是一堆扎实的生理状况报表。当这些身体投射受外部世界"客体"影响而改变的那一刻，才有了真实的自我意识，这些客体包括你的小孩、旁边某个女孩子、一道高耸巍峨的峭壁、咖啡的香味、火车上的查票员等等。这些客体会被感觉器官探测到，然后在身体里造成情绪反应，被初级神经投射系统送进大脑，在大脑里产生感受。因此，意识就是指"了解到外界这些客体如何改变并影响我们"，是这些神经投射所组成的投射，以及整个投射图怎么被改变的过程，这个改变量被达马西奥称为二阶投射图。这是一个显示感受如何与世界产生关联的投射，也是一个让我们的知觉产生意义的投射。

这些投射是怎么建立的？它们又如何彼此关联？目前最有说服力的答案来自杰拉德·埃德尔曼（Gerald Edelman）。1972年他因免疫学上的成就获得诺贝尔生理医学奖之后，接下来数十年的时光他都贡献给了意识研究。他的灵感来自他在免疫学上的研究，也就是躯体内的选择之力。在免疫学上，埃德尔曼阐明抗体系统在接触过细菌之后，如何通过筛选来强化免疫。选择机制会让胜出的免疫细胞快速增生，战胜其他细胞。半辈子之后，你血液里面的特异免疫细胞，大部分由过去的经历，而不是基因决定。根据埃德尔曼的看法，类似的选择过程也在大脑里面持续进行。在大脑里，某几群的神经元因为常被使用，因此被选中然后被强化，其他群的神经元，则会因为没被使用而凋亡。和免疫细胞一样，胜出的神经元组合将成为主宰。同样，神经元彼此之间的连接依赖的是经验，而不是基因。

整个过程是这样。在胚胎发育时，大脑里面只有一团大致成形的团块，里面有一束束神经纤维连接大脑各个不同地方（视神经连到视觉中心，胼胝体连接大脑两个半球，诸如此类），但是几乎没有什么特异性或者有意义的连接。基因只是大致决定了大脑里面神经回路的雏形，经验才会明确每一条线路的走向，以及它们代表的意义。绝大多数神经回路的意义都由经验决定，并且直接写在大脑里。埃德尔曼指出："一起激活的神经会连接在一起。"换句话说，一起发射的神经会强化彼此之间的连接（两个神经元的连接处称为突触），同时也会在两个细胞间形成更多的连接。① 不只是位置邻近的一小群神经彼此之间会产生这种连接（比如说可以帮助不同视觉特征的信息结合在一起），远距离的神经间也可以产生连接，比如视觉中心与情绪中心或语言中心产生的连接。与此同时，其他的突触连接则会越来越弱，最后或许会消失，因为连接它们之间的神经并没有什么共通处。出生之后随着流入大脑中的经验信息越来越多，心智也在体内被雕塑成型。有好几十亿个神经元会因此死去。出生后的头几个月里，大约有20%～50%神经元会死掉，而大概有好几百亿个微弱的突触会消失。但同时会有好几十万亿个突触被强化，某些大脑皮质区域里，一个神经元甚至可以产生1万个突触。突触可塑性虽然在生长期最大，但是一生中都会保持可塑性。法国哲学家蒙田曾说过一句话：每个年过40的人都要为自己的脸负责。毫无疑问，我们每个人都要为自己的大脑负责。

你或许会想问，那基因对整个过程有多少影响？基因不只界定了大脑的一般架构，还有不同区域的大小及发育过程。它们会影响神经的存活率、突触连接的强度、兴奋性神经与抑制性神经之间的比例、各个神经递质整体的平衡等等。这些影响会决定我们的人格特质、我们对某些危险运动或药物的沉迷倾向、我们会

---

① 突触是两个神经元的相连处，在这接头位置有很细小的间隙，因此会造成神经脉冲中断（也就是说，这会造成信号短路）。当神经信号传到突触时，神经元会释放出一些称为神经传导物质的化学分子，这些分子可以通过扩散跨过间隙，然后和"突触后神经元"的受体结合，从而产生刺激或抑制信号，或造成长期的改变，比如强化或是弱化这个突触。形成新的突触或是改变既有的突触，会影响记忆形成和学习，但是这机制还有很多细节有待发掘。

不会变成重度抑郁症，以及我们的逻辑思考能力。通过影响这些特质，基因也会影响我们的才能和经验。但是基因并不能明确指定大脑神经元之间的精细连接。它们怎么可能办得到？3万个基因无论如何不可能决定大脑皮质里面240万亿个突触（根据科赫估计）的连接方式，那意味着一个基因要控制80亿个突触。

埃德尔曼形容大脑发育的过程像神经达尔文主义，这比喻特别强调了经验筛选出成功的神经组合的过程。该过程包含了所有自然进化的基本概念。首先由一大群神经元开始，它们可以通过几百万种不同的组合达到相同的结果。这些神经元彼此略有不同，可以长得更苗壮或萎缩凋亡。神经元彼此间必须竞争产生突触连接，然后根据成功与否来决定生存差异，神经元组合的"最适者"可以形成最多的突触连接。克里克曾打趣说，应该把这叫作"神经埃德尔曼主义"，因为他认为把整个过程和自然进化相比有些牵强。不管怎样，现在大部分的神经学家都接受了这个基本概念。

埃德尔曼对意识的神经学基础所做的第二个贡献是，他提出神经回路振荡的概念，或者他本人称之为并行可重入信号（parallel re-entrant signals，但这名字没什么意义）。他的意思是说，某个区域发出信号的神经，会和另一个遥远区域的神经产生连接，让遥远区域的神经通过其他连接形成一个短暂的神经回路同步振荡，直到另一个与之竞争的神经信号输入，使这些连接瓦解，取而代之的，此后新进入信号所形成的另一套短暂回路，形成另一个联合振荡。埃德尔曼的这个概念与克里克、科赫和辛格的观点不谋而合。（不过我必须说，读者往往需要注意字里行间的言外之意，才能体会出他们彼此的共通之处。老实说，我从来没有见过一个领域里，几个领头人之间竟然很少引用对方的观点，甚至不批评谴责对方概念中的错误。）

意识运作的速度约在数十到数百个毫秒不等。[1] 如果切换两张图的时间大约为40毫秒，你大概只会注意到第二张图，完全看不到第一张图。不过根据微电极测量或脑部扫描（比如功能性核磁共振）的结果显示，大脑的视觉中心其实看到了第一张图，只不过没有形成意识。要形成意识的话，同一群神经似乎必须一起振荡数十甚至数百毫秒才行，这就回到之前辛格提到的40赫兹振荡频率。辛格和埃德尔曼都指出，大脑里面相隔遥远的两个脑区确实会通过这种方式同步振荡。它们的"相位"锁定在一起。其他群的神经则锁定不同的相位，有的稍快有的稍慢。这种相位锁定有助于整合同一个场景中的不同元素或特征。所以和绿色汽车有关的基本元素，会被锁定在一起，而旁边蓝色汽车有关的元素，则被锁定在稍微不同的相位，以确保这两辆汽车不会在大脑里混为一谈。画面中每个特征的相位锁定都略有不同。

辛格提出一个很好的想法，来解释这些相位锁定的脑电波如何在较高层次上结合在一起，也就是在意识层级上结合起来。或者说这些振荡，如何同其他感官信号输入（听觉、嗅觉、味觉

---

[1] 有些让人兴奋的证据指出，意识是由许多"静止画面"组成的，就像电影一样。这些画面存在的时间，可持续数十毫秒到数百毫秒，甚至更长。举例来说，在不同情绪的影响下，可以延长或缩短画面持续的时间，这或许可以解释为什么在不同情况之下，时间感觉过得比较快或比较慢。所以如果每20毫秒建立一个画面，感觉到的时间就比每100毫秒建立一个画面要慢5倍：一只挥舞着刀子的手臂，在我们眼中看来就会像慢动作一样。

等），以及感觉、记忆与语言结合在一起，产生一个统合的意识感受。他称这个理论为神经握手理论，而他的理论可以让信息按照层级"叠套"起来，所以较小规模的信息可以套入较大的层级中。只有在最高层级，也就是综合了所有非意识信息而达到执行层级的部分，才会被感觉，最后成为意识。

神经握手理论所依据的其实是一个很简单的事实，当一个神经元发放信号时，它会去极化，直到重新极化之前都暂时无法发放信号，而重新极化会花一点时间。也就是说，如果有一个新的信号在这个不活跃的期间传进来，信号会被忽略。因此，如果有一个神经元发放频率是每秒60次（60赫兹），那它注定只能接收另一个相位同步的神经信号。假设有第二群神经元发放信号频率为每秒70次（70赫兹），那它们大部分时间都无法和第一群神经元同步激活。两群神经会相互孤立，无法握手。反过来说，如果有第三群神经元发放频率比较慢，比如说每秒40次，那在这些神经元再次极化，准备好下次发放时，就会有比较多的时间等待恰当的刺激，这些神经元就可以接受振荡频率在70赫兹的神经信号。换句话说，振荡频率越慢，相位重叠程度就越大，和其他神经群握手的机会就越多。因此，振荡速度最快的神经彼此结合在一起，用来区别视觉场景、气味、记忆、情绪等信息中的各项特征元素，让它们各自为营。而振荡速度缓慢的神经，则可以统合所有的感官与身体信息，成为一个完整的整体（也就是达马西奥所说的二阶投射图），这一刻才有意识流入。

虽然上述大部分都仅是假设而未被证实，但是至少目前很多证据都符合这些假设。最重要的是，这些假设提出了许多可以被检验的预测，比如说，如果40赫兹的脑电波用来在意识中整合各种元素与成分，那少了这个频率的脑电波就等同于失去意识。目前验证这个问题存在技术上的问题（必须同时扫描大脑里面数千个神经元的放电频率），或许要等几年之后才有可能检验这些（或其他的）假说。

尽管如此，这些概念，可以用来构建解释的架构，让意识比较容易理解。比如说，它们解释了扩展意识如何从核心意识中发展出来。核心意识的运作属于正在进行时，它每时每刻都在不断重建自我，不断投射出自我如何被外在的客体改变，并为这些知觉披上感觉的外衣。扩展意识使用的是类似的机制，不过在每一刻的核心意识中，又加入了语言和记忆，根据自己的过往经验修饰各种情绪并赋予意义，并把感觉和外在客体贴上文字标签等。因此，扩展意识建立在情绪、记忆、语言、过去与未来之上，融入正在进行时的核心意识里。神经握手理论，可以让某个单一时刻的知觉与大量的并联回路结合在一起。

我认为这一切都是可信的，但是最重要的问题仍然没有答案。神经是怎样产生感觉的？如果意识指的是能够感受到感觉的能力，能够赋予各种情绪意义的能力，是对于自身所处世界的实时评论，宏伟的全景建立在细小的感觉上——也就是许多哲学家所说的感质，那现在该面对查莫斯口中的"难题"了。

疼痛让我们不舒服是有原因的。有些不幸的人一出生就先天性地对疼痛无感。2005年美国导演兼制片人梅洛迪·吉尔伯特（Melody Gilbert）曾经拍摄过一部纪录片，讲述一名叫作嘉比·金格拉斯（Gabby Gingras）的4岁小女孩的故事。因为没有痛觉，小嘉比的每一个成长里程碑都变成一次严峻的考验。当她第一次长出乳牙时，小嘉比就把自己的手指啃出了骨头。因为手指伤残过于严重，以至于嘉比的父母不得不把她的牙齿全部拔掉。在学步的时期，小嘉比一次又一次地伤到自己，有一次因为没有觉察到自己下巴骨折，最终细菌感染引起了发烧。更糟糕的是她会戳自己的眼睛，造成严重的伤害，以至于需要医生缝合伤口，但是嘉比很快地就会把伤口扯开。她的父母试着制止她，也上网寻求帮助，但是都徒劳无功。在4岁的时候，医生不得不动手术摘除了嘉比的左眼，而她的右眼也因为损伤严重，让嘉比和盲人无异（视力0.1）。在我写此书之时，嘉比已经7岁了，依然十分危险。其他和她一样的小孩多半会死于儿童期，少数有幸成年，但也必须和全身严重的外伤搏斗。嘉比的父母成立了一个基金会，叫作"疼痛的礼物基金会"，用来支持所有有类似遭遇的人（目前有39个会员）。这个基金会的名称很恰当，疼痛绝对是一种恩赐。

痛并不是唯一的。饿、渴、怕、性欲……这些全都是澳大利亚生物学家德里克·登顿（Derek Denton）所称的"原初情绪"，他称它们为专断跋扈的感官，强行霸占全部的意识，迫使个体产生行动的欲望。这些感官全都是为了有机体的生存或繁殖量身定制的。感觉导致行动，行动反过来拯救生命，或繁衍生命。人类当然可以单纯为了繁衍而发生性行为，不过连教会也没能成功禁止交配。动物，以及大部分的人类，是为了获得高潮而交配，而不是为了繁衍。重点在于，所有的原始情绪都是一种感觉，而每一种都有其生物性目的，尽管有时候我们未必能体会这些目的。

在这些感觉里，痛觉是不受欢迎的一种。但如果没有这种难耐的痛，我们很可能会把自己伤得惨不忍睹。感觉不到不舒服的痛让我们就不会学会回避。性欲也是一样。机械无感式的交配并没什么好处，我们以及所有的动物寻求的都是肉体上的满足，要有感觉才行。同样，在沙漠中如果仅仅是神经接收到渴的信号是不够的，促使我们生存的是随之而来、从内侵蚀心智的狂暴情绪，可以迫使我们渴求绿洲，榨干我们最后一点耐力。

没什么人会反对，这些原始情绪是经由自然筛选而进化出来的。首先指出这点的是现代心理学之父，维多利亚时期末的美国天才心理学家威廉·詹姆斯（William James）。詹姆斯主张感觉具有生物性的功用，意识也是。也就是说，意识并非仅是某种"附加现象"，并非仅是伴随在有机物四周的影子，自己无法产生任何实质物理效应。感觉确实能产生某种实质效应。既然如此，那感觉应该是具有物质性的。詹姆斯因此总结说：尽管感觉有着非物质的外观，但是它应该具有物质性，并且是由自然进化出来的。但是它到底是什么呢？没有人像詹姆斯一样努力地思考过这个问题，而他所得到的结论，却相当反直觉而且问题颇多。他认为，万物一定还有一些我们不知道的特性，有某种像"心尘"一样的东西散布在宇宙间。尽管詹姆斯被许多杰出的神经学家奉为英雄，但是他认同的这种泛灵论（意识无所不在，存在于万物之中），直到现在也很少有人追随。

现在我解释一下"难题"难在哪里。想象一下生活中的几种小电器比如电视、传真机或电话。你不需要懂得它们是如何运作的也可以知道它们不会违反物理定律。电子信号输出的形式或许不同，但是输出永远是物理性的。电视输出各种光，电话或收音机输出声波，传真机则印出文件。这些都是一些电子密码，由已知的物理介质输出。但是感觉呢？神经传送电子信号的方式，基本上和电视无异，神经利用某种编码，也有明确的输出。到目前为止都没有问题。但是到底输出了什么东西？想想所有已知东西的特性，感觉似乎不是电磁波辐射或声波，也不符合任何已知的原子、夸克、电子，它们到底是什么？是振动的弦，是量子引力子，还是暗物质？ ①

　　这就是查莫斯所宣称的"难题"。并且查莫斯，如同詹姆斯一样，也认为只有在发现了更新更基本的物理特性之后，才有办法解答。原因很简单，感觉具有物理性质，然而所有已知、可以用来解释这个世界的物理定律里面，却没有它的容身之处。感觉的力量伟大又神奇，自然进化绝不会无缘无故把它创造出来，一定要有某个东西当作起点让它可以作用，或者你可以叫它感觉种子，进化才能据此创造伟大的心灵。这是苏格兰物理化学家格兰汉姆·凯恩斯-史密斯（Graham Gairns-Smith）所宣称的，"现代物理学的地下室炸弹"。他说，如果感觉并不符合目前任何已知的物质特性，那么物质本身一定还有一些额外的特征，是某些"主观特征"，而这些特征被自然进化利用，最终被筛选出来，成为我们的内在感受。可以说是，物质本身也是有意识的，具有一些"内在"特性，如同我们所熟知可被物理学家测量的外在特性一样。现在，泛灵论回到科学里了。

---

① 在作家菲利普·普尔曼（Philip Pullman）的畅销书《黑暗物质》三部曲里，暗物质就是意识，他称为"尘埃"，我假设他是向詹姆斯的心尘致敬。

这乍听之下十分荒谬。但是如果假设我们对大自然的物质已经无所不知，那又是何等自大？因为我们就是不知道，我们甚至不知道量子力学是怎么运作的。弦理论的伟大之处在于它可以通过一些振动而且细小到难以想象的弦，在一个同样难以想象的11维空间下，延伸出物质的特性。但是我们却没有办法通过实验，去决定理论是否真实。这正是为何我在本章开头就说，教宗的立场绝非毫无道理。我们对于自然物质的特性了解得还不够深入，所以不知道神经元如何把无生命的物质转换成主观感觉。如果电子可以既是波又是粒子，那为何灵魂和物质不会是同一件事情的一体两面呢？

凯恩斯-史密斯最为人熟知的就是关于生命起源的研究。不过在退休之后，他就用他那聪明的头脑开始研究意识。他所写的书既深入又有趣，同时吸引了罗杰·彭罗斯（Roger Penrose）与斯图亚特·哈莫夫（Stuart Hameroff）等同好，一起进入心智的量子花园。凯恩斯-史密斯认为，感觉就是一群相干振动的蛋白质。这种相干很像激光束的相干性，也就是说，这些振动（声子）一同进入量子态。现在这是一个"宏量子"状态，通过很多路径横跨整个大脑。凯恩斯-史密斯也引用了管弦乐团的比喻，也就是各个独立乐器的振动联合发出了不起的和声。感觉就是音乐，当音乐演奏的时候，我们就是音乐。这个概念十分漂亮，用量子效应来解释进化论，也没有什么不合理的。自然界至少有两个现成的例子，说明盲目的自然进化可以利用量子力学。第一个就在光合作用中，光能在叶绿素里穿越的时候；另一个则是细胞呼吸作用中电子传给氧气的反应。

然而我对用量子解释心智理论却半信半疑。量子心智或许存在，但这理论还存有许多问题，在我看来这些问题都难以克服。

第一个问题，也是最重要的一个问题，就是合理性。比如说，量子振动要如何跳过突触的鸿沟？彭罗斯也承认，若是仅仅在一个神经元里形成宏量子态，一点意义也没有。然而从量子等级来看，突触的距离就像一片汪洋。声子要想协同振动，需要有一系列不断重复的蛋白质阵列，彼此靠得够近，才来得及在声子衰退以前形成联合。这种问题当然可以通过实验来研究，不过到目前为止尚未有证据表明，心智真的存在这种相干性的宏量子态。而事与愿违的是，大脑里面既温暖又潮湿，同时也是一片混乱的系统，不管从哪个角度来看，都是最不利于形成宏量子态的场所。

反过来说，如果这种量子共振真的存在，而且也真的是依赖一系列重复的蛋白质阵列，那么，当这些蛋白质阵列受到神经退化疾病影响而瓦解时，会怎样呢？彭罗斯与哈莫夫认为意识源自神经元里面的微管，阿尔茨海默病发生时，这些微管会退化纠结成团，而微管纠结正是阿尔茨海默病的典型特征。不过这种纠结在非常非常早期就出现了（通常出现在大脑负责形成新记忆的地方），可是意识在此时往往十分健全，到了晚期才会退化。所以两者并无直接关联。其他可以形成量子态的结构，也存在类似的问题。比如说髓鞘，这是一种包覆在神经元轴突上的白色蛋白质结构，当髓鞘破坏剥落时会造成多发性硬化症，可是它也不会损害意识。唯一和量子原理相符的，大概只有一种被称为星状细胞的支持细胞，可以解释中风后引发的反应。一份研究报告中指出，许多中风的病人，在恢复后并没有意识到自己已经恢复了，测量得到的身体情况，与病人自己感知到的情况之间，有非常奇怪的差距，这或许可以（或许不可以）用星状细胞网络的量子共振来解释（当然，前提是星状细胞网络真的存在，但目前看起来这个问题依然没有解决）。

第二个和量子意识有关的问题是，这个理论解决过什么问题吗？让我们假设大脑里面真的有一个一起振动的蛋白质网络，而它们会"唱"出一个和声，于是这段旋律就产生了感觉，或者说，这就是感觉。我们再假设，这些量子振动经由"某种通道"通过如汪洋般的突触，在另一侧引起另一首"量子之歌"，将这个共振传遍整个大脑。如此一来构成一个脑中整体并联的宇宙，而该宇宙必须和另一个"传统的"神经信号宇宙携手并进协同合作，否则那些同步的神经信号如何让我们感觉到意识？而神经递质又将如何影响我们的意识状态？而我们非常确定神经递质必定会影响意识。此外，这个量子宇宙还必须分区，并且要和大脑分区方式一模一样。因为和视觉有关的感觉（比如说看见红色），必须被严格限制在视觉处理中心形成共振；和情绪有关的感觉，也只能在其他区域比如杏仁核或中脑等部位形成共振。但问题是，目前所有神经元的显微构造，看起来都几乎一模一样——神经元里面的微管并无差异，既然如此，那为什么有些神经只唱颜色之歌，而其他的吟唱痛感之歌？最让人难以接受的是感觉这种东西基本上反映了身体里的大小事情。我们或许可以想象，物质的某些基本特性能够共振出爱或音乐的感觉，但是胃痛的感觉呢？或者有一种特殊的共振，表示在大庭广众之下膀胱饱胀的尴尬感觉？这实在令人难以置信。如果上帝在玩骰子，那也不会玩这个游戏。但是如果感觉不是量子，那又是什么呢？

到底应该从哪里开始寻找意识"难题"的答案才比较好呢？其实我们可以先把许多似是而非的前提简单地处理掉，包括凯恩斯-史密斯的"地下室炸弹"。感觉是否一定是物质的某种物理特性，才能够被自然进化筛选出来呢？不尽然。如果神经编码感觉的方式一致而且可以重复出现，那就不需要。也就是说，如果一群神经发放某种特定模式的信号时，永远都会产生一模一样的感觉，在这种情况之下，自然进化只要筛选感觉背后的神经特性即可。埃德尔曼在遣词用字上一如既往地谨慎小心，他选择了"指向"这个词来形容。特定模式的神经信号组合指向着某种感觉，两者密不可分。根据相同的概念，你也可以说某个基因指向生成某个蛋白质。自然进化作用选择的是蛋白质的特性，而不是基因序列，但是因为蛋白质的基因编码十分严格，而同时只有基因可以被遗传，所以选择两者的最终结果是一样的。当然在我来看，原始的情绪，比如饥饿和口渴，非常可能伴随着某组一模一样的神经信号模式而产生，而不像由物质的某种基本振动特性产生。

另外一个可以快速排除的似是而非的前提（或至少可以处理掉一部分）就是，心智似乎不是物质，以及我们的感觉本身是无可名状的东西。另一位也在退休之后转向意识研究的优秀科学家，也就是纽约的内科医师兼药理学家何塞·穆萨乔（José Musacchio），提出了一个最重要的观点就是，心智感觉不到脑的存在，或者说心智无法感觉到脑的存在。只靠想我们既感觉不到脑也感觉不到心智的物理实体，只有客观的科学研究方法才能将大脑的物质运作与心智连接在一起。历史上我们就曾被这种无法感知所误导，或许从古埃及人的例子中可以看出。古埃及人为他们的国王做防腐处理时，会细心地保留下国王的心脏以及其他器官（他们认为心脏是情感与智慧的宝座），但是会用一个钩子从鼻腔把大脑挖出来，然后用长勺清理剩下的空腔，接着把这些剩余物冲掉。埃及人不知道大脑是做什么用的，并且认为在来世也用不到。即使是现在，我们也只有在大脑手术过程中，体验到心智无法感觉脑的现象。即使大脑可以感觉到外在这么多事情，但它本身却没有痛觉受器，所以完全感觉不到痛。这也是为什么神经外科手术不需要全身麻醉就可以进行。

为什么心智不需要感觉到自己的物理运作过程？对于一个生物来说，当它需要用全部脑力来探测躲在树丛后面的老虎，然后决定下一步行动时，还要分神感觉自己的心智运作过程，其实是非常不利的。在不适当的时刻内省，似乎并不适合在残酷的筛选过程中存活下来。而结果就是我们的认知与感觉都变成透明的：它们确实在那里，但是我们一点也感觉不到它们的神经基础。因为我们注定察觉不到感觉或感受的物理基础，因此带有意识的心灵看起来就好像变成非物质的、是属于灵性的。或许有人无法认同这种结论，但结果似乎一定会变成这样：我们对灵魂的感觉来自一个事实，那就是意识运作的基础在于"你只需要知道这么多"。为了生存，我们先天被大脑关在门外。

感觉本身也差不多难以言喻。如果如我刚才所主张的一般，感觉是某种神经信号模式下的必然产物，具有非常精确的编码方式，那么感觉本身就是一种复杂而无法言传的语言。可以说，口头上的语言深刻地根植在另一种非口语的语言上，但这两者永远都不会是同一件事。如果说感觉是某种神经信号模式的产物，那用来描述这种感觉的语言，则是另一种神经信号模式的产物。其实就是从一种编码方式翻译成另一种编码方式，从一种语言翻译成另一种语言。语汇只能利用翻译来描述感觉，因此感觉本身就极度难以名状，而我们所有的语言又都根植于这些共通的感觉上。举例来说，红色本身并不存在，它是一种神经信号，无法直接传送给那些从来没有看过类似事物的人。同样，对痛、饥饿的感觉，或咖啡的香味等，种种感官刺激，要定义出语汇之后才可能通过言辞交谈。正如穆萨乔曾说，有时候我们不得不问："你懂我的意思吗？"因为我们有类似的大脑神经构造以及类似的经验，而语言是根植于共通的人类经验。没有感觉的话，语言就一点意义也没有，但是感觉本身是存在的，意义本身是存在的，它们都不需要任何口语上的语言，就像核心意识里面那些不明的情绪，那些说不出来的感觉一样。

上面要说的其实就是，感觉很可能是由神经产生，因此通过内省或逻辑思考，也就是说，通过哲学或神学，永远也无法接近它，唯有实验才可行。另一方面，既然意识是以感觉、动机与嫌恶感等为基础，那也就是说，我们不必利用口头上的语言，就能够了解其他动物最基础的意识，我们需要的只是更聪明的实验方法。也就是说，我们可以在动物身上研究更关键的神经转换，比如从神经信号变成感觉，甚至可以把更简单的动物作为对象，因为所有原始情绪的特征都普遍存在于所有脊椎动物中。

有一个值得注意的例子，暗示意识分布范围远超过我们原本以为的，那就是少数生下来就缺少大脑皮质的儿童，不但可以存活而且有明显的意识表现。由于一点小中风或类似的不正常发育，就会导致怀孕期间胎儿两侧皮层的大部分被吸收。这样的婴儿生下来就伴随许多先天性障碍，缺少语言能力，视力也有问题，这都不令人意外。但是根据瑞典神经学家莫克尔（Björn Merker）的研究，尽管这些儿童缺少大部分的大脑区域，而一般认为这些区域和意识有关，但少数儿童却有表达情绪的能力，哭与笑都十分正常，同时也有如假包换的人类表情特征。我之前说过，许多大脑情绪中心，都位于脑内比较原始的区域，比如脑干和中脑，而几乎所有脊椎动物都有这些区域。利用磁振造影扫描，生物学家登顿曾提出，这些古老的区域负责处理和原始情绪有关的体验，比如口渴或对窒息死亡的恐惧等。意识的根源很有可能完全不在那些新潮的大脑皮质之中，当然，大脑皮质无疑让意识极度精巧化。意识的根源很有可能在其他古老又精密的脑区域里，由大部分动物共享。如果真是这样，那么这个神经转换过程，从神经信号变成感觉，就没那么神秘了。

意识的分布有多广泛？除非有一天我们能发明某种意识测量仪，否则我们可能永远也无法确定。不过原始的情绪比如渴、饿、痛、性欲、对窒息的恐惧等，所有这些情绪似乎都分布在任何具有大脑的动物身上，甚至简单的无脊椎动物比如蜜蜂也有。蜜蜂只有不到100万个神经元（而我们光是在大脑皮层里就有230亿个），却能表现出十分复杂的行为，不只会用那著名的摇摆舞来指引食物的方向，同时还会调整自己的行为，飞往蜜源最可靠的花朵，即使狡猾的科学家故意改变了花蜜浓度也骗不了它们。我并不是说蜜蜂具有我们的那种意识，但是即使是它们那种简单的神经系统，也还是需要某种反馈，也就是说，要有"觉得好"的感觉，要能尝到花蜜的甜味。换句话说，蜜蜂已经具有可以成为意识的东西了，尽管它们或许还没有真的意识。

因此，感觉最终还是某种神经产物，而不是某种物质的基本特性。假设在另一个平行宇宙中，进化的最高成就是蜜蜂，那我们还会觉得有必要去发展其他新的物理定律来解释它们的行为吗？但是如果说感觉到头来不过就是神经在干活儿，为什么它们看起来如此真实，为什么它们就是如此真实？感觉如此真实是因为它们有真实的意义，是经过自然进化严酷的考验提炼出来的意义，是来自真实生命与死亡的意义。感觉实际上就是神经编码，但是如此鲜明而充满意义的编码，需要经过数百万代甚至数十亿代才能产生。虽然我们还不知道神经是如何办到的，但是意识追根究底只关乎生与死，无关于人类那登峰造极的心智。如果我们真的想要了解意识从何而来，首先要把自己从框架中移出去才行。

第十章 死 亡
——不朽的代价

　　进化应该对个体有利，那我们很难理解死亡对我有什么好处。但想想癌细胞就可以明白，不死的细胞是有毒的，只有死亡才能造就多细胞生物。不过死亡的进化又像天上掉的馅饼一样，倾向于寿命越长，青春的时间也越长。

有人说，金钱无法买到快乐。但是古代吕底亚国王克罗伊斯，有钱到像……克罗伊斯一样富有，而他认为自己是世上最快乐的人。那时雅典的政治家梭伦刚好途经他的国土，克罗伊斯原本打算从梭伦口中证实自己的快乐，但是很不高兴地听到梭伦告诉他："不到善终，没有人能算是快乐的。"谁能得知命运女神的安排呢？后来，因为得到来自德尔斐神庙典型含意模糊的神谕，克罗伊斯决定对抗波斯帝国，结果却被波斯王居鲁士大帝擒住。居鲁士把他绑在柴堆上准备处以火刑时，克罗伊斯并没有为自己悲惨的命运责难天神，反而不断喃喃念着梭伦的名字。居鲁士对此感到大惑不解，因而询问他为何这样做，克罗伊斯讲了梭伦当初的忠告。居鲁士感叹自己也不过只是命运的玩偶，他割断绑住克罗伊斯的绳索（另有一说是阿波罗出现降下大雨熄灭了火焰），任命他做自己的谋士。

　　善终对古希腊人来说意义重大。人类的命运和死亡，被一只看不见的手玩弄着，这只手会用各种复杂的手段介入生命，迫使人类屈服。古希腊戏剧充满了各种迂回曲折的手法，命中注定的死亡，在隐晦神谕中被预知。如同酒神疯狂的庆典以及传说中关于变形的故事，希腊人宿命论中的某些成分似乎源于自然。从西方文化的观点来看，动物复杂的死亡方式似乎也带着希腊戏剧的影子。

不过死亡的意义，不只是希腊悲剧的元素之一。以蜉蝣为例，它会以幼虫形态生活好几个月，最后孵化成缺少口器和消化道的成虫。就算少数几种可以尽情狂欢一整天，也很快因饥饿而亡。再来看看太平洋鲑鱼，它们必须游数百千米，才能回到当初出生的小溪流，此时由激素所支撑的激情，一下子在悲剧中结束瞬间冷却，它们会在几天之内全数死去，这又如何呢？或者来看看女王蜂，它可以存活16年而不受岁月影响，直到最后用完存储的卵子，此时它会被自己的女儿们大卸八块。或者澳大利亚袋鼩，可以疯狂地交配12个小时，在达到高潮后因体力耗竭而消沉死去，但是阉割则可以避免这种命运。不论这些是悲剧还是喜剧，都非常戏剧。这些动物和俄狄浦斯一样，都是命运的棋子。死亡不只无法避免，它根本由命运所控制，是在生命创造之初就预先写入的程序。

在这所有怪诞的死亡形式中，最具悲剧性、最能让我们产生共鸣的，大概就是特洛伊人提托诺斯的故事了。他的女神爱人祈求天神宙斯赐给他不死之身，但是忘记要求青春不老。荷马这样说道"所有令人难以忍受的衰老特征全压在他身上"，让他只能永不停歇地喃喃胡言。诗人丁尼生则想象他低头凝视"那些快乐可逝者幸福满溢的家园，以及那些快乐已逝者绿草如茵的坟头"。

在这种种死亡形式中有一种张力，这张力的一边是猝死，在某些动物体内预先计划好；另一边是永无止境的衰老，因年老被遗弃必须独自面对不存在的死亡，如提托诺斯。而这正是我们今天所面临的情况，因为各种医学发展虽延长了我们的生命，却没有延长我们的健康。现代医疗之神每延长一年的寿命，却只能享有少数几个月的健康，然后逐渐衰退终结。就像提托诺斯一样，到头来我们反而祈求慈悲之死。死亡看起来或许像残酷的笑话，但是衰老却更让人伤悲。

不过在我们薄暮之年时确有可能避免变成提托诺斯。诚然，死板的物理定律并不容许青春永驻，正如它不允许永不停歇地运动一般，但进化的灵活性却令人惊讶，它倾向于寿命越长，青春的时间也越长，以避免如提托诺斯一般。这种例子在动物界中不胜枚举，它们的生命无痛地延长，也就是说，在健康的情况下寿命可以延长2倍、3倍甚至4倍。最让人惊讶的一个例子，就是加州内华达山脉湖泊中引进的溪鳟了。山脉湖泊的水又冷又贫乏，而这些鱼的寿命在这里延长了4倍，从原本将近6年延长到24年以上，而它们付出的唯一比较明显的"代价"是性成熟得比较晚。同样的现象也发生在哺乳类动物身上，比如负鼠。当它们在岛上被隔离，免受猎食者侵害几千年后，寿命延长了将近一倍，衰老的速度则减缓了一半。人类也是一样，在过去数百万年间人类的最长寿命也增加了两倍，而似乎没有付出什么代价。从进化的观点来看，提托诺斯应该只是个神话而已。

不过人类寻求永生的历史已经有好几千年了，却总是徒劳无功。虽然卫生与医疗的进步让我们的平均寿命延长不少，但是我们的最长寿命差不多就是120岁，尽管经过无数的努力，始终没有什么改变。在人类有记录的时代起始之时，乌鲁克国王吉尔伽美什就为追求永生，寻找一种传说中的草药，经过一番冒险之后终于寻得，却又不幸从他指缝间溜脱，一如其他神话的结局。自古以来同样的故事总是一直重演，长生不老药、圣杯、独角兽角磨成的粉末、哲人石、酸奶、褪黑素，所有东西都曾被说可以延长生命，但没有一样是真的。还有浮夸不实的江湖郎中和学者狼狈为奸。法国知名的生物学家查尔斯·布朗-塞卡德（Charles Brown-Séquard），曾经给自己注射狗和豚鼠的睾丸提取液，他宣称这大幅增加了他的活力和精神，并且于1889年在巴黎生物学会上报告了此事，他甚至在众多瞠目结舌的大会会员前，展现他颇为自傲的尿弧。在那年底，有大约1.2万名内科医生帮人注射这个布朗-塞卡德液。而全世界的外科医生则开始帮人们移植从山羊、猴子甚至罪犯身上取得的睾丸切片。其中最恶名昭彰的，大概要算美国庸医约翰·布林克利（John R. Brinkley）医生了吧，他曾经靠着山羊睾丸腺体移植手术赚取大量财富，但是最后却因为上千名无情病人的医疗诉讼，穷困破产而终。我很怀疑人类凭着极度自傲的聪明才智努力了这么久，可曾将我们该有的寿命配额延长过一天？

　　在进化巨大的灵活性中有一个奇怪的鸿沟。一方面生命周期看起来似乎很容易就可以调整，但在另一方面，直到现在我们所有的努力又都徒劳无功。为什么进化可以如此轻易地延长我们的生命？从这几千年的失败经验中我们体会到，除非我们能了解死亡的真义，不然恐怕永远不可能成功。死亡是一个非常让人困惑的"发明"，自然进化一般都作用在个体层级上，最令人费解的就是，我的死亡怎么可能会对我有利？太平洋鲑鱼从筋疲力尽中得到什么，或者公的黑寡妇蜘蛛被吃掉后又得到了什么（黑寡妇蜘蛛在交配后，母蜘蛛往往会吃掉公蜘蛛）。但是另一件同样明显的事情则是，死亡绝非偶然，那它必定对个体有利，才会在生命出现不久之后就一起进化出来（或者，用道金斯的说法就是，对个体的那些"自私的基因"有利）。如果我们希望自己将来有个善终，不想步提托诺斯的后尘，那我们最好回到原点去看一下。

　　想象一下，如果我们驾驶时光机回到30亿年前的地球，降落在某个水边的浅滩上。你会注意到的第一件事应该是天空不是蓝色的，而是阴暗朦胧的红色，色调和火星很类似。宁静的海洋反映着红色的阴影，在这雾蒙蒙的环境中，因为太过朦胧以至于连太阳都看不清楚，但是气候是温暖的，让人觉得十分舒服。陆地上似乎没有什么值得注意的事物，到处都是裸露的岩石，上面带有一片片因潮湿而变色的阴影。细菌恣意地黏附在各处，极尽所能地拓展据点。这里并没有草原、植物或任何类似的东西，不过在浅水处倒是有许多圆顶状的绿色石头，而这些东西应该是生命的杰作，其中最高的大概有1米。现在地球上还可以发现少许近似物，都位于最遥远无人的海湾处，它们就是叠层石。除此之外，水里就没有其他东西了，没有鱼，没有海藻，没有到处跑来跑去的螃蟹，也没有随波摇曳的海葵。如果你把氧气面罩拿掉，马上就知道这是为什么了——你会窒息而亡。这个世界几乎没有氧气，就算叠层石附近也没有。不过此时这些蓝细菌已经开始在大气中慢慢添入少许这种"有害"气体了（从化学的角度来看，氧气会迅速氧化许多东西，因此称为有害气体）。大概要再过10亿年，氧气的含量才足够让地球出现生机，变成蓝色星球。也只有到那时，这个光秃秃的地方，才成为我们熟悉的家园。

现在从太空中观望地球，如果我们能看透这层厚重的红色浓雾，就会发现在原始地球上，大概只有一件事情和现在的地球类似：水华现象。造成水华的也是某种蓝细菌，它们和形成叠层石的蓝细菌是亲戚，不过它们会大片大片浮在水面上。从太空中看它们的话会觉得和现在的水华一模一样，在显微镜下，这些古老的化石也和现在的蓝细菌像一个模子刻出的，与被称为束毛藻的蓝细菌最像。水华可以持续数周，引发它们快速生长的原因，常常是大量矿物质被河流带入海中，或上升海流从海底翻搅到海面。然而这些水华会在一夜之间全部溶于水中，消失无踪，徒留倒映着红色天空毫无生机的海水。现在的水华也一样，往往会在一夕之间毫无预警地消失。

直到最近我们才明白这到底是怎么一回事。大群细菌并不是单纯地死掉了，它们是用很复杂的方式把自己杀死了。每一只蓝细菌体内都带有一套死亡程序，这是一套古老的酶系统，和我们细胞里的极为相似，用途也都是从内部分解细胞。细菌从内部分解自己！这实在是太反直觉了，所以科学家一直试图去忽略它，但是现在明摆的证据让我们无法再对它视而不见。事实上，细菌是"故意"死掉的，而根据美国罗格斯大学的分子生物学家保罗·法尔科夫斯基（Paul Falkowski）与凯伊·比德尔（Kay Bidle）的研究，从遗传学的证据来看，细菌的这一行为已经持续了30亿年。为什么？

因为死亡有好处。形成水华的是无数基因相同（或至少极为近似）的单细胞。但是基因相同的细胞未必就完全相同。想想我们自己的身体就知道，里面起码有数百种不同的细胞，可是它们的基因完全相同。细胞会根据环境中不同的化学信号而发育得不一样，称为分化。在人体中，环境中的化学信号就来自周围的细胞；而在水华里，环境就指周围的其他细菌。这些细菌有些会释放出化学物质，有些甚至直接放出毒素，或者形成物理性的压力，比如说影响日光照射、影响营养摄取程度或病毒感染等等。所以它们的基因或许完全相同，但是它们所处的环境却总是带来不同的挑战，这就是分化的基础。

我们在30亿年以前发现了第一个分化现象，遗传背景完全一样的细胞，随着环境的不同，开始产生不一样的外观，然后走向不同的命运之路。有些细菌会变成抵抗性强的孢子；有些则会形成薄而黏的薄膜（生物膜），然后粘到泡在水中的物体表面，比如岩石之类；有些会离开群体自行大量繁殖；有些则会死掉。

不过，它们不是随随便便死掉的，它们的死亡方式很复杂。我们还不知道它们如何进化出复杂的死亡程序，最有可能的答案应该是通过和噬菌体互动（噬菌体是一种专门感染细菌的病毒）。在现代海洋中，病毒含量之高让人咋舌，每一毫升海水中就有上亿个病毒，比细菌多了两个数量级。而我们几乎可以确定在古老的海洋中，情况也类似。自古以来，细菌与噬菌体之间永不止息的战争，绝对是推动进化最重要也是常被忽略的力量之一。程序性死亡应该就是在这种战争中开发出的武器。

最简单的例子就是许多噬菌体中存在的"毒素—抗毒素"模式。在噬菌体的少数基因里，有一些产生能够杀死宿主细菌的毒素，还有一些产生能够保护宿主细胞的抗毒素。不过病毒很卑鄙，因为这些毒素往往是长效的，而抗毒素却是短期的。被感染的细菌在制造毒素的同时可以制造抗毒素，所以可以存活，而没有被感染的细菌，或者是企图赶走噬菌体的细菌则会受害。对于这个倒霉的细菌来说，最简单的逃脱之路，就是抢到抗毒素基因，然后插入自己的基因组，如此一来就算没有被病毒感染，细菌也可以受到保护。战争就这样展开了，进化出越来越复杂的毒素和抗毒素，战争机器也变得越来越奇形怪状。半胱氨酸蛋白酶或许一开始就是从蓝细菌体内进化出的。① 这些特化过的"死亡"蛋白，会把细胞从里面切碎。它们像小瀑布一样以级联的方式起作用，一个死亡蛋白活化下一个死亡蛋白，一直传递下去，直到这支刽子手部队从内部把细胞拆光为止。② 而且每个半胱氨酸蛋白酶都有其特定的抑制蛋白，那是能阻止它作用的"独门解药"。这一整套毒素和抗毒素系统加在一起拼凑成许多不同等级的攻击与防御，或许都源自进化之初细菌与噬菌体之间的古老战争。

这种细菌和噬菌体之间的战争，或许就是死亡最初的根源。自杀这种事情对细菌来说，就算在没有被感染的情况下，也绝对是有利的。同理，任何有可能危害到蓝细菌水华族群的物理伤害（比如说强力的紫外线或者是营养不良），都有可能驱动细胞启

---

① 严格来讲，细菌和植物所使用的酶叫作"半胱氨酸蛋白酶"，它们不算是真正的半胱氨酸蛋白酶，但是很明显，在进化上应该算是动物的半胱氨酸蛋白酶的前辈，而它们的功用都一样。为了简化，我在这里把它们都称为半胱氨酸蛋白酶。更详细的内容请参考我在《自然》期刊上所写的一篇文章《死亡的起源》（2008年5月）。

② 酶的瀑布级联反应对细胞来说非常重要，因为它可以放大微弱的起始信号。比如说一开始只有1个酶被活化，然后它去活化下游10个酶，每个酶又各自再去活化10个下游酶，这样就有100个活化的酶了。如果这100个又各自活化10个，那就有1000个酶被活化，再下去是1万个，以此类推。最终只需要6阶就可以活化100万个刽子手来把细胞撕碎。

动默认的死亡程序。在这种威胁下，最强的细菌会发展为最强的孢子存活下来，随时准备形成下一次水华。其他虽然基因相同但比较脆弱的兄弟姊妹们，会选择启动自杀程序。当然把这种过程当作自杀还是谋杀，因人而异。但从长远的进化角度来看，如果受损的细菌能被消灭的话，就会有较多完整的细菌基因组被保存下来。这是最简单的分化形式，基因完全相同的细菌们根据彼此不同的环境，在生和死之间做出选择。

对多细胞生物来说也一样，但是分化的程度更大。多细胞生物体内所有细胞的基因都一样，而它们的命运比起那些松散的水华结合得更紧密。就算只形成一团球体，分化也不可避免。对于球心和边缘的细胞而言，不管是营养物、氧气、二氧化碳、光线等情况都不一样，面对猎食者的威胁也不一样。它们无论如何不可能变得一样，就算它们"想要一样"也办不到。不过最简单的分化很快就会让它们有利可图。比如说，等发育到了某个阶段，某些藻类细胞会产生鞭状的鞭毛，驱动它们四处游走。在一个球状的菌落中，把这种有鞭毛的细胞留在外围较好，因为所有鞭毛的力量加起来可以推动整个菌落移动，而孢子（也是相同基因的细胞处于不同的发育阶段）则被保护在中心。这种非常简单的分工必定为最原始的菌落带来极大好处，远远超过单细胞生物。大族群分工好似最早的农业社会，当粮食充裕到足以支持整个族群时，族群开始分工，比如分成战士、农民、铁匠或执法者。无怪乎农业社会很快就会取代小型狩猎或采集部落，因为这些部落不可能达到分工合作的等级。

即使是最简单的菌落也透露出分化细胞中最基本的两种形式：

生殖和躯体。这种分类法，最早是由权威的德国进化学家魏斯曼（我们已在第五章介绍过他）提出。魏斯曼恐怕是19世纪在达尔文之后最有洞见也最具影响力的达尔文主义者了。魏斯曼认为，只有生殖细胞是不死的，可以把基因从一代传给下一代，而体细胞则用过即丢，它们的功用只是为了帮助生殖细胞不朽。而法国的诺贝尔奖得主阿列克斯·卡雷尔（Alexis Carrel）不认同这个想法，造成半个世纪里都无人支持这一观点。不过后来卡雷尔因为伪造实验数据而蒙羞，到头来人们也发现魏斯曼是对的。他的这种分类法解释了所有多细胞生物的死亡之谜。从本质上来讲，分工合作代表了身体里注定只有一部分细胞能成为生殖细胞，其他的细胞只能扮演支持者的角色。这些可被取代的细胞获得的唯一好处，就是让大家共有的基因可以由生殖细胞传给下一代。一旦体细胞"接受了"配角的地位，它们的死亡时间也就得依照生殖细胞的需求而定。

菌落和一个真正的多细胞生物之间，在分化的程度和稳定性上有显著差异。比如团藻属的绿藻，虽然可以从团体生活中受惠，但是也可以选择不参加团体生活，继续过单细胞生活。保留独立生活的可能性，就会降低它们原本能够达到的分化程度。而分化程度达到像神经元这类细胞一样，就无法再次独自在野外生存。所以只有当所有细胞都准备好，为了共同目标而将自己纳入群体里面，才有可能造就多细胞生物。细胞也需要被监督管理，任何企图独立生活的细胞，都会被处以死刑，除此之外恐怕别无他法。想想癌细胞所带来的灾难便知，如果细胞各自为政的话，那多细胞的生命形式就不可能实现。尽管有数十亿年多细胞生活的经验，我们直到今天才了解到这一点。可以说只有死亡才能造就多细胞生物。若是没有死亡，就更不可能有进化，没有分化造成的生存差异，自然进化一点意义也没有。

即使对第一个多细胞生物来说，要用死刑来恐吓细胞们不准逾矩，也不需要什么进化上的大跃升。还记得第四章提过的真核细胞吗？它由两种细胞融合而成，一个是宿主细胞，另一个是后来变成线粒体的细菌，现在是细胞里负责产生能量的小型发电厂。自由生活的线粒体祖先是一群和蓝细菌一样的细菌，都有可以从内部撕碎细胞的半胱氨酸蛋白酶。至于它们从哪里得到这些酶，不是这里关注的重点（它们很有可能从蓝细菌那里获得，或者也可能两者都从共祖那里继承来）。重点是线粒体给第一个真核细胞带来一套功能完好的死亡程序。

如果真核细胞没有从细菌那里继承半胱氨酸蛋白酶系统，是否还可以成功进化，发展为多细胞生物，这是一个很有趣的问题，但是至少半胱氨酸蛋白酶没有阻碍它们的发展。真核细胞曾独立进化成为真正的多细胞生物至少五次：红藻、绿藻、植物、动物和真菌。[1] 这些形式不同的生命很少有相同的组织，但是它们全都用相似度极高的半胱氨酸蛋白酶系统来管理细胞或惩罚逾矩的细胞。很有趣的是，在绝大多数的情况下，线粒体都扮演着死亡的中介人，它们是细胞的中心，整合互相冲突的信号，消除噪声，然后在必要的时候启动死亡程序。因此，就算是对任何形式的多细胞生命来说都极其重要的细胞死亡，也完全不需要什么进化上的新发明。整

---

① 当然还有其他原因让真核细胞可以走上多细胞生物之路，而细菌最多发展到菌落程度就裹足不前，比如真核细胞更容易长大、更容易获得大量基因。这种发展背后主要的原因，是我之前的著作《能量、性、死亡》里面探讨的主题。

套程序从一开始，就由线粒体代入第一个真核细胞体内，而如今的程序虽更精巧复杂，但过程仍大同小异。

不过在单个细胞死亡和整个生物体死亡之间，仍有着非常大的不同。虽然细胞死亡在个体的衰老和死亡中扮演非常重要的角色，但是并没有什么律法规定所有的躯体细胞都必须死亡，或者那些用过即丢的细胞不能够被置换。有一些动物，比如淡水中的水螅，基本上是不会死亡的。虽然它的细胞在死去后被新细胞替代，但是动物个体从来没有衰老的迹象。在死去的细胞和新生的细胞之间，会达到一个长期的平衡。这就像流动的河流般，没有人可以踏入相同的河中两次。因为水是流动的，会不停地被置换，但是河流的轮廓、体积、形状却不曾改变。除了古希腊哲人外，对任何人来说这应该都是一条不变的河流。生物个体也是一样，细胞替换如斯，不舍昼夜，但是对个体整体来说仍是不变的，我还是我，尽管我的细胞不断改变。

事情就是这样。如果细胞不能把握好生与死之间的平衡，那个体就会像泛滥或干涸的河流一样不稳定。如果调整细胞的死亡设定，让细胞很不容易死，那就会产生不断生长的癌细胞。但是如果让细胞很容易死，则会造成迅速枯萎。"癌症"和"退化"其实是一体两面，这两者都会侵蚀多细胞生物的生命。但是构造简单的水螅却可以永远维持两者平衡，而人类也可以维持相同的体重与体形长达数十年，其间每天可以替换数十亿个细胞。只有当我们变老时才会失去这种平衡，而神奇的是，那时我们将同时承受一体的两面，癌症和退行性疾病共存，都是年老逃不掉的命运。所以个体为什么会衰老和死亡？

人们普遍接受的一种解释是19世纪80年代魏斯曼提出的，可惜是错的，魏斯曼后来也很快否认了自己的观点。他本来主张，死亡和衰老可以帮助族群剔除破旧不堪的个体，给充满生气的新个体让位，这些新个体携带着有性繁殖混合而来的全新基因。该解释认为死亡是高尚的代表，为的是一个更伟大的目的，尽管该目的或许无法和宗教的伟大情操相比拟。从这个解释来看，个体的死亡对于族群有利，就好像某些细胞的死亡有利于个体一样。但是这个观点本身是个循环论证，就像批评魏斯曼的人所说，年老的个体必须先衰老，之后才会"破旧不堪"，所以魏斯曼其实预先假设了他的答案是正确的。所以问题还是没解决，就算死亡真的对族群有利，那到底是什么原因让个体随年龄增长变得"破旧不堪"？要如何阻止那些像癌细胞一样的作弊细胞逃过死亡，不断地留下携带着自私基因的细胞后代？要如何让整个社会免于癌症困扰？

彼得·梅达沃首先提出了一个达尔文主义式的解答，这是他在1953年于英国伦敦大学学院的就职演说中提出的。梅达沃说，所有的生物就算不考虑衰老，也存在统计上的死亡概率，不管是被公交车撞到，被天上掉下来的石头砸到，被老虎吃掉，或者生病死掉。就算你是不老之身，也不太可能永远不死。因此，那些在生命早年专于利用资源繁殖的个体，从统计上来说，比较容易留下较多的后代，而那些生活步调过于缓慢的个体则比较难。比如说有一个生物每500年才有一次繁殖期，但是它很不幸地在450岁时死去，此时后悔也来不及了。越早开始性行为，比起那些懒骨头亲戚们来说，越容易留下较多的后代，而这些后代们也都会遗传到"性早启"基因。这里就是问题所在。

　　根据梅达沃的理论，每一个个体都有统计上的可能寿命长度，随着个体的体形、新陈代谢速率、天敌、自身的物理结构（像有没有长翅膀）而有所不同。假设说统计上的平均寿命是20岁，那么在这个周期结束以前完成生殖任务的个体，会比没有办法完成任务的个体留下较多的后代。早做打算的基因会比那些没有打算的表现更好。根据梅达沃的说法，在我们统计寿命结束后才造成心脏病的基因，就会被留存在基因组里。以人类为例，如果没有人能活到150岁，那么自然进化就不可能剔除一个要到150岁才会造成阿尔茨海默病的基因。以前很少人能活到70岁以上，因此在70岁才引起阿尔茨海默病的基因就成了漏网之鱼，没有被筛选掉。因此梅达沃认为，老年会衰退的原因，就是因为那些基因在我们统计上死了之后还继续运作——那些没有数千也有数百个该死的基因，仍在持续运作，超越了自然进化的控制。只有人类需要承受提托诺斯的命运，因为只有人类利用人工的方法排除了许多统计上的死亡原因，比如猎食者或许多致命性的疾病，延长了寿命。是我们把那些基因从坟墓中挖出，因此现在换成它们追着我们，至死方休。

　　伟大的美国生物学家乔治·威廉姆斯改进了梅达沃的概念，不过他对这个概念的命名可能是科学史上最糟糕的命名之一，他称之为拮抗性基因多效性。对我而言，这让我想到某种受到挑衅的海生恐龙疯狂嗜血。不过威廉姆斯想说的是，有一群具有多重影响的基因，既有好的影响也有不好的影响。其中最典型且无药可救的例子，就是亨廷顿舞蹈症。这是一种让心智与肉体都退化的无情疾病，病人多半在刚步入中年时发病，初始的症状是轻微的痉挛和行动不便，之后一点一点地丧失行动、语言以及理性思考的能力。只要一个基因有缺陷就可以让人变成步履维艰的疯子，而这个基因却往往要在病人生育能力成熟之后才有较明显表现。有一些证据似乎显示，亨廷顿舞蹈症患者在年轻的时候更容易完成生殖任务，虽然原因不明而且基因的影响也有限。不过需要注意的是，这表明一个基因只要能够造成一点点性方面的优势，就会被选择出来，然后被保留在基因组里，就算之后会引起可怕的疾病也无妨。

我们并不确定到底有多少基因会引起晚年疾病，不过这个概念足够简单，人人都可以理解。我们可以想象，假设有一个基因，会引起铁堆积，这样有助于制造血中的血红素，所以对年轻个体有益，但是最终却具有毁灭性，因为过量的铁会造成心脏衰竭。大概没有其他进化概念比这一概念更与现代医学相契合了。简单来说，就是每件事都由基因控制，从阿尔茨海默病到同性恋。用这种方式来阐述，确实非常有助于增加报纸的销量，但是这个概念还有更深远的影响。"特定的遗传变异性注定会造成某些疾病"正在影响整个医学研究界。举个最简单的例子，有一个基因叫作载脂蛋白E（*ApoE*），它有三种常见的基因型，分别叫作*ApoE2*、*ApoE3*和*ApoE4*。在西欧大概有20%的人带有*ApoE4*基因型，这些带有*ApoE4*基因也知道自己有这种基因的人，一定很希望自己带的是其他基因型。因为*ApoE4*在统计上和阿尔茨海默病、心血管疾病以及中风都高度相关。如果你同时带有一对*ApoE4*基因，如果想要抵消掉基因导致的高风险，那你最好注意自己的饮食，常常往健身房跑一跑。①

　　到底这个*ApoE4*有什么"好处"，至今仍不清楚，但是既然它分布这么普遍，那它很可能在早年有很大的好处，才能补偿后来的缺点。不过这只是数百个基因（甚或数千个）中的一个例子而已。医学研究正在寻找这类遗传变异，企图研发能够针对这些基因的新药（通常也是昂贵的药）来平衡这些基因的害处。不过与亨廷顿舞蹈症不同的是，大部分衰老相关的疾病都受众多遗传与环境因子交互影响。也就是说，许多基因一起作用才会造成一种病变。以心血管疾病为例，各种不同的基因决定一个人是否有高血压，是否容易形成血管凝块、肥胖、高胆固醇或懒惰等等。如果知道某人的基因倾向患高血压，同时生活习惯又偏向高盐高油脂饮食，还是啤酒和香烟的爱好者，喜好电视甚于运动，那就根本不需要保险公司来帮他估算风险了。不过一般来说，估算疾病风险常常是吃力不讨好的工作，而我们对于遗传体质的认识也才刚起步。就算把全部的遗传因子加起来，对衰老相关疾病的贡献也不到50%。所以高龄才是最大的危险因子，只有少数不幸的个体才会在二十几或三十几岁就得癌症或中风等疾病。

　　近代医学对于衰老相关疾病的看法与梅达沃对于衰老基因在进化上的看法十分契合。影响我们疾病体质的基因有数百个，所以我们每个人都有自己的疾病谱和个人特定的基因坟墓。而它们的影响，又随着我们生活方式的不同或基因的不同或恶化或改

---

① 我不知道自己有没有带任何*ApoE4*变异型，不过从我的家族病史记录来看，如果说我带有一个基因的话，那并不令人意外。这就是为什么我宁可什么都不知道，不过我最好开始去健身房。

善。但是这种关于衰老的看法存在两个大问题。

第一个问题关乎我前面提到的所有内容。我正在谈的都是疾病，是衰老的症状，而不是导致衰老的潜在原因。这些基因都和特定疾病有关，可是没有一个会导致衰老。还是有人可以活到120岁而完全不受任何疾病之苦，但是最后无论如何都会变老死去。现代医学有一种倾向，视衰老相关疾病为"病态的"（因此是"可治疗的"），而视衰老为一种"常态"而非疾病，因此是"不可治疗的"。我们不情愿将衰老指认为一种疾病，这种心态是可以理解的，但是这种看法无助于现实。因为它试图把衰老和衰老相关疾病分开，而这正是我与梅达沃观念上的差异。他解释的是基因在这些衰老相关疾病中所扮演的角色，而非衰老背后的原因。

20世纪90年代人们才开始看到这一区分的意义。1988年加州大学欧文分校的大卫·弗莱德曼（David Friedman）与汤姆·约翰逊（Tom Johnson）发现了第一个可以延长线虫寿命的基因突变，这个发现震惊了许多人，同时显示出疾病和衰老差异巨大。该基因的突变可以将线虫寿命延长一倍，从22天延长到46天，因此被命名为"衰老一号"（age-1）。在随后的几年间，科学家又在线虫体内找到许多类似效果的突变，并且将这些发现应用到其他生物身上，包括酵母菌、果蝇、小鼠等。一时之间这个领域像20世纪70年代量子力学的全盛时期，突然有一堆五花八门的延寿突变冒出，集结成册。渐渐地，科学家从这些突变里面观察出一种模式。不管是在酵母菌、果蝇还是小鼠身上，所有这些基因编码的都是相同生物化学反应的蛋白质。换句话说，从真菌到哺乳类动物体内，都使用同一套遗传下来的机制控制寿命长短。这些基因的突变不只可以延长寿命，还可以延缓甚至避免衰老相关疾病。不像可怜的提托诺斯，只增加寿命的长度却没有增加健康的长度。

疾病和寿命之间的关联其实并不令人惊讶，毕竟几乎所有的哺乳类动物都会受到类似的衰老相关疾病侵害，比如糖尿病、中风、心脏病、失明、失智等。但是一只大鼠会在大约3岁的时候得癌症死去，人类却要到60或70岁才开始受到类似疾病的折磨。显然所谓的遗传性疾病和高龄有关，和活了多久无关。这些延寿突变真正让人惊讶的地方，在于整套系统的灵活性。只要在一个基因上面发生一个突变，就足以延长一倍寿命，同时又让高龄疾病"暂停"发作。

这些发现对人类的重要性更是无须赘述。它代表了所有衰老相关疾病，不管是癌症、心脏病还是阿尔茨海默病，都可以通过简单的置换一条生物化学反应过程来延缓甚至避免。这样的结论真的是十分惊人，同时也指出一条明路，如果能使用一种万灵丹"治好"衰老以及所有衰老引起的疾病，应该比治好任何一位已经"老了"的人身上所发作的任何一种相关疾病——比如阿尔茨海默病——要容易得多。这也是我认为梅达沃对于衰老的解释有错的第二个原因。我们并没有被自己独特的基因坟墓所毁灭，如果我们能从一开始就避免衰老的话，就可以绕过这座基因坟墓。导致衰老相关疾病的是生物年龄，而不是过了多少时间。若能治好衰老，我们就可以治好高龄疾病——同时治好两者。这些遗传学研究给我们上的宝贵一课就是衰老是可以治好的。

找到控制寿命长短的生物化学反应，引发了几个重要问题。首先这可能表示，寿命长短已经写在基因里由基因决定，衰老和死亡都已经预设好，据推测，这对族群全体有益，就像魏斯曼最早的观点。可惜这种观点是错的。如果单一突变就可以让寿命延长一倍，那为什么我们没有看到有动物作弊？没有看到很多动物为了自身的利益退出这套系统？理由很简单，如果没有动物作弊，那必定是因为作弊会受到惩罚，而且严厉到足以抵消长寿带来的好处。如果是这样那我们或许会想说，还是留着衰老相关疾病好了。

长寿确实有缺点，而这缺点和有性生殖有关。如果我们想要延长寿命同时避免衰老相关疾病，或许最好先读一下我们死亡契约底下写的那一行小字。有一件十分奇怪的事情就是，所有发生在延寿基因上面的突变（这些基因统称为衰老基因），都会延长寿命而非缩短寿命，就是说预设寿命永远是较短的寿命。如果我们去看这些衰老基因所控制的生物化学反应，就会发现它们所控制的其实和衰老一点关系也没有，而是和性成熟有关。要让动物生长发育到性成熟的阶段需要耗费可观的资源和能量，而如果这些东西都暂时不可得，那就先制止生长，静待时机成熟。也就是说，生物要能监视环境的丰饶程度，然后将这些信息转换成一种生物化学货币，告诉细胞："这里有很多食物，现在是准备繁殖的好时机，准备好性生活吧！"

预示环境丰饶的生物化学信号就是胰岛素，以及一大家族的长效（效果可达数周甚至数月之久）相关激素，其中最有名的就是类胰岛素生长因子，当然它们的名称对我们并不重要。仅在线虫体内就有39种和胰岛素有关的激素。当环境中食物充足时，胰岛素就会立即工作，安排一定程度的发育变化，加速为性做准备。而当食物短缺的时候，这条反应路径就会安静下来，而性的发育也因此延迟。不过安静并不代表没有任何事情发生，会有另外一套传感器探测到信号消失，而让生命先暂停一下。它的意思就是：等待！等更好的时机，然后再准备有性生殖。与此同时，身体可以长久地保持当下状态。

早在20世纪70年代，英国的老年学家汤姆·柯克伍德（Tom Kirkwood）就主张生命必须在性与长寿之间取舍，这远早于任何衰老基因的发现。因为能量是有限的，而每一件事情都有一定的代价，柯克伍德基于这种经济效益的原则，准确地构想出生物会面临这种"抉择"。维持身体状态的能量多了，给"性成熟"的能量就少了，而如果某个生物每次都把全部能量分给两者之一，那它就不如能适当分配资源的生物那样高效。最极端的例子就是那些一生只繁殖一次的生物，比如太平洋鲑鱼从不照顾自己的后代。现在科学家不倾向使用默认的死亡程序来解释它们悲剧性的命运，而认为这是因为它们把资源一下子全部投资给了终生事业，也就是传宗接代上。[1] 它们会在几天之内就变得支离破碎，因为它们倾注了百分之百的资源在有性生殖上，抽走了所有用来维持身体机能所需的能量。那些会利用不同机会多次繁殖的动物就会给性分配少一点资源，多花一点资源来维持身体机能。而那

---

[1] 柯克伍德回应魏斯曼的命名，称自己的理论为"可抛弃的体细胞学说"。柯克伍德和魏斯曼异口同声地认为，体细胞是供生殖细胞所驱使，而太平洋鲑鱼正是这样的例子。

些会大量投资养育下一代好几年甚至更多的动物包括人类，则会再调整一下这种平衡。不管如何，生命都要面临类似的抉择，而对动物来说，这种平衡多半由胰岛素类激素控制。

衰老基因的突变会造成类似信号消失，它会阻断丰饶的信号，取而代之的是唤醒维持身体机能的基因。即使食物充足，突变的衰老基因也无法反应。但这会产生许多意外的反效果，第一个就是它们对胰岛素带来的警报会产生抵抗力。这让人意外是因为在人类身上对胰岛素产生抗性并不会带来长寿，反而会造成成年型糖尿病。问题可能在于我们总是过度进食，如果突变从生理上把我们设定为更容易积存能量的状态，结果就会导致变胖、患上糖尿病然后早逝。第二个让人意外的反效果则是，我们不但不会长寿，还要接受长寿带来的损失，也就是延缓有性生殖。外在表现就是不孕，怪不得糖尿病会和不孕症有关，因为造成糖尿病与不孕症的是同一类激素。只有我们大部分时间都处于饥饿状态，才可能通过阻断胰岛素信号来延长寿命，而且潜在的代价是没有子嗣。

上述这件事我们已经知道好几十年了，这也是第三个让人意外的事情。虽然我们未必喜欢，然而从20世纪20年代以来我们就知道，适度的节食有助于延长寿命，称为"热量限制"。实验证明，如果喂给大鼠营养均衡但热量比正常饲料少40%的特殊饲料，它们会活得比吃正常饲料的同胎大鼠要长，寿命长了约一半，同时在老年的时候，也更不容易生病。和前面提到的一样，它们罹患衰老相关疾病的时间会被无限期延缓，甚至根本就不发病。至于热量限制在人类身上会不会引起一样的效应，科学家并不确定，不过许多迹象都显示有可能发生，只是也许改变幅度没有大鼠那样明显，生物化学研究的结果指出，会在大鼠身上发生的改变，多半也会在我们身上发生。然而尽管我们已经知道热量限制的效果好几十年了，却仍不知它的机制为何，为什么它会有效，或在人身上有什么效果。

之所以不知道，其中一个原因是要做一项关于人类寿命的研究，往往要花个几十年，就算是最有毅力的科学家，恐怕也很难不气馁。① 另外一个原因，则是来自长久以来大家的既有印象，认为活得比较久，生活会过得缓慢且无趣。好在事实并非如此，这至少给了我们一线希望。热量限制会提高身体能量的使用效率，而且不会降低整体能量水平，事实上，反而会增加整体能量水平。然而我们还不清楚原因，因为热量限制背后的生物化学基础是一连串极为吓人的反馈、并联反应或冗余性的生物化学机制，从一个组织到另一个组织、一种生物到另一种生物，如万花筒般让人眼花缭乱，也无法拆解开来各自分析。衰老基因的重要性也体现为在这整片复杂网络的反应中，只需要做一点轻微的改动就可以产生非常不同的结果。这方面的研究无疑对研究人员来说极具挑战性。

热量限制的效果有一部分是由衰老基因所控制的生物化学反应引起的。它像一个调节钮，控制着要长寿还是要性生活。不过热量限制有一个问题，那就是它的转换非常极端，因此几乎不可能同时保持长寿和性生活。然而衰老基因就不是那么一回事了。

---

① 还有很多意想不到的阻碍。假设一个人让自己进行严格的热量限制饮食，但是不小心在跌了一小跤之后摔断一条腿。检查发现他患了严重的骨质疏松症，那他的医生一定会指示他停止节食。

有些衰老基因的突变确实会抑制性成熟（比如说最早提到的age-1突变会减慢75%的性成熟速度），然而并非全都如此。有些衰老基因的突变可以延长寿命和健康，而对性功能几乎没有抑制，仅仅会稍微延迟性成熟而不会完全阻断。其他的衰老基因突变则会阻断年轻动物的性发育，但是对于成年动物来说却没有显著的负面影响。关于这些现象背后的细节我们无须费心，我们只需要知道，如果能够适当微调，确实有可能让长寿与性两者分离，有可能只活化负责长寿的基因而不会破坏性功能。

在过去几年里，有两个衰老基因非常引人注目，因为科学家发现它们的产物，很可能在热量限制中扮演关键角色，它们是SIRT-1和TOR。从酵母菌到哺乳类动物，几乎所有的动物体内都携带这两个基因，而两者也都是通过活化一大堆蛋白质来影响寿命长短。这两个蛋白质对于营养含量与胰岛素生长激素的存在都非常敏感，两者作用都很快，并且会交互影响。① 科学家认为TOR很可能参与性功能相关的调节过程，它们会刺激细胞生长和分裂。它会活化许多蛋白质，其中一些是与细胞生长有关的蛋白质，然后抑制与细胞的分解和替换有关的蛋白。SIRT-1作用的方式相反，它会发动一种"应激反应"来强化细胞。如同其他典型的生物学现象，这两种蛋白质的功能虽有重叠，但不会有明显的拮抗。SIRT-1和TOR的角色有如一个的中枢负责整合热量限制的众多好处。

---

① 想要知道分子如何"感觉到"营养存在与否，这里解释如下：有一个呼吸作用辅酶，它"用过了"的形态叫作NAD（译注：使用前叫作NADH），当细胞里面缺乏葡萄糖时NAD就会开始堆积，此时SIRT-1会和NAD结合并且被活化，因此察觉到缺乏营养。TOR则对氧化还原反应敏感，也就是说，它的活性会随着细胞的氧化态不同而改变，而细胞氧化态一样受到营养多少的影响。

SIRT-1和TOR之所以如此引人注意，除了因为它们真的非常重要以外，另一个原因是我们已经知道如何利用药物来影响它们了。然而这却带来了一堆争议，为各种已经互相矛盾的研究结果火上浇油。根据美国麻省理工学院的生物学家莱纳德·伽伦特（Leonard Guarente），以及他以前的博士后大卫·辛克莱（David Sinclair，现在任教于哈佛大学）等人的看法，SIRT-1几乎负责了所有哺乳类动物的热量限制效应，同时SIRT-1还可以被红酒里面的一种叫作白藜芦醇的分子活化。从2003年开始，他们在《自然》以及其他知名期刊上发表了一系列重要论文，指出白藜芦醇可以延长酵母菌、线虫以及果蝇的寿命。2006年，辛克莱的研究团队在《自然》上发表了一篇重量级论文，指出白藜芦醇可以让肥胖小鼠的死亡率降低三分之一，这一结果登上了《纽约时报》头版报道，引发了群众追捧，造成一阵风潮。如果这个分子可以降低肥胖小鼠的死亡率，身为同样肥胖的哺乳类动物，白藜芦醇应该也可以在人类身上造成神奇的作用。红酒对健康有很多好处早已是众所周知的事，这则新闻在红酒的众多好处上又加了一笔，尽管一杯红酒里面含有的白藜芦醇不过是实验小鼠用量的0.3%而已。

不过出人意料的是，曾在伽伦特实验室工作过的两位前博士研究生，现在任教于美国西雅图华盛顿大学的布莱恩·肯尼迪（Brian Kennedy）与马特·凯柏林（Matt Kaeberlein），最近却对这个完美的理论提出质疑。因为曾亲身参与SIRT-1的研究工作，他们一直被一些与预测不符的结果所困扰。

不同于伽伦特主张的SIRT-1，肯尼迪和凯柏林认为TOR的效果在各物种中都要比SIRT-1更普遍更一致。因为SIRT-1和TOR

的功能有部分重叠而又不会明显地互相拮抗，所以他们或许是对的。而且值得关注的是阻断TOR的功能，会同时抑制免疫反应和发炎反应，而这或许有些益处，因为许多衰老相关疾病都和持续性的发炎反应有关。还有一件意外之事，TOR原本是器官移植免疫抑制药物"西罗莫司"的作用靶点，它的本名就是"西罗莫司靶点"。西罗莫司是目前市面上最成功的免疫抑制药物之一，已经使用超过10年了。它在免疫抑制药物中算比较特殊的，因为既不会增加病人发生癌症的概率，也没有造成骨质疏松。美国癌症学者布拉哥斯克隆尼（Mikhail Blagosklonny）强烈建议，将西罗莫司作为一种抗衰老药物，但没有多少研究人员认同。我们很希望知道接受西罗莫司治疗的器官移植病人在老年时会不会较少生病。

然而使用白藜芦醇或西罗莫司作为抗衰老药物都还存在问题，那就是它们的影响范围实在太大了。这两者都负责活化（或抑制）好几百种蛋白质与基因。其中的一些改变或许是必需的，但是大范围的蛋白质系统变动很可能一点帮助也没有，或者只有在短期食物缺乏以及动物受到压力刺激的情况下，才需要如此大的改动，毕竟这才是进化出整个系统的背景。根据前述，我们推测活化SIRT-1或抑制TOR都有可能引起胰岛素耐受、糖尿病、不育以及免疫抑制反应。现在要做的是找出更专一的疗法，只在细胞里面做一些小改动。[1] 我们知道这是有可能的，因为那些在野外历经数代进化之后渐渐变得长寿的动物，完全没有显露出上述

---

[1] 我们前面提过一种可能的取舍，就是要在癌症与退行性疾病中做抉择。多带一个SIRT-1基因的小鼠活得比较健康，但是不见得可以活得更久。它们往往会死于癌症，这是一场不幸的交易。

各种毛病。现在的问题是，到底哪一群被SIRT-1以及TOR影响到的基因才负责延长寿命同时减少疾病？到底细胞里发生了什么改变冻结了时光之路？我们能否直接针对它们下手？

关于这些问题都还没有确切的答案，而且一如以往，有10个研究员就有10种答案，莫衷一是。有些人认为保护性的"应激反应"是关键，有人认为增加解毒性酶比较重要，还有人则强调排除代谢废物的系统才是根本。所有机制在不同情况下都各有其重要性，然而它们的重要性似乎随物种不同而不同。只有一个变化在各物种间一致，从真菌到包括人类在内的动物都有，就发生在细胞里的那个发电厂——线粒体里。线粒体带有一层保护性的膜，可以避免受到伤害，同时也避免漏出呼吸作用中产生的副产物"自由基"。能量限制几乎一定会诱发产生较多的线粒体，这不只在物种间具有一致性，还和半个世纪以来关于自由基与衰老的研究结果非常吻合。

20世纪50年代由美国的生物学家登海姆·哈尔曼（Denham Harman）首次提出，自由基可能会引起衰老。哈尔曼根据自己曾在石油制造业研究自由基的化学经验，认为这些反应活性很高的带氧或带氮分子片段（活性来自于失去或得到一个额外的电子），会攻击细胞里面的重要分子，比如DNA和蛋白质。哈尔曼认为自由基最终会因为损害细胞而导致衰老。

从哈尔曼提出这个原始构想至今，半个世纪过去了，很多内容也都和以前不一样了。现在我们可以确定地说这个理论是错的。不过另一个更精巧的版本可能是正确的。

有两件事情是当初哈尔曼不知道的，事实上，他也不可能知道。第一件就是，自由基分子不只是反应活性高而已，它也被细胞利用来优化呼吸作用，或当作危险信号，有点像烟雾启动的火灾警报器。自由基分子并不会随机攻击细胞里的DNA和蛋白质，它会活化（或抑制）少数几个重要的信号蛋白（包括TOR），由此来调节数百种蛋白质和基因的活性。现在我们知道自由基信号在整个细胞生理里面占有举足轻重的地位，也才开始了解为何抗氧化剂（可以吸收自由基）的害处不比好处少。虽然还是有很多人相信哈尔曼最初始的预测，认为抗氧化剂具有减缓衰老以及预防疾病的效果，但是更多的临床实验已经证实它并没有效。原因就在于抗氧化剂会干扰自由基的信号传递，压抑自由基信号就像关掉火灾警报器一样。为了预防警报失效，身体会将血液里面的抗氧化剂浓度严格控制在一定的范围。过量的抗氧化剂不是被排掉，就是根本不会被吸收。身体里面的抗氧化剂浓度会一直维持在固定浓度，以确保警报器随时准备好发挥作用。

　　第二件哈尔曼当年不知道的事情（因为25年以后才被发现），则是细胞的默认死亡程序。绝大多数的细胞中，默认死亡程序由线粒体调控，也是它们在20亿年以前把这整套系统带进真核细胞里。对细胞来说，导致它们自我了结的主要信号之一，就是线粒体漏出的自由基量增加。接受了这些自由基信号之后，细胞就会启动自己的死亡程序，默默地把自己从组织中移除，同时它曾经存在过的痕迹也会被一并销毁。不同于哈尔曼预测的细胞死后会留下一大堆分子碎片，这套安静的死亡机器会像无情的前苏联特务克格勃一般，用极高的效率消灭各种证据。当初哈尔曼预测中的两个关键假设：一是随着年龄增加，各种受伤的分子会持续堆积到灾难性的地步；二是抗氧化剂可以减缓这种过程因而延长生命，全都错了。

不过，我们可以看看另外一个更精巧的版本，很有可能是正确的，虽然还有很多细节需要好好整理。第一件同时也是最重要的一件事就是，几乎在所有物种身上，寿命长短都和自由基漏出速率有关。[①]自由基漏出得越快，动物寿命越短。简单来说，自由基泄漏的速率和新陈代谢速率，也就是细胞的氧气消耗速率有关。小型动物的新陈代谢速率高，它们的每个细胞都竭尽所能地消耗氧气，心跳就算在休息时也可以达到每分钟100多下。伴随着快速的呼吸速度，它们的自由基泄漏速率也很高，而寿命则十分短暂。相反，大型动物新陈代谢速率、心跳速率与自由基泄漏速度都较低，也活得比较久。

有几个例外更加证明了这个规则的可信度。比如说许多鸟类，它们比根据新陈代谢速率计算出的理论寿命活得更久。比如一只鸽子可以活到35岁，比大鼠寿命长10倍左右，但是鸽子和大鼠的体形大小差不多，新陈代谢速率也很相近。西班牙马德里康普顿大学的生理学家古斯塔夫·巴尔哈（Gustavo Barja），从20世纪90年代开始做的一系列突破性实验的结果显示，这种差异和自由基的泄漏程

---

① 还有其他猜测的"时钟"也会影响，比如染色体端粒的长度（端粒位于染色体两端，细胞每分裂一次，它们的长度就会减少一些），不过它却与不同物种之间的寿命长短完全不一致。当然具有一致性并不能证明它就是影响寿命长短的原因，但是至少是个好的开始。缺少一致性多多少少否定了它的可能性。关于端粒是否借着阻断无限制细胞分裂来预防癌症，目前众说纷纭，但是可以确定的一件事情则是，端粒并不决定动物寿命长短。

度极其相关。与氧气消耗量对照来看，鸽子的自由基泄漏程度是相同大小的哺乳类动物的1/10左右。蝙蝠也类似，也可以比预测活得更久。蝙蝠和鸟类很像，它们的自由基泄漏程度也相当低。目前我们仍不知道这到底是为什么，我在前一本书里曾主张或许和飞翔所需的能量有关。不过不管原因为何，摆在眼前的事实就是，不论动物的新陈代谢速率如何，自由基泄漏程度越低，寿命越长。

而和自由基泄漏程度有关的不只是寿命长短，还有健康长短。我们前面已经说过衰老性疾病的发生与绝对时间过了多久无关，而和生物年龄有关。比如大鼠会和人类得一样的病，但大鼠会在几年之内就发病，人类则要等到好几十年以后才会。相同的基因突变会在两者身上造成一模一样的退行性疾病，但是大鼠和人类发病的时间却永远不一样。梅达沃认为与衰老有关的异常基因——也是现代医学主要的研究对象，应该被衰老细胞内的"某种状态"所启动。英国爱丁堡大学的生物学家阿兰·莱特（Alan Wright）与他的团队，曾经指出"某种状态"就和自由基泄漏速率有关。如果自由基泄漏得快，那么退行性疾病发生得就快；如果泄漏得慢，那发病时间就被延缓，甚至完全不会发病。以鸟类为例，它们几乎不会得任何哺乳类动物会得的衰老相关疾病（当然，蝙蝠一样也是例外）。因此合理的假设应该是，自由基泄漏会慢慢地改变细胞的状态让它们"变老"，而这样的状态就会让老年才表现的基因坏处开始显现。

自由基是如何在衰老的过程中改变细胞状态的？我们几乎可以确定是因为启动了某些意外的信息。在年轻的时候自由基信号可以优化我们的健康状况，但是在年老的时可能产生害处（如同威廉姆斯所主张的拮抗多效性）。随着细胞里的线粒体群越用越旧，开始破洞，自由基的漏出量也慢慢增高，增量或许很小但是最后总会达到启动火灾警报器的阈值，并且会一直持续增加。这时会有数百个基因被启动，只为了让细胞维持正常状态，最后仍是徒劳无功，反而引发了极为轻微的慢性发炎反应，这正是许多老年疾病的特征。[①] 轻微而持续的发炎反应会改变许多其他蛋白质与基因的性质，让细胞处在更大的压力下。我认为正是这种"原发炎"的状态，启动了如 *ApoE4* 之类的老年表现基因的负面作用。

面对这种情况细胞只有两条路，或者妥善处理这种慢性的压力状态，或者束手无策。不同种类的细胞处理能力不一样，这和它们本来做的"工作"有很大的关系。关于这方面的研究，我看过做得最好的是英国伦敦大学学院的药理学先驱孟卡达（Salvador Moncada）。他曾指出神经元与它们的辅助细胞——星状细胞，会走向完全不同的命运。神经元很依赖线粒体，如果它们无法从线粒体获得足够的能量，那细胞里的死亡装备就会启动，将自己安安静静地消灭殆尽。阿尔茨海默病病人早期症状开始显现时，大脑可能已经萎缩了将近四分之一。而星状细胞就算没有线粒体

---

① 几个新发现的例子可以清楚解释我想说的意思。我所说的发炎，并不是指那种伤后产生的急性发炎。动脉粥样硬化也是发炎，它是身体对沉积在动脉斑块上的物质产生的慢性发炎反应，而持续的发炎反应会让情况越来越恶化。阿尔茨海默病，则是持续对沉淀在大脑里的淀粉样蛋白斑产生发炎反应。老年视网膜黄斑部退化症则是视网膜产生的发炎反应，导致血管生成最后造成失明。我还可以举很多例子：糖尿病、癌症、关节炎、多发性硬化症等等。慢性轻微发炎是这些疾病的源头。抽烟会导致这些疾病，多半是因为抽烟会加速发炎反应。我们已经提过，阻断TOR可以轻微抑制的免疫，这有助于压下发炎反应。

也可以活得十分快乐。它们可以改变能量供应来源（称为糖解转换），来抵抗默认死亡程序。这两种极端的细胞命运或可以解释，为何退行性疾病和癌症会在老年同时发生。如果细胞没有办法转用替代能量，那它们就会死亡，结果就是组织和器官退化缩小，赋予其他幸存下来的细胞更多的责任与工作。相反，如果细胞能够转用替代能量就可以逃避死亡。但是因为不断受到发炎反应的刺激，它们会在增殖的同时快速累积突变，最后终于挣脱正常细胞周期的枷锁。如此，它们就会变形成为癌细胞。这样说来，神经元几乎不会变成癌细胞就毫不奇怪了，事实上也是如此，神经元变成癌细胞的情况十分罕见，星状细胞则比较常见。[1]

　　从这个观点来看，我们或许可以解释，为何早开始进行热量限制（比如在中年时开始，早于线粒体开始衰老破洞前）可以保护我们免受衰老相关疾病的影响。因为热量限制可以降低线粒体泄漏、增加线粒体的数量、强化线粒体膜，使其免受伤害。热量限制好像将生命时钟"重设"回年轻状态。它可以终止好几百个发炎基因，让基因回到它们年轻时代的化学环境中，并且强化细胞抵抗程序性死亡的能力。综合上述，这一过程可以同时抑制癌症以及其他退行性疾病，并且减缓衰老的过程。虽然可能还有很多其他因子参与其中（比如直接抑制免疫系统或抑制TOR的功能），但是基本上热量限制最大的好处，可以概括为降低自由基

---

[1] 糖酵解开关的概念最早可以追溯到20世纪40年代，由德国生物学家奥托·瓦伯格（Otto Warburg）所提出，最近又被重新提出。最一般的规则是，只有不需要线粒体的细胞才会致癌。最著名的凶手就是干细胞了，干细胞对线粒体需求很少，同时常常与癌症生成有关。其他的细胞如皮肤细胞、肺细胞、白血球等，对线粒体的依赖都相对较低，也常常与癌症有关。

泄漏。热量限制让我们的生理趋近于鸟类。

有一个让人振奋的证据指出，整套机制确实如上述预测的那样运作。1998年日本岐阜县国际生技研究所的田中雅嗣（Masashi Tanaka）团队，曾经检查了许多日本人的线粒体DNA，他们想知道某个常见的线粒体DNA变异（这种变异在日本人里面常见，但很不幸的是，这种变异在全世界并不常见），如何影响这些人往后的寿命。这个变异只改变了一个DNA字母，结果稍微降低了一点点自由基泄漏，其程度非常轻微，平常很难量测出，不过这影响会持续终生。然而改变虽然轻微，结果却相当惊人。田中的团队分析了数百个医院患者身上的线粒体DNA序列，结果发现，在50岁的时候，两群人（"DNA正常"族群与"DNA变异"族群）进医院的比例没什么差别。然而在过了50岁之后差距就渐渐拉开来了。到了80岁的时候，不知为何，带有DNA变异的族群去医院的比例只有正常族群的一半左右。带有DNA变异的老人不去医院的原因，并非他们已经死亡或有其他问题。田中的团队发现带有DNA变异的老人活到100岁的概率，比正常族群多了一倍左右。也就是说，带有DNA变异的族群发生任何衰老性疾病的概率都是其他人的一半。我再强调一次，一个小小的线粒体变异就可以降低任何因衰老相关疾病而住院的概率，而且可以降低一半，并且让我们活到100岁的概率增加一倍，我还不知道在当代医学上，是否有任何其他能够与之比拟的惊人例子。如果我们真的想要认真对付高龄化时代，越来越严重又昂贵而让人苦恼的老年健康问题，这才是应该着手的方向，我们应该大声疾呼。

我并不想低估未来科学会面对的挑战，也无意贬低那些以减轻某种特定老年病为终身志向的科学家所做的努力。若是没有他们揭开这些疾病的遗传与生物化学机制，若是少了他们伟大的贡献，就不会有更全面的思考。但是当前的医学研究常常忽略从进化角度去思考问题，不论是有意或无意，都相当危险。如俄国进化学大师杜布赞斯基（Theodore Dhobzhansky）所言："若无进化之光来启发，任何生物学现象皆无意义。"如果是这样，那医学研究就更糟了：关于这些疾病的现代医学观点，从不谈进化的意义。我们知道一切的成本，却不知道它们的价值。如同我祖父那一代人习惯吃苦耐劳，他们总是用"这些疾病是用来试炼我们"的说法安慰自己，但是当他们试炼观念被遗忘，必然发生的疾病刚开始摧残着我们的生命，其无情的程度连《圣经·启示录》里面的四骑士都无法匹敌。现在是一场对抗癌症或阿尔茨海默病的"战斗"，而在这场战斗里，我们知道有一天我们终将败下阵来。

但是死亡和疾病都非偶然。它们都带有某些进化意义，而我们应该可以利用这些意义来治疗自己。死亡是进化出的，疾病也是进化出的，它们是因为某些实用的意义而进化出的。从广义的角度来看，衰老的灵活性很大，它是一个为了配合其他参数如性成熟设定出的参数，这些参数全都写在生命之书上。企图篡改它们会受到惩罚，但是这些惩罚差异很大，并且至少在某些例子里惩罚可以轻微到忽略不计。理论上，对某些特定生物化学反应途径做些细微的改变，可以让我们活得更久更健康。我还可以说得更武断一点，根据进化理论，我们应该可以只用一个完美无缺的万灵丹来根除所有的老年病。抗衰老药丸绝非神话。

但我认为"治愈"阿尔茨海默病则是神话。事实上，医学研究者并不喜欢用"治愈"这个词，他们喜欢说"改善"、"减轻"或"延迟"等。我很怀疑我们能否真的治好那些已经"老了"的病人的阿尔茨海默病，因为我们完全忽略了进化上所要付出的代价。这就好像只用泥土去补救正在漏水的水坝，还希望它还可以在洪流中屹立不倒。其他疾病如中风、心脏病及各种各样的癌症都是类似的情形。我们现在已经发掘出相当详细的机制了，我们知道每个蛋白质发生了什么事，也知道每个基因发生了什么事，但是我们却见树不见林。这些疾病都发生在衰老的个体身上，是一个衰老环境的产物，如果我们可以在够早的时候介入，我们就可以把这个环境重新设定回"年轻"状态，或者"比较年轻"的状态。当然我们不能一蹴而就，毕竟其中还有太多牵扯不清的细节未明，还有太多得失要权衡。但是如果我们能将投注在现代医学研究上的心力，分一部分去了解衰老背后的机制，那么如果在未来20年之内，还找不出一种可以一次治疗所有衰老性疾病的灵丹妙药，我会很惊讶。

或许有些人担心延长生命带来的道德问题，但我认为很可能不会造成任何问题。举个例子来说，热量限制带来的延寿红利，看起来似乎会随着寿命越长而越小。虽然大鼠可以延长它们的寿命，达到近乎原本的两倍，恒河猴却无法延长如此之多。当然猴子的实验目前还没有全部结束，但目前看起来，在延寿方面的获益有限。然而在健康上面的获益又是另外一回事了，恒河猴体内生物化学反应的改变表明，即使它们的寿命未必会大幅延长，但它们不太容易罹患各种高龄疾病。我的预感是，延长健康要比延长寿命来得容易一些。如果我们能够发明一种抗衰老药丸，可以造成类似热量限制的效果，又同时避开其他的缺点，那一定可以大幅提高社会上的健康状况，并且将会见到更多健康的百岁老人，就像那些带有变异线粒体的幸运的日本老人。但我怀疑我们能让任何人活到1000岁，或者是活到200岁。若把这当作一项任务的话，挑战会困难很多。[①]

事实上，我们可能永远也无法永生，而很多人恐怕也未必想要永生。这里的问题早在第一个菌落形成的时候就隐含在其中，也就是我们生殖细胞与体细胞之间的区别。一旦细胞开始分化，可被抛弃的体细胞就供生殖细胞驱使。细胞分工越细，对整个个体来说就越有利，因而也对每一个生殖细胞越有利。在所有细胞中分工最专一的莫过于神经元了，和其他庸俗的细胞不同之处在于，神经元基本上是不可取代的，每一个细胞都根据不同个体的独特经验，产生约1万个突触连接。这样看来我们的大脑基本上是不可替换的。通常当神经元死去的时候，不会有一群干细胞预备好来替换它。而如果有一天我们真能制造出一群神经干细胞，那所要面临的抉择将是：是否要替换掉自己过去的经验。如此一来，永生的代价是牺牲人性。

---

① 古斯塔夫·巴尔哈曾说过，进化可以将其他生物寿命延长到一整个级数，那大幅延长人类的寿命应该也是有可能的，只不过非常困难。

后 记

　　这是电影史上最引人注目的镜头之一，数学家雅各布·布鲁诺夫斯基（Jacob Bronowski）缓缓走过奥斯维辛集中营的湿地，那里曾经倾倒过400万人的骨灰，其中也有他的家人，布鲁诺夫斯基对着镜头，用一种他独有的睿智语调讲述着。他说："科学，并不会让人失去人性，或把人变成一连串数字。奥斯维辛集中营才会。但这不是毒气的过错，而是自大，是教条，是无知。"他说，"当人类渴求上帝的智慧，却不经现实检验时，才会发生这些事情。"

　　相较之下，科学是非常人性化的知识。布鲁诺夫斯基动人地讲道："我们总是处于已知的边缘，总是觉得又往期望的方向前进了一些。每一个科学判断都立足于错误的边缘，都基于个人的经验。尽管我们容易犯错，科学依然是我们对可知事物的献祭。"

　　这段画面，来自1973年拍摄的科学纪录片《人类崛起》（*The Ascent of Man*）。几年之后布鲁诺夫斯基死于心脏病，他倒下了，一如科学理论会倒下那般。然而他给我们的启发却留存下来，而至今我还没有见过谁，如他这般体现着科学精神。基于这份精神，我谨以本书书名向他致以微不足道的敬意，因为它也一样走在已知的边缘。书中当然充满了立足于错误边缘的判断。尽管我们容易犯错，这本书依然是我们对可知事物的献祭。

但是谬论与事实的界限在哪里呢？或许有些科学家并不认同本书的细节，有些科学家则会同意。争论往往就发生在错误的边缘，而且任何一方都随时可能从崖边坠落。但是，假使细节部分有偏差或出错了，那是否代表了大部分的故事都是错的？科学知识难道仅在假设上成立，特别是那些提到远古时代的科学知识？它可以被质疑吗，就像那些信奉教条的人一天到晚都在质疑科学一样，或者关于进化论的科学仅仅是另外一种教条，拒绝接受质疑？

关于这些问题，我想我们要知道，证据可以既易出错但又无可争辩。我们永远也不会知道过去的所有细节，因为我们的解读永远可能出错，而且人人可以解读。这就是为何科学总是充满争论。但是科学却有独特的力量，能利用实验、观察，并在现实中检验来解答问题，然后这数不清的细节会慢慢拼成更大的图景，如同站在合适的距离，无数细小的像素最终必然会拼凑出一幅完整的画像。就算本书中某些细节被人证伪，但是要怀疑所有生命不是进化出来的，就有如去怀疑所有证据的集合，这些证据遍布各处，从分子到人、从细菌到整个行星系统；有如去怀疑所有的生物学，以及与生物学相辅相成的物理、化学、地质学与天文学；有如怀疑实验与观察的真实性，和现实的检验。总结来说，这等于在怀疑现实。

我认为本书中所勾勒出的情景是真实的。生命一定是经由进化出现，并且顺着本书描绘的轴线而进化。这并不是一种教条，而是根据实际证据不断检验修正的结果。至于这情境是否也符合上帝的信仰，我不知道。对某些人来说，会觉得自己的观点与进化论比较契合，对另一些人来说则不是。不过不管我们信仰什么，多元的理解力足以让我们惊讶与颂扬。能在这样一个浮在无垠虚空中的蓝绿色星球上，与围绕着我们的众多生命共享一切，实是美妙。这幅生命图景有超越一切的宏伟，既易犯错又庄严无比，以及最重要的，是人类对知识的渴求。

致　谢

　　这并不是一本孤独的书。大部分的时间里，我的两个儿子埃内科和雨果都在家中陪我。虽然他们对我专心写书不见得有什么建设性的帮助，但他们却让书里每个字都充满意义与乐趣。我的太太安娜·伊达尔戈博士曾与我详细讨论每个主题、每个观点、每个字，她总能带来新的洞见，然后毫不留情地替我删掉无用的垃圾段落。不管在科学上还是在文字上，我渐渐依赖她的精确判断，试图争辩只会让我最终承认自己是错的。现在我已经能坦然接受她的建议。如果没有她的话，这本书将比现在更糟糕，而且大部分优点应归功于她。

　　此外还要感谢本书所涵盖的各个领域中的专家，他们从世界各地，不论日夜地发来邮件交流他们的想法与深刻见解，对我极具启发。虽然我最后仍按照自己的想法来写，不过却仍然非常感谢他们的慷慨帮助与专业意见。我特别要感谢杜塞尔多夫海因里希·海涅大学的比尔·马丁教授、伦敦大学玛丽皇后学院的约翰·艾伦，以及美国宇航局喷气推进实验室的迈克尔·罗素，他们全是充满活力与创见的学者，我由衷感谢他们的鼓励、严厉的批评、对科学的热情与付出的时间。每一次当我的热情消散时，与他们的通信或会面，总能激励到我。

当然不只他们，我也要感谢为数众多的其他研究人员，帮我澄清了许多概念，阅读评论了许多章节。本书每一章都得益于该领域至少两位以上专家的建设性意见。我要感谢以下人员（按英文字母顺序排列）：西班牙马德里康普顿斯大学的古斯塔沃·巴尔哈教授、美国华盛顿大学的鲍勃·布兰肯希普教授、美国科罗拉多大学的谢利·科普利教授、加拿大阿尔伯塔大学的乔尔·达克博士、澳大利亚墨尔本大学的德里克·登顿教授、美国新泽西州立罗格斯大学的保罗·法尔科夫斯基教授、美国马萨诸塞州布兰迪斯大学的休·赫胥黎教授、荷兰生态学研究所的马塞尔·克拉森教授、美国加州理工学院的赫里斯托夫·科赫教授、美国马里兰州国立卫生研究院的尤金·库宁博士、波兰雅盖隆大学的帕维尔·科泰雅教授、英国萨塞克斯大学的迈克尔·兰德教授、瑞典乌普萨拉大学的比约恩·莫克尔教授、英国伦敦大学学院的萨尔瓦多·蒙卡达教授、美国纽约大学的何塞·穆萨乔教授、加拿大不列颠哥伦比亚大学的萨莉·奥托教授、澳大利亚悉尼大学的弗兰克·塞巴赫教授、英国牛津大学的李·斯威特洛夫博士，以及美国华盛顿大学的乔恩·特尼博士和彼得·沃德教授。若有任何谬误均归咎于我。

我也要感谢我的家人，不管他们在英国还是西班牙，感谢他们给我的爱与支持。特别感谢我的父亲，在撰写他自己的历史书籍的同时，能够克服对分子的厌恶，阅读评论我的文章。我也要感谢自己越来越小的朋友圈中的友人，还愿意花时间阅读评论我的第三本书。特别要感谢慷慨的迈克·卡特，即使是在考试繁忙之际也一直帮忙；感谢安德鲁·菲利普斯充满启发的讨论与善意的评论；感谢保罗·阿斯伯里陪我攀岩、散步、交谈。另外还要感谢巴里·富勒教授陪我打壁球和讨论科学；感谢科林·格林教授广泛的兴趣，在我需要的时候给予我支持；感谢伊恩·阿克兰-斯诺博士永不歇息的热情，每隔一段时间就提醒我有多么幸运；感谢约翰·埃姆斯利博士这么多年来与我讨论科普写作，并帮助我成为一名作家；感谢埃里克·奈格教授与安德莉亚·奈格对我的殷勤招待；感谢我的启蒙老师德瓦尼先生和亚当斯先生，在多年以前就播下种子让我终生爱上生物学与化学。

最后我要感谢普洛菲尔图书和诺顿出版公司的编辑安德鲁·富兰克林与安吉拉·冯·德·利佩，他们从一开始就对这本书给予信任和支持。感谢埃迪·米齐在编辑方面的鉴别能力和专业知识；感谢我的代理人卡罗琳·道内，她总是不断鼓励我，从未失去热情。

参考文献

第一章 生命的起源

1. Fyfe W. S. The water inventory of the Earth: fluids and tectonics. Geological Society, London, Special Publications 78: 1–7; 1994.
2. Holm N. G., *et al.* Alkaline fluid circulation in ultramafic rocks and formation of nucleotide constituents: a hypothesis. *Geochemical Transactions* 7:7; 2006.
3. Huber C., Wächtershäuser G. Peptides by activation of amino acids with CO on (Ni, Fe)S surfaces: implications for the origin of life. *Science* 281: 670–72; 1998.
4. Kelley D. S., Karson J. A., Fruh-Green G. L. *et al.* A serpentinite-hosted ecosystem: the Lost City hydrothermal field. *Science* 307: 1428–34; 2005.
5. Martin W., Baross J., Kelley D., Russell M. J. Hydrothermal vents and the origin of life. *Nature Reviews in Microbiology* 6: 805–14; 2008.
6. Martin W., Russell M. J. On the origin of biochemistry at an alkaline hydrothermal vent. *Philosophical Transactions of the Royal Society of London B* 362: 1887–925; 2007.

7. Morowitz H., Smith E. Energy flow and the organisation of life. *Complexity* 13: 51–9; 2007.

8. Proskurowski G., *et al.* Abiogenic hydrocarbon production at Lost City hydrothermal field. *Science* 319: 604–7; 2008.

9. Russell M. J., Martin W. The rocky roots of the acetyl CoA pathway. *Trends in Biochemical Sciences* 29: 358–63; 2004.

10. Russell M. First Life. *American Scientist* 94: 32–9; 2006.

11. Smith E., Morowitz H. J. Universality in intermediary metabolism. *Proceedings of the National Academy of Sciences USA* 101: 13168–73; 2004.

12. Wächtershäuser G. From volcanic origins of chemoautotrophic life to bacteria, archaea and eukarya. *Philosophical Transactions of the Royal Society of London B* 361: 1787–806; 2006.

第二章 DNA

1. Baaske P., *et al.* Extreme accumulation of nucleotides in simulated hydrothermal pore systems. *Proceedings of the National Academy of Sciences USA* 104: 9346–51; 2007.

2. Copley S. D., Smith E., Morowitz H. J. A mechanism for the association of amino acids with their codons and the origin of the genetic code. *PNAS* 102: 4442–7 2005.

3. Crick F. H. C. The origin of the genetic code. *Journal of Molecular Biology* 38: 367–79; 1968.

4. De Duve C. The onset of selection. *Nature* 433: 581–2; 2005.

5. Freeland S. J., Hurst L. D. The genetic code is one in a million. *Journal of Molecular Evolution* 47: 238–48; 1998.

6. Gilbert W. The RNA world. *Nature* 319: 618; 1986.

7. Hayes B. The invention of the genetic code. *American Scientist* 86: 8–14; 1998.

8. Koonin E. V., Martin W. On the origin of genomes and cells within inorganic compartments. *Trends in Genetics* 21: 647–54; 2005.

9. Leipe D., Aravind L., Koonin E.V. Did DNA replication evolve twice independently? *Nucleic Acids Research* 27: 3389–401; 1999.

10. Martin W., Russell M. J. On the origins of cells: a hypothesis for the evolutionary transitions from abiotic geochemistry to chemoautotrophic prokaryotes, and from prokaryotes to nucleated cells. *Philosophical Transactions of the Royal Society of London B*. 358: 59–83; 2003.

11. Taylor F. J. R., Coates D. The code within the codons. *Biosystems* 22: 177–87; 1989.

12. Watson J. D., Crick F. H. C. A structure for deoxyribose nucleic acid. *Nature* 171: 737–8; 1953.

第三章 光合作用

1. Allen J. F., Martin W. Out of thin air. *Nature* 445: 610–12; 2007.

2. Allen J. F. A redox switch hypothesis for the origin of two light reactions in photosynthesis. *FEBS Letters* 579: 963–68; 2005.

3. Dalton R. Squaring up over ancient life. *Nature* 417: 782–4; 2002.

4. Ferreira K. N. *et al.* Architecture of the photosynthetic oxygen-evolving center. *Science* 303: 1831–8; 2004.

5. Mauzerall D. Evolution of porphyrins – life as a cosmic imperative. *Clinics in Dermatology* 16: 195–201; 1998.

6. Olson J. M., Blankenship R. E. Thinking about photosynthesis. *Photosynthesis Research* 80: 373–86; 2004.

7. Russell M. J., Allen J. F., Milner-White E. J. Inorganic complexes enabled the onset of life and oxygenic photosynthesis. *In Energy from the Sun: 14th International Congress on Photosynthesis*, Allen J. F., Gantt E., Golbeck J. H., Osmond B. (editors). *Springer* 1193–8; 2008.

8. Sadekar S., Raymond J., Blankenship R. E. Conservation of distantly related membrane proteins: photosynthetic reaction centers share a common structural core. *Molecular Biology and Evolution* 23: 2001–7; 2006.

9. Sauer K., Yachandra V. K. A possible evolutionary origin for the Mn4 cluster of the photosynthetic water oxidation complex from natural MnO_2 precipitates in the early ocean. *Proceedings of the National Academy of Sciences USA* 99: 8631–6; 2002.

10. Walker D. A. The Z-scheme – Down Hill all the way. *Trends in Plant Sciences* 7: 183–5; 2002.

11. Yano J., *et al*. Where water is oxidised to dioxygen: structure of the photosynthetic Mn_4Ca cluster. *Science* 314: 821–5; 2006.

第四章 复杂细胞

1. Cox C. J., *et al*. The archaebacterial origin of eukaryotes. *Proceedings of the National Academy of Sciences USA* 105: 20356–61; 2008.

2. Embley M. T , Martin W. Eukaryotic evolution, changes and challenges. *Nature* 440: 623–30; 2006.

3. Javaeux E. J. The early eukaryotic fossil record. In: *Origins and Evolution of Eukaryotic Endomembranes and Cytoskeleton* (Ed. Gáspár Jékely); Landes Bioscience 2006.

4. Koonin E. V. The origin of introns and their role in eukaryogenesis: a compromise solution to the introns-early versus introns-late debate? *Biology Direct* 1: 22; 2006.

5. Lane N. Mitochondria: key to complexity. In: *Origin of Mitochondria and Hydrogenosomes* (Eds Martin W, Müller M); Springer, 2007.

6. Martin W., Koonin E. V. Introns and the origin of nucleus-cytosol compartmentalisation. *Nature* 440: 41–5; 2006.

7. Martin W., Müller M. The hydrogen hypothesis for the first eukaryote.

Nature 392: 37–41; 1998.

8. Pisani D, Cotton J. A., McInerney J. O. Supertrees disentangle the chimerical origin of eukaryotic genomes. *Molecular Biology and Evolution* 24: 1752–60; 2007.

9. Sagan L. On the origin of mitosing cells. *Journal of Theoretical Biology* 14: 255–74; 1967.

10. Simonson A. B., *et al.* Decoding the genomic tree of life. *Proceedings of the National Academy of Sciences USA* 102: 6608–13; 2005.

11. Taft R. J., Pheasant M., Mattick J. S. The relationship between non-proteincoding DNA and eukaryotic complexity. *BioEssays* 29: 288–99; 2007.

12. Vellai T., Vida G. The difference between prokaryotic and eukaryotic cells. *Proceedings of the Royal Society of London B* 266: 1571–7; 1999.

第五章 性

1. Burt A. Sex, recombination, and the efficacy of selection: was Weismann right? *Evolution* 54: 337–51; 2000.

2. Butlin R. The costs and benefits of sex: new insights from old asexual lineages. *Nature Reviews in Genetics* 3: 311–17; 2002.

3. Cavalier-Smith T. Origins of the machinery of recombination and sex. *Heredity* 88: 125–41; 2002.

4. Dacks J., Roger A. J. The first sexual lineage and the relevance of facultative sex. *Journal of Molecular Evolution* 48: 779–83; 1999.

5. Felsenstein J. The evolutionary advantage of recombination. *Genetics* 78: 737–56; 1974.

6. Hamilton W. D., Axelrod R., Tanese R. Sexual reproduction as an adaptation to resist parasites. *Proceedings of the National Academy of Sciences USA* 87: 3566–73; 1990.

7. Howard R. S., Lively C. V. Parasitism, mutation accumulation and the maintenance of sex. *Nature* 367: 554–7; 1994.

8. Keightley P. D., Otto S. P. Interference among deleterious mutations favours sex and recombination in finite populations. *Nature* 443: 89–92; 2006.

9. Kondrashov A. Deleterious mutations and the evolution of sexual recombination. *Nature* 336: 435–40; 1988.

10. Otto S. P., Nuismer S. L. Species interactions and the evolution of sex. *Science* 304: 1018–20; 2004.

11. Szollosi G. J., Derenyi I., Vellai T. The maintenance of sex in bacteria is ensured by its potential to reload genes. *Genetics* 174: 2173–80; 2006.

第六章 运 动

1. Amos L. A., van den Ent F., Lowe J. Structural/functional homology between the bacterial and eukaryotic cytoskeletons. *Current Opinion in Cell Biology* 16: 24–31; 2004.

2. Frixione E. Recurring views on the structure and function of the cytoskeleton: a 300 year epic. *Cell Motility and the Cytoskeleton* 46: 73–94; 2000.

3. Huxley H. E., Hanson J. Changes in the cross striations of muscle during contraction and stretch and their structural interpretation. *Nature* 173: 973–1954.

4. Huxley H. E. A personal view of muscle and motility mechanisms. *Annual Review of Physiology* 58: 1–19; 1996.

5. Mitchison T. J. Evolution of a dynamic cytoskeleton. *Philosophical Transactions of the Royal Society of London B* 349: 299–304; 1995.

6. Nachmias V. T., Huxley H., Kessler D. Electron microscope observations on actomyosin and actin preparations from *Physarum*

polycephalum, and on their interaction with heavy meromyosin subfragment I from muscle myosin. *Journal of Molecular Biology* 50: 83–90; 1970.

7. OOta S., Saitou N. Phylogenetic relationship of muscle tissues deduced from superimposition of gene trees. *Molecular Biology and Evolution* 16: 856–67; 1999.

8. Piccolino M. Animal electricity and the birth of electrophysiology: The legacy of Luigi Galvani. *Brain Research Bulletin* 46: 381–407; 1998.

9. Richards T. A., Cavalier-Smith T. Myosin domain evolution and the primary divergence of eukaryotes. *Nature* 436: 1113–18; 2005.

10. Swank D. M., Vishnudas V. K., Maughan D. W. An exceptionally fast actomyosin reaction powers insect flight muscle. *Proceedings of the National Academy of Sciences USA* 103: 17543–7; 2006.

11. Wagner P. J., Kosnik M. A., Lidgard S. Abundance distributions imply elevated complexity of post-paleozoic marine ecosystems. *Science* 314: 1289–92; 2006.

第七章 视 觉

1. Addadi L., Weiner S. Control and Design Principles in Biological Mineralisation. *Angew Chem Int Ed Engl* 3: 153–69; 1992.

2. Aizenberg J., *et al*. Calcitic microlenses as part of the photoreceptor system in brittlestars. *Nature* 412: 819–22; 2001.

3. Arendt D., *et al*. Ciliary photoreceptors with a vertebrate-type opsin in an invertebrate brain. *Science* 306: 869–71; 2004.

4. Deininger W., Fuhrmann M., Hegemann P. Opsin evolution: out of wild green yonder? *Trends in Genetics* 16: 158–9; 2000.

5. Gehring W. J. Historical perspective on the development and evolution of eyes and photoreceptors. *International Journal of Developmental Biology* 48: 707–17; 2004.

6. Gehring W. J. New perspectives on eye development and the evolution of eyes and photoreceptors. *Journal of Heredity* 96: 171–84; 2005.

7. Nilsson D. E., Pelger S. A pessimistic estimate of the time required for an eye to evolve. *Proceedings of the Royal Society of London B* 256: 53–8; 1994.

8. Panda S., *et al.* Illumination of the melanopsin signaling pathway. *Science* 307: 600–604; 2005.

9. Piatigorsky J. Seeing the light: the role of inherited developmental cascades in the origins of vertebrate lenses and their crystallins. *Heredity* 96: 275–77; 2006.

10. Shi Y., Yokoyama S. Molecular analysis of the evolutionary significance of ultraviolet vision in vertebrates. *Proceedings of the National Academy of Sciences USA* 100: 8308–13; 2003.

11. Van Dover C. L., *et al.* A novel eye in 'eyeless' shrimp from hydrothermal vents on the Mid-Atlantic Ridge. *Nature* 337: 458–60; 1989.

12. White S. N., *et al.* Ambient light emission from hydrothermal vents on the Mid-Atlantic Ridge. *Geophysical Research Letters* 29: 341–4; 2000.

第八章　热 血

1. Burness G. P., Diamond J., Flannery T. Dinosaurs, dragons, and dwarfs: the evolution of maximal body size. *Proceedings of the National Academy of Sciences USA* 98: 14518–23; 2001.

2. Hayes J. P., Garland J. The evolution of endothermy: testing the aerobic capacity model. *Evolution* 49: 836–47; 1995.

3. Hulbert A. J., Else P. L. Membranes and the setting of energy demand. *Journal of Experimental Biology* 208: 1593–99; 2005.

4. Kirkland J. I., *et al.* A primitive therizinosauroid dinosaur from the

Early Cretaceous of Utah. *Nature* 435: 84–7; 2005.

5. Klaassen M., Nolet B. A. Stoichiometry of endothermy: shifting the quest from nitrogen to carbon. *Ecology Letters* 11: 1–8; 2008.

6. Lane N. Reading the book of death. *Nature* 448: 122–5; 2007.

7. O'Connor P. M., Claessens L. P. A. M. Basic avian pulmonary design and flow-through ventilation in non-avian theropod dinosaurs. *Nature* 436: 253–6; 2005.

8. Organ C. L., *et al.* Molecular phylogenetics of Mastodon and Tyrannosaurus rex. *Science* 320: 499; 2008.

9. Prum R. O., Brush A. H. The evolutionary origin and diversification of feathers. *Quarterly Review of Biology* 77: 261–95; 2002.

10. Sawyer R. H., Knapp L. W. Avian skin development and the evolutionary origin of feathers. *Journal of Experimental Zoology* 298B: 57–72; 2003.

11. Seebacher F. Dinosaur body temperatures: the occurrence of endothermy and ectothermy. *Paleobiology* 29: 105–22; 2003.

12. Walter I., Seebacher F. Molecular mechanisms underlying the development of endothermy in birds (*Gallus gallus*): a new role of PGC-1a? *American Journal of Physiology Regul Integr Comp Physiol* 293: R2315–22, 2007.

第九章 意 识

1. Churchland P. How do neurons know? *Daedalus* Winter 2004; 42–50.

2. Crick F., Koch C. A framework for consciousness. *Nature Neuroscience* 6: 119–26; 2003.

3. Denton D. A., *et al.* The role of primordial emotions in the evolutionary origin of consciousness. *Consciousness and Cognition* 18: 500–514; 2009.

4. Edelman G., Gally J. A. Degeneracy and complexity in biological

systems. *Proceedings of the National Academy of Sciences USA* 98: 13763–68; 2001.

5. Edelman G. Consciousness: the remembered present. *Annals of the New York Academy of Sciences* 929: 111–22; 2001.

6. Gil M., De Marco R. J., Menzel R. Learning reward expectations in honeybees. *Learning and Memory* 14: 49–96; 2007.

7. Koch C., Greenfield S. How does consciousness happen? *Scientific American October* 2007; 76–83.

8. Lane N. Medical constraints on the quantum mind. *Journal of the Royal Society of Medicine* 93: 571–5; 2000.

9. Merker B. Consciousness without a cerebral cortex: A challenge for neuroscience and medicine. *Behavioral and Brain Sciences* 30: 63–134; 2007.

10. Musacchio J. M. The ineffability of qualia and the word-anchoring problem. *Language Sciences* 27: 403–35; 2005.

11. Searle J. How to study consciousness scientifically. *Philosophical Transactions of the Royal Society of London B* 353: 1935–42; 1998.

12. Singer W. Consciousness and the binding problem. *Annals of the New York Academy of Sciences* 929: 123–46; 2001.

第十章　死　亡

1. Almeida A., Almeida J., Bolaños J. P., Moncada S. Different responses of astrocytes and neurons to nitric oxide: the role of glycolyticallygenerated ATP in astrocyte protection. *Proceedings of the National Academy of Sciences USA* 98: 15294–99; 2001.

2. Barja G. Mitochondrial oxygen consumption and reactive oxygen species production are independently modulated: implications for aging studies. *Rejuvenation Research* 10: 215–24; 2007.

3. Bauer *et al.* Resveratrol improves health and survival of mice on a

highcalorie diet. *Nature* 444: 280–81; 2006.

4. Bidle K. D., Falkowski P. G. Cell death in planktonic, photosynthetic microorganisms. *Nature Reviews in Microbiology* 2: 643–55; 2004.

5. Blagosklonny M. V. An anti-aging drug today: from senescence-promoting genes to anti-aging pill. *Drug Discovery Today* 12: 218–24; 2007.

6. Bonawitz N. D., *et al*. Reduced TOR signaling extends chronological life span via increased respiration and upregulation of mitochondrial gene expression. *Cell Metabolism* 5: 265–77; 2007.

7. Garber K. A mid-life crisis for aging theory. Nature 26: 371–4; 2008.

8. Hunter P. Is eternal youth scientifically plausible? *EMBO Reports* 8: 18–20; 2007.

9. Kirkwood T. Understanding the odd science of aging. *Cell* 120: 437–47; 2005.

10. Lane N. A unifying view of aging and disease: the double-agent theory. *Journal of Theoretical Biology* 225: 531–40; 2003.

11. Lane N. Origins of death. *Nature* 453: 583–5; 2008.

12. Tanaka M., *et al*. Mitochondrial genotype associated with longevity. *Lancet* 351: 185–6; 1998.

部分图片来源

1. 图1.1、图1.2 来自Kelley, D. S. the mantle to microbes: The Lost City Hydrothermal Field. Oceanography 18(3):32–45, https://doi.org/10.5670/oceanog.2005.23. Figure2.

2. 图1.3来自The Lost City Hydrothermal Field Revisited Kelley, D. S., G. L. Früh-Green, J. A. Karson, and K. A. Ludwig. 2007. The Lost City Hydrothermal Field revisited. Oceanography 20(4):90–99, https://doi.org/10.5670/oceanog.2007.09. Figure5.

3. 图3.2由杜塞尔多夫大学Klaus Kowallik教授提供。

4. 图3.3由西澳大利亚大学Catherine Colas des Francs-Small博士提供。

5. 图4.5由犹他州立大学Carol von Dohlen教授提供。

6. 图6.1由马萨诸塞大学Roger Craig教授提供。

7. 图6.2由圣地亚哥斯克里普斯研究所David Goodsell博士提供。

8. 图7.1由Dan-Eric Nilsson提供。Michael Land and Dan-Eric Nilsson, Animal Eyes. OUP, Oxford, 2002.

9. 图7.2由爱丁堡大学Euan Clarkson教授提供。

读客®

激发个人成长

多年以来，千千万万有经验的读者，都会定期查看熊猫君家的最新书目，挑选满足自己成长需求的新书。

读客图书以"激发个人成长"为使命，在以下三个方面为您精选优质图书：

1. 精神成长

熊猫君家精彩绝伦的小说文库和人文类图书，帮助你成为永远充满梦想、勇气和爱的人！

2. 知识结构成长

熊猫君家的历史类、社科类图书，帮助你了解从宇宙诞生、文明演变直至今日世界之形成的方方面面。

3. 工作技能成长

熊猫君家的经管类、家教类图书，指引你更好地工作、更有效率地生活，减少人生中的烦恼。

每一本读客图书都轻松好读，精彩绝伦，充满无穷阅读乐趣！

认准读客熊猫

读客所有图书，在书脊、腰封、封底和前后勒口都有"**读客熊猫**"标志。

两步帮你快速找到读客图书

1. 找读客熊猫

2. 找黑白格子

马上扫二维码，关注**"熊猫君"**

和千万读者一起成长吧！